飞机数字化设计与制造
实验教程

景喜双　　张承阳　　谢福宝　　陈思宇　　著

北京航空航天大学出版社

内容简介

本书凝聚了作者在北京航空航天大学航空宇航制造工程学科多年来从事科研与实验教学方面的经验,介绍了飞机数字化设计制造方面的基本概念和实验设计。内容遵循"基本概念介绍—实验案例实操"的结构,从绪论、数字化设计与制造实验、数字化仿真实验与数字化测量实验等四个篇章出发进行论述。

本书深入浅出,适用于具有一定飞机数字化设计制造经验的读者,可作为高等学校飞行器设计制造专业的实验教学教材和参考书,供研究生和本科高年级学生使用,也可供从事飞行器设计、制造、仿真、逆向工程等领域的科技工作者参考。

图书在版编目(CIP)数据

飞机数字化设计与制造实验教程 / 景喜双等著. --

北京 :北京航空航天大学出版社,2024.1

ISBN 978 - 7 - 5124 - 4282 - 5

Ⅰ. ①飞… Ⅱ. ①景… Ⅲ. ①飞机—设计—实验—教材 ②飞机—制造—实验—教材 Ⅳ. ①V22 - 33 ②V262 - 33

中国国家版本馆 CIP 数据核字(2023)第 246373 号

飞机数字化设计与制造实验教程

景喜双 张承阳 谢福宝 陈思宇 著

策划编辑 董立娟   责任编辑 王 瑛 杜友茹

*

北京航空航天大学出版社出版发行

北京市海淀区学院路 37 号(邮编 100191) http://www.buaapress.com.cn

发行部电话:(010)82317024 传真:(010)82328026

读者信箱:emsbook@buaacm.com.cn 邮购电话:(010)82316936

北京九州迅驰传媒文化有限公司印装 各地书店经销

*

开本:710×1 000 1/16 印张:16.5 字数:371 千字

2024 年 1 月第 1 版 2024 年 1 月第 1 次印刷

ISBN 978 - 7 - 5124 - 4282 - 5 定价:89.00 元

前　言

过去，飞机的设计和制造主要依赖于传统的手工绘图和实验室试验。这种方法需要大量的人力和物力投入，并且在设计过程中存在诸多不确定性和试错成本。为了应对不断增长的需求和竞争压力，航空业开始寻求更高效、更精确的设计制造方法。随着计算机科学和信息技术的迅速进步，航空业开始意识到数字化技术在提高飞机设计制造效率和质量方面的巨大潜力。在当今快速发展的航空领域，数字化技术已经成为飞机设计制造的重要工具。

飞机数字化设计制造为响应数字化技术的快速发展和航空工程领域对效率和质量的要求应运而生。通过引入数字化设计、数字化模拟仿真、数字化测量等技术，飞机设计制造过程得到了极大的改进，为航空业带来了更高效、更可靠的飞机产品。随着技术的不断进步，飞机数字化技术也将继续发展，为未来的航空业带来更多的创新和突破。

作者长期从事数字化设计制造一体化技术方向的科研与教学工作，依托北京航空航天大学"航空高端装备智能制造技术工信部重点实验室"，围绕飞机数字化设计制造，在学术前沿与实验教学方面进行了积极探索，积累了一些实践经验。本书针对飞机数字化设计制造方面的实验进行了深入浅出的介绍，共分为 4 篇 20 章，4 篇分别是绪论、数字化设计与制造实验、数字化仿真实验、数字化测量实验。具体内容如下：

绪论部分介绍了现代飞机先进制造技术的发展与现状，简述飞机数字化技术的概念与常用工具，让读者对飞机数字化技术有基本认识。

数字化设计与制造实验部分介绍了数字化设计制造的多个方面，包括基本三维设计软件的操作和使用、基于 SolidWorks 和 CATIA 软件的实体建模、曲线曲面设计和飞机机体设计实验、逆向工程数模重构及增材制造实验。通过这些实验，为读者提供飞机设计与制造领域的知识与实践案例，培养学生数字化设计制造的实操能力。

数字化仿真实验部分介绍了有限元技术在飞机仿真模拟中的应用，包括 ABAQUS 软件使用与静力损伤失效有限元分析实验、基于 ABAQUS 的连续纤维复合材料固化和回弹变形仿真实验、颗粒/短纤维增强复合材料建模和力学性能实验、航空发动机复合材料风扇叶片固化成型仿真实验。通过实验案例的介绍，旨在帮助读者理解数字化仿真技术在不同材料和结构中的应用。

数字化测量实验部分介绍了应用于飞机数字化生产中的各类测量技术，包括电子经纬仪、激光跟踪仪、蓝光扫描仪、关节臂测量机等设备的基本操作、组合测量的基本原理和数据处理、Geomagic 后处理软件的使用方法。通过各类测量技术的介绍,读者可了解这些技术的原理、操作方法和实验应用,学习飞机数字化测量方面的实用知识和技能。

本书具有以下特点:

- 语言通俗易懂,操作步骤流程化,切实从读者学习和使用的实际出发。
- 图文并茂,力求易于理解和掌握,从系统的角度来阐述工程实例。
- 实例汇集了飞机数字化设计制造的主要技术和软件操作,让读者能快速、系统地掌握飞机数字化技术的方方面面。

飞机数字化设计与制造技术发展快,涵盖范围广,作者根据自身的工作经验和研究成果整理完成本书内容,其中只涉及相关领域的典型应用,算是抛砖引玉。虽然作者尽了很大努力,但水平有限,不妥之处仍在所难免,敬请同行、专家、学者和广大读者批评指正。

景喜双

2023 年 8 月

目　　录

第一篇　绪　论

第二篇　数字化设计与制造实验

第三篇　数字化仿真实验

第四篇　数字化测量实验

第一篇　绪　论

第 1 章　现代飞机先进制造技术概述

第1章

现代飞机先进制造技术概述

1.1 概　述

人类很早就有像鸟类一样在空中飞行的梦想，但在古代，由于科技水平有限，人们无法实现这个梦想，只能把希望寄托在神话故事中。在古希腊神话中，天使长着翅膀；在中国神话中，神仙能腾云驾雾。18世纪末的工业革命促进了科技的发展，并加速了人类航空技术的发展。在随后的一个多世纪里，人类发明了许多现代航空器，例如热气球、飞艇、滑翔机和飞机。两次世界大战促进了飞机制造业的发展，现在航空业已经成为人类最前沿、最具影响力的科技和产业领域。

从莱特兄弟1903年研制成功第一架飞机——飞行者一号，迄今为止，飞机经过了一百多年的发展。现代飞机早已与最初的飞机在各个方面都有了巨大的差异，早期的飞机只有数百个零件，飞行高度、速度、安全性都不理想，飞行控制系统等方面也都极为简陋；现代飞机动辄几百万、几千万的零件数量昭示着现代飞机的系统复杂性。传统飞机设计与制造方式显然已经无法满足现代飞机的要求。随着计算机技术的发展，数字化设计和制造技术在飞机制造业中开始普及。近50年来，国外的飞机制造企业如波音公司与空客公司在飞机数字化技术方面开展了广泛的研究，并积累了大量的经验。随着数字化技术的发展，人们建立了一个比较完善的数字化设计和制造流程体系，改变了传统飞机的研制模式。这种新的方式提高了飞机设计的效率，并为人们创造了更多的可能性。

数字化工程在飞机制造业的应用主要体现在设计、制造、装配和试飞等几个方面。在设计阶段，通过数字化工程可以使用三维设计软件进行零件和装配体的设计，并使用数字化工具进行材料选择、强度计算和可靠性分析。这些工具可以提供有关零件和装配体的实时信息，帮助工程师调整设计方案，使其满足性能要求和生产需求，提高飞机制造的效率和质量。

计算机辅助设计(CAD)、计算机辅助工程(CAE)、计算机辅助工艺规划(CAPP)与计算机辅助制造(CAM)作为将电子信息技术与现代设计、制造技术结合的产物,是当代先进生产力的代表。它们在航空、航天设计和制造领域广泛应用,提高了效率和质量。但是我国高校长期缺乏系统的飞机先进制造技术实验课程,缺少针对飞机设计与制造方面体系化的实验配套教程,这将大大阻碍对广大学子的飞机设计与制造实践教育。本书针对现代飞机先进制造技术的全流程,从飞机数字化与制造、飞机数字化仿真、飞机数字化装配以及飞机数字化测量几个方面对飞机设计制造过程进行详细说明,为读者提供现代飞机先进制造技术的实验指导。

1.2　现代飞机结构件发展

1.2.1　飞机结构件的特点和性能要求

飞机机体主要由内部骨架和表面蒙皮组成,具有维持飞机气动外形,承受使用过程中各种力学载荷的作用。内部骨架则主要包括框、肋、梁等多种类型的结构件,其中框、梁类结构件尺寸最大、占比最多。随着材料技术、制造工艺的迅速发展,对主力战斗机提出了轻量化、长寿命、易维护等要求,使得机体结构件向整体化、薄壁化、承载强与功能复杂化等方向发展。因此,越来越多的结构依赖于综合设计(如图1-1所示),以此大幅减少零件数量,在提升结构强度的同时减轻结构重量。

飞机结构件(见图1-2)具有刚性好、强度大、重量轻、气密性好、形位精度高等要求,这些要求使得结构件具有型腔复杂、壁薄、自由曲面多、加工精度高等特征,从而也决定了其加工工艺的特

图1-1　某型飞机所使用的大型整体框

殊性。根据结构特点的不同,飞机结构件大致可分为5大类:框类零件、梁类零件、壁板类零件、接头类零件和肋类零件。

在现代飞机设计制造中,为了提高飞机机体结构(图1-3所示为飞机结构示意图)的强度和可靠性,飞机结构件(即用于构建飞机机体的部件)主要采用整体毛坯件,直接机加成型。在现代飞机的设计和制造中,去除材料的量非常大,甚至可能去除结构件中95%以上的材料。与以往小型结构件焊、铆接的组装模式相比,这种大型结构件的整体式制造方法可以大量减少零件数量和装配连接工序,并且能够有效减轻飞机整机重量,提高零件的强度和可靠性。

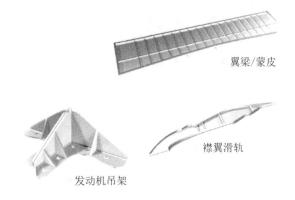

翼梁/蒙皮

襟翼滑轨

发动机吊架

图 1 - 2　部分典型飞机整体结构件

WERTICAL STABILZER
垂直安定面

ELEVATOR

滚转扰流板
ROLL
SPOILERS

RUDDER
方向舵

ELEVATOR
升降舵

GROUND
SPOILERS
地面扰流板

TRIMMABLE
HORIZONTAL
STABILIZER
水平安定面

FLAPS
襟翼

SPEED BRAKES
速度刹车

AILERON
副翼

SLATS缝翼

A320

图 1 - 3　飞机结构示意图

　　飞机结构件的加工要求受到诸多因素的影响。一方面,飞机结构件外形与飞机的气动、外形密切相关,为保证飞行性能,结构件的加工具有很高的轮廓精度要求。另一方面,结构件周边轮廓与其他零件有复杂的装配协调关系,为便于装配,结构件的加工具有很高的形位和尺寸精度要求,如腹板最高精度可以达到±0.1 mm。

1.2.2　飞机结构件常用材料

　　一百多年来,材料技术的不断进步推动了飞机性能的不断提高。“一代材料,一代飞机”是世界航空发展史的真实写照。从1903 年莱特兄弟驾驶的第一架飞机中使用的木材和织物到金属材料,到铝合金成为飞机内主流的航空航天材料,再到钛合金成为飞机制造的主要材料,每一次材料的变化和翻新都是飞机性能的飞跃。如今,除钛合金、铝合金、不锈钢等合金材料外,大量先进复合材料也逐渐应用于机身承重结构件,其刚性和强度性能与铝合金相当甚至更高。

飞机苛刻的工作条件给结构件材料性能提出了极高的要求,不同结构件材料通常具有以下几个特点:

(1) 重量轻,强度高

就飞机制造材料而言,基本要求是轻质、耐用和刚性。比强度和比刚度是指材料的强度和刚度与其密度之比。材料的高比强度和比刚度意味着它们应具有高强度和刚性,但密度应尽可能低。这样可以减轻飞机的重量,保证飞机的结构稳定性和承载能力。

(2) 优良的耐高温特性

对于机身材料,材料在高温下必须具有良好的强度,因为空气动力加热效应会升高表面温度。对于发动机材料,涡轮盘和涡轮叶片必须具有良好的高温强度和高温下的耐腐蚀性。

(3) 耐老化和耐腐蚀

各种介质和大气环境对材料的影响是腐蚀和老化。在航空航天领域,与航空材料接触的载体是航空燃料(如汽油和煤油)、火箭燃料(如浓硝酸、四氧化氮)以及各种润滑剂和液压油,其中大多数对金属和非金属材料有很强的腐蚀或致膨胀作用。此外,太阳辐射、风雨侵蚀以及地下潮湿环境的霉菌,都会加速聚合物的老化,因此航空材料应具备耐腐蚀性、耐老化性和耐霉菌性。

(4) 寿命长,安全性高

作为载人飞行器的支撑材料,其寿命和安全性是首要考虑的问题。在不断减轻飞机重量的条件下,绝对不能忽视因重量的减轻而导致安全性的降低,因此长寿命和高安全性的航空材料至关重要。

(5) 成本低

新机型先进飞机价格不断上涨,各个国家和地区都对航空产品提出了"实惠"的要求。材料在航空产品的成本和价格构成中占很大份额,因此科学选择材料和努力开发低成本材料是航空材料发展的重要方向。同时,许多民航飞机作为普通民众的交通工具,寻求降低成本也是实现"以人为本"的要求。

根据以上对飞机结构件的要求,现代飞机上常用材料类型有钛合金、铝合金、复合材料等几种材料,具体介绍如下:

(1) 钛合金

钛合金是一种比强度、高耐热性和耐蚀性好的材料,20世纪50年代以来在航空航天领域得到了广泛应用。随着现代飞机超声速巡航能力、高机动性和敏捷性等设计要求的提出,使得钛合金材料使用的比例不断增加,例如,美国的F-22战斗机机体重量中钛合金比例已经达到41%。在航天飞机中,钛合金的比例更是高达90%左右。

钛是同素异构体,熔点为 1 668 ℃,在低于 882 ℃时呈密排六方晶格结构,称 α 钛,在 882 ℃以上时呈体心立方晶格结构,称为 β 钛。利用钛的上述两种结构的不同特点,添加适当的合金元素,使其相变温度及相分含量逐渐改变而得到不同组织的钛合金。室温下,钛合金有三种基体组织,钛合金也就分为以下三类:α 合金、$\alpha + \beta$ 合金和 β 合金,我国分别以 TA、TC、TB 表示。

三种钛合金中最常用的是 α 钛合金和 $\alpha + \beta$ 钛合金。α 钛合金的切削加工性最好,$\alpha + \beta$ 钛合金次之,β 钛合金最差。钛合金的加工性能差主要是因为其化学活性大,导热性差,钛的化学亲和性也大,易与摩擦表面产生黏附现象。

钛合金是典型的难加工材料。相同状态下,钛合金的主切削力比 45 钢的小 20% 左右,但由于切屑与前刀面的接触长度极短,单位接触面积上的切削力大大增加,容易造成崩刃。

钛合金的弹性模量小,加工时"让刀现象"明显,容易引起振动,加快刀具磨损。另外,钛的化学活性大,冷硬现象严重,在高的切削温度下,很容易吸收空气中的氧和氢造成表面硬化,降低零件的疲劳强度,加剧刀具磨损。而在刀具磨损的情况下重复切削,切削力和切削热都会产生骤变,容易产生烧伤的情况。

(2) 铝合金

铝合金密度低但强度相对较高,接近或优于优质钢。其延展性好,控制性、热管理性和耐蚀性优良,在工业上应用广泛。然而只有部分铝合金可以经过热处理,获得良好的机械性能、物理性能和耐蚀性。AlCuMg 硬质铝合金系通常含有少量 Mn,可通过热处理着色,其特点是硬度高,但塑性差。超硬铝属于 AlCuMg-Zn 系,可通过热处理着色,是常温强度最高的铝合金,但耐蚀性差,软化快。

许多类型的飞机都是用铝作为主要结构材料,包括飞机的蒙皮、横梁、肋材、纵梁、分流框等结构的制造。尤其是对于注重经济实用性的民用飞机,铝合金更是被广泛使用。

(3) 不锈钢

不锈钢强度高,由于在空气、蒸汽、水等弱腐蚀介质中有很强的耐蚀性以及较好的耐高温特性,常用于飞机系统高温管路和油箱等部位受力大的构件。飞机结构件常用的不锈钢主要有 Ph3-8Mo、1Cr18Ni9Ti 等。

碳在奥氏体不锈钢中是稳定奥氏体且扩大奥氏体区的元素。碳是一种间隙元素,通过固溶强化可显著提高奥氏体不锈钢的强度。

(4) 复合材料

复合材料与金属、聚合物和陶瓷并称为四大材料。复合材料是有机高分子、无机非金属或金属等不同种类的材料,经复杂工艺组合而成的新型材料。组合后的材料既保留了原组分材料的主要特性,又通过组分效应获得了原组分材料所不具备的性质,这与单纯混合普通材料有着根本的区别。

由于复合材料具有重量轻,较高的比强度、比模量,较好的延展性、抗腐蚀、导热、隔热、隔声、减振、耐高(低)温,以及独特的耐烧蚀性、透电磁波、吸波隐蔽性、材料性能的可设计性、制备的灵活性和易加工性等特点,在现代飞机结构中得到了广泛的采用。空客的先进客运机型,其机身、机翼、尾翼、翼身整流罩等多个关键部件均大量采用了复合

材料,其比例甚至超过了一半以上,远远高于其他常用金属合金。以下介绍几种常用的复合材料:

① 蜂窝芯:基本蜂窝是轻质的复合材料,这些材料依靠铝片、织物或材料纸(粘合剂)制成六角形或长方形。如图1-4所示为基本六位蜂窝模型。蜂窝芯复合材料的切割加工是蜂窝材料制品从研制到应用中的一个重要环节。与金属材料相比,蜂窝材料的力学性能有很大的差异,主要表现为材料在平面内结构不连续,因而无法承受面内的拉压载荷,而在垂直于平面的轴向,能承受很强的拉压载荷。

图1-4　芳纶蜂窝芯

② 碳/碳复合材料:随着新一代航空航天器向高超声速方向的发展,苛刻的超高温服役环境是对材料及结构的承载与防热的严峻考验,碳/碳复合材料是适应这种需求的重要候选材料。碳/碳复合材料依据碳纤维增强相结构可分为碳毡碳/碳复合材料和多向编织碳/碳复合材料。

作为一种新型战略材料,在美、俄、法、英、日等国家,其研制发展主要由空军、海军或政府预算给予支持。因此,碳/碳复合材料的国防专用性和强烈的军事背景使其研制和使用具有高度的机密性。碳基防热复合材料主要用于烧蚀防热和热结构,较好地解决了轻质化、抗热震、耐侵蚀等技术难题。除了传统的碳/碳复合材料以外,近年来,美、俄、法等国家又开发了许多混杂其他材料的新型碳/碳材料,以满足不同的特殊使用要求,例如,在碳/碳材料中混入 SiN、SiC、TiC、TaO、TaC 等粉末,以提高碳/碳材料抗粒子侵蚀性能。

1.2.3　飞机结构件加工的难点

飞机结构件的加工难点主要体现在材料、结构、精度三个方面。

(1) 材　料

飞机结构件的材料多为难以加工的钛合金、高温合金和复合材料。以钛合金为例(见图1-5(a)),钛合金较其他常用加工金属有着更高的表面硬度,会产生更加严重的加工硬化现象,从而加剧刀具磨损。钛合金由于导热能力差、比热小,切削温度高且难以通过工具导热散热,会进一步降低其寿命。一方面,钛合金有着较低的弹性模量,加工表面易回弹,造成刀具磨损甚至崩刃。另一方面,钛合金化学活性强,易与空气中的氮、氢、氧发生高温反应,反应生成的富氧层在提升材料强度的同时降低了材料塑性,导致机械加工困难。

(2) 结　构

飞机结构件(见图1-5(b))具有投影面积大、厚度小的特点,常常具有自由曲面、薄壁、深腔等难加工结构,其中不乏一些长宽比大于100的结构。虽然从工艺角度已经

(a) 钛合金涡轮叶片   (b) 常见航空结构件

(c) 复杂型面柔性夹具系统   (d) 碳纤维复合材料风扇叶片

图 1-5　飞机结构件

充分考虑了这些结构件的加工变形控制,但在实际加工过程中零件质量仍然不太理想,且对于一些缘板、薄壁结构还会因支撑不良而变形。此外,飞机结构件的双面薄壁结构往往具有数个槽腔和孔等特征,且同一个面上的加强筋的高度也不完全一致,导致加工过程中,常用的机械夹具或真空吸附方法都难以满足夹持要求。柔性夹具系统能够完成复杂曲面结构夹持任务,已经成为广受青睐的复杂航空结构件夹持方案(见图 1-5(c))。

(3) 精　度

飞机结构件外形具有诸多复杂理论外形,涉及多零件复杂装配(见图 1-5(d))。这对单个零件的加工精度以及多个零件之间的装配精度都提出了很高的要求。受设计影响,结构件加工往往涉及多种刀具组合,各刀具在加工表面留下的加工痕迹会影响零件加工表面质量。对于叶片等超精密零件,加工尺寸公差和形位公差在 $10\ \mu\mathrm{m}$ 级别。

1.2.4　飞机结构件大型化、整体化、复杂化发展趋势

随着对飞机性能要求的进一步提高,在现代飞机设计制造过程中已离不开新材料、新结构以及新加工工艺装配。飞机结构件正朝着结构大型化、整体化、复杂化的方向发展。

(1) 结构整体化、大型化

大型整体结构件能够避免数量众多的小型零件的装配问题,极大简化装配工序,实现有效减重以及提高整体制造装配质量。

（2）结构复杂化

随着飞机设计研究的日益发展，飞机结构会根据气动外形设计不断改进，为让飞机有着更高的性能，结构件轮廓外形会更复杂，各零件间的装配协调关系也会趋于复杂化。

（3）材料多元化

高性能新材料一直是飞机性能提升的主要生力军。新材料的高性能往往伴随着加工困难等问题。随着制造工艺的突破，高性能、难加工的钛合金和复合材料的应用率不断提高，这两类材料逐渐与铝合金并重，成为航空主要材料。

（4）制造精确化

更加复杂的结构和装配关系，对零件制造的精度提出了更高要求，这需要制造过程实现更精确的结构件轮廓外形、形位、尺寸的控制。

（5）制造周期短

近年来，各飞机制造单位在面临新产品研发项目订单量明显增加的同时，客户要求的项目研制进度和产品交货周期大幅度缩短，导致结构件的设计、生产周期也大大缩短。

（6）加工风险增加

钛合金、高强度钢和复合材料等高性能难加工材料在飞机零件中的占比大幅提升，零件加工精度要求也明显提高，导致零件切削加工量显著增加和加工周期延长。

（7）设备稳定性要求提高

为提升生产效率，现代生产现场设备一般需配备激光测刀、3D 刀补、刀具寿命管理、加工状态监控、智能故障诊断等功能。然而，随着数控设备加工性能的提升和功能的复杂化，数控设备运行监控和维护保障难度也逐渐加大。

1.3　现代飞机数字化设计与制造

1.3.1　数字化设计制造的概念与发展历程

飞机产品数字化设计制造技术是一种利用计算机和软件工具来辅助飞机设计和制造的技术。这种技术可以帮助设计人员更快、更准确地设计飞机零件和系统，帮助制造人员更高效地生产飞机，还可以帮助飞机制造商更快地将新型号投放市场，并降低飞机研发和生产成本。此外，飞机产品数字化设计制造技术还有助于提高产品质量，减少缺陷和提高可靠性。飞机产品数字化设计制造技术主要通过数字化产品定义、数字化预装配、产品数据管理、并行工程和虚拟制造来提高设计和制造效率。

波音公司在研制 B777 型飞机时大量采用了数字化设计制造技术，这使得其研制周期缩短了 50％，出错返工率降低了 75％，成本降低了 25％。B777 的成功研发标志着数字化设计制造技术在飞机研发生产上应用的开端。如图 1-6 所示为波音公司 B777 飞机。

随着我国经济和技术水平的提高，我国飞机制造业正在进行数字化转型，并与世界发达国家接轨。近年来，我国飞机制造企业已经开发出了一些数字化设计软件，并且建立了数字化生产车间。这些举措在提高飞机制造业的效率和质量方面取得了初步成效。目前我国飞机结构件设计与制造技术数字化水平还比较落后，在集成度、柔性化和智能化方面与发达国家相比存在一定差距。尽

图 1 - 6 B777 客机

管过去几十年来，我国的飞机制造企业已经积极引进了国外的数字化设计和制造技术，并逐步取得了一些成果，但是与世界先进水平相比仍然存在较大差距。

现代飞机研制方法中，概念设计阶段依靠计算机技术结合数字建模和仿真技术，建立数字样机并进行性能分析和优化，完成飞机概念的确定。初步设计阶段，结合计算机技术继续完善数字样机，提出飞机结构和系统的详细设计方案，并将其纳入数字样机中进行仿真分析和验证。生产设计阶段，通过数字化工艺规划，结合数字样机和数字流水线，完成飞机整体结构和零件的设计和生产。

数字化技术从根本上改变了产品研制方法，从原有的基于物理（实物）样机的串行方式演变成基于数字样机的并行方式。以洛克希德·马丁公司为例，在传统的飞机研制方法中，研制过程是分阶段进行的，每个阶段都有自己的目标和任务。在每个阶段完成后，都需要制作物理样机来帮助技术人员设计飞机和确定飞机的内部布局。这种方法有助于保证飞机的质量和可靠性，但它也有一些缺点。首先，这种方法的研制周期很长，而且成本很高。其次，制作物理样机也需要较长的时间和大量的人力物力，这增加了研制成本。此外，如果在研制过程中发现问题，就需要返工来修正，这进一步延长了研制周期。因此，传统的飞机研制方法存在很多不足。在现代飞机研制中，技术人员利用数字化技术和数字样机来取代传统的模型和物理样机。这样，研制人员就能够通过数字化技术在一个数字平台上进行并行测试、模拟和分析，从而更快地完成研制过程。数字化技术的应用还有助于提高飞机的可靠性和安全性，并使研制过程更加协同、一致。波音公司在研发 B787 客机时，采用了更加协同和一致的方式来完成飞机的研制。原先，波音公司把各零部件的设计信息分发给供应商去制造，并负责监管产品的研制进度和质量，最后负责飞机的对接总装和试飞交付。但是，在研发 B787 客机时，波音公司开始把部分设计工作外包给供应商，并与供应商进行更加紧密的协作，这种"抓两头"的做法使得波音公司能够更加有效地利用供应商的专业知识和技能，提高飞机的质量，同时也大大减轻了波音公司的工作量。波音 787 客机的研制方式代表着未来飞机产品的设计方向。

在飞机结构件的设计和制造过程中引入数字化技术，能够帮助技术人员更快地完

成设计和制造工作,并且能够降低生产成本。这种数字化的设计制造模式在现代飞机设计制造中越来越受到重视,并被认为是未来发展的方向。

1.3.2　数字化设计制造的主要内容

数字化设计制造包括多种技术,如计算机辅助设计(CAD)、计算机辅助制造(CAM)、计算机辅助工程(CAE)、计算机辅助工艺规划(CAPP)以及逆向工程等。这些技术都能够帮助技术人员更快地完成设计和制造工作,并且能够提高产品的质量和可靠性。

(1) 计算机辅助设计(CAD)

CAD 是利用计算机及其图形设备来帮助设计人员完成工程和产品设计的一种技术。计算机可以帮助设计人员快速完成计算、信息存储和制图等工作,为设计人员提供有力的工具和便利的条件。在工程和产品设计中,CAD 技术可以提高工作效率,提高产品质量和可靠性。它可以用来进行计算、分析和比较不同方案,以决定最优的设计方案。CAD 软件可以用来存储、管理和快速检索各种设计信息,包括数字、文字和图形等。此外,CAD 软件还可以用来处理和加工图形数据,如编辑、放大、缩小、平移和旋转等。这些功能可以帮助设计人员更快速、更高效地完成设计工作。

从 20 世纪 50 年代中后期开始,随着计算机软硬件性能的不断提高和图形学技术的不断完善,CAD 技术也迅速发展。1989 年,美国国家工程科学院将 CAD/CAM 技术评为当代(1964—1989 年)十项最杰出的工程技术成就之一。如今,CAD 技术已经广泛应用于各行各业,包括军事和民用工业,从大型企业到中小企业,从高技术领域到日用家电和轻工产品的设计与制造。它已成为一种重要的工程技术和工具,有助于提高产品质量、降低成本,并提高工作效率。

(2) 计算机辅助制造(CAM)

CAM 是用计算机系统来模拟和控制机械加工过程的技术。它通过提供数据和计算机程序来实现自动化加工,从而实现高效、精确和可重复的制造过程。换句话说,CAM 就是用计算机来实现机械加工的一种技术,利用计算机来协助机械制造业完成加工、装配、检测和包装等过程。CAM 使用计算机生成的数字控制代码来驱动数控机床和设备,工程师可以选择工具类型和加工路径来完成生产。CAM 技术是先进制造业的核心,它的应用已成为衡量企业进步和工业现代化的重要指标。

CAM 技术是 20 世纪 60 年代末开始在中国被应用的,近 60 年来中国相关企业一直在不断研究、开发和推广应用 CAM 技术。它目前已被广泛应用于机械、电子、航空、航天、化工和建筑等行业。CAD/CAM 技术(计算机辅助设计/计算机辅助制造)的应用提高了企业的设计效率,优化了设计方案,减轻了技术人员的劳动强度,缩短了设计周期。

(3) 计算机辅助工程(CAE)

CAE 是利用计算机模拟来帮助分析和解决复杂工程问题的技术。它可以用来进行各种工程分析,包括力学性能分析、热学分析、流体力学分析、电磁场分析等等,从而帮助工程师更好地理解和优化设计。这可以有效地减少设计错误、缩短设计周期和降低成本,因此被广泛应用于各种领域。CAE 是一种用于分析和优化产品结构的计算机技术。它的发展始于 20 世纪 60 年代初期,经历了数十年的发展,取得了巨大的成就。如今,CAE 已成为工程领域,特别是航空、航天、机械和土木工程等领域中必不可少的数值计算工具。它可以用来分析连续力学问题,帮助改善产品的设计和性能。随着计算机技术的发展,CAE 技术的功能和性能也在不断提升。现在,基于数字化产品建模的 CAE 系统已经成为结构分析和优化的必要工具,可以帮助工程师以计算机模拟的方式模拟结构的性能,并在设计阶段发现和解决问题。它也是计算机辅助 4C 系统 (CAD/CAE/CAPP/CAM)中不可或缺的一部分,为工程师提供了全面的设计和制造解决方案。CAE 系统的基本思想是将实际结构模型转化为计算机可处理的有限数量的单元。通过对这些单元进行数值分析,可以得出近似的解决方案,而无需对实际结构进行分析。这种方法可以有效解决许多复杂问题,特别是那些理论分析不能解决的问题。这种方法为工程师提供了一种新的思考和解决问题的工具。

(4) 计算机辅助工艺规划(CAPP)

CAPP 是一种使用计算机系统来规划和优化工艺的方法。它可以根据被加工部件的原始数据、加工条件和要求,自动生成工艺路线和程序,并输出优化后的工艺卡片。它可以帮助企业减少工艺开发和优化的时间和成本,并且可以提高加工精度和效率。这项工作需要丰富的生产经验和计算机科学技术的支持,比如计算机图形学、工程数据库和专家系统等。CAPP 通常是计算机辅助设计(CAD)和计算机辅助制造(CAM)之间的桥梁,帮助其他系统实现有效的协同工作。

20 世纪 80 年代中后期,CAD 和 CAM 技术逐渐成熟。随着机械制造业向计算机集成制造系统(CIMS)和智能制造系统(IMS)方向发展,CAD/CAM 系统之间的集成和协调成为了当前亟需解决的问题。CAD/CAM 集成系统是一种用于设计、制造和管理工业产品的集成软件系统。它将计算机辅助设计(CAD)、计算机辅助工艺设计(CAPP)和计算机辅助制造(CAM)结合在一起,以提高工业生产的效率和质量。CAD 部分提供了专业的几何建模和图纸绘制工具,可以创建产品的三维模型和二维图纸。CAPP 部分利用了 CAD 中建立的几何模型和工艺信息来进行工艺设计,并从工程数据库中获取企业的生产条件和资源情况,以确定最优的工艺流程。CAM 部分利用工艺流程信息生成 NC 加工控制指令,用于控制 CNC 机床进行加工。CAD/CAM 集成系统可以帮助企业简化工艺设计和制造流程,提高生产效率,降低生产成本,提高产品质量,提高企业的竞争力。

(5) 逆向工程

逆向工程是一种用来分析和模仿已有产品或系统的方法。它有助于吸收先进技术,缩短产品研发周期,提高生产效率和经济竞争力。统计数据显示,各国 70% 以上的技术都来源于国外,逆向工程是获得新技术的有效手段之一。逆向工程技术对于促进我国经济发展和提高科技水平具有重要意义。20 世纪 90 年代初,逆向工程技术开始受到各国工业界和学术界的关注。随着计算机技术和测量技术的发展,通过使用

CAD/CAM 技术和先进制造进行产品实物设计,逆向工程成为了 CAD/CAM 领域的研究热点,并成为逆向工程应用的主要领域。

逆向工程是一种基于现有产品或系统来进行设计的方法,与传统的从市场需求中抽象出产品概念的正向工程相对应。逆向工程从现有产品实物开始,通过精密测量和分析,得到产品的 CAD 模型和设计信息,并对其进行修改和优化。这个过程主要用于重建或改进现有产品或系统,而传统的正向工程则是从市场需求出发进行产品设计。在许多情况下,产品开发都是从已有的实物模型开始,比如产品的泥塑或木模样件,或者是没有 CAD 模型的产品零件。逆向工程是对实物模型进行三维数字化测量,并构建实物的 CAD 模型,然后利用成熟的 CAD/CAE/CAM 技术进行再创新的过程。这样,可以快速获得产品的数字化模型,便于后续的设计优化和制造加工。

1.3.3　基于模型的定义(MBD)

MBD 是一种使用实体模型和相关元数据来表征产品和装配体的定义方法。相比于传统的使用 2D 工程图来提供此类细节的方法,三维模型的表征方法可以更加直观地表达模型相关的定义信息、公差规则、工艺信息等相关制造信息,并在生产制造过程中作为唯一定义依据进行传递,改变了传统的以图纸信息传递为主的定义方法。简而言之,三维实体模型是 MBD 的重要核心。

作为生产制造中的唯一依据,MBD 设计模型需要针对产品定义、工艺设计和制造特点来建立三维标注的标准和规范。用这种模型来向技术人员表达必要的信息,以便于他们在工作时能够充分理解模型中的意图。三维模型包含了二维图纸所没有的(准确详细的)形状信息,但是以往的三维数模中缺少了一些关键信息,例如,尺寸和几何的公差、表面的粗糙度、材质和表面处理方法、相关的信息、标准和规格的要求等等。这些非形状或非几何信息只能通过其他方式来表达。基于上述情况,2003 年美国机械工程师协会(ASME)和波音公司制订了"数字化产品定义数据规程"标准,也即 ASME Y14.41—2003 标准。这项标准旨在利用三维模型的特点,探索更好的方法来表达设计信息,使得用户能够更容易地理解这些信息,并以更高的效率进行工作。见图 1-7 所示是包含多种参数的 MBD 模型示例。

规范标准指出,一个 MBD 数据集应该包括实体模型、设计数据、零件坐标系、三维标注尺寸、公差和注释、工程注释、材料要求等相关的数据要求。与使用 2D 工程图的传统产品定义方式相比,MBD 使用三维模型作为唯一的制造依据。这种定义方式实现了真正的单一数据源,保证了设计数据的唯一性,并消除了可能出现的双数据源不协调的情况。相比之下,使用工程图加三维模型进行数字化定义方式不具备这些优点。总之,MBD 有助于提高数据管理的效率和安全性。

当今大多数成功的制造商都已经将产品开发工作从 2D 工具迁移到 3D 设计系统,从而大幅提高了生产效率。MBD 是从设计到制造业务流程的核心,也是构建 3D 数字化研发管理平台的关键。波音 B787 的合作伙伴都被要求,在飞机的完整制造流程中使用 MBD 作为唯一的信息传递依据。这项技术将三维的制造信息和设计信息共同呈

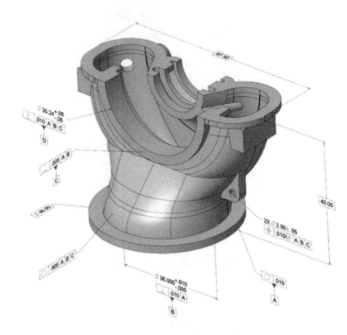

图 1-7 MBD 模型示例

现在了一个模型集合体之中,使产品从加工到检验的全流程实现了高度的集成。目前,我国的大型飞机产业也正在逐步实施和应用 MBD 技术。由于该技术具有较高的效率和准确性,因此必将给飞机装配技术带来实质性的改变。

1.3.4 主要的数字化设计软件

随着计算机辅助设计专业的快速发展,越来越多的数字化设计软件已发展成熟并被广泛使用。其中 3 维数字化设计功能最齐全,发展最成熟,且在航空航天、汽车、船舶等主流工业设计领域应用,相对广泛的主流设计软件有 SolidWorks、CATIA、UG‑NX 等。下面分别简要介绍这几款软件。

(1) SolidWorks

SolidWorks 是由法国达索公司研发的一款机械设计三维 CAD 视图软件产品,该软件基于 Windows 系统开发,是世界上最早以 Windows 系统开发的 CAD 系统,经过不断的迭代更新,软件的设计功能已经非常强大且多样。在帮助用户完成产品设计的同时,还可以辅助用户减少设计中的错误,同时提供多种设计方案,大大提高了设计的便捷度和产品的设计质量。同时,SolidWorks 软件的操作也非常简单易学,使用者能够很快学会并掌握。此外,SolidWorks 操作的产品设计可以完全编辑,零件设计、装配设计和工程图之间也是完全相关的。这种极具创新的强大功能加上它配套了繁多的功能组件和与其他软件协同的接口组件,使得 SolidWorks 成为领先的、主流的三维 CAD 解决方案。

（2）CATIA

CATIA 是法国达索公司的产品开发旗舰解决方案。它的主要特点是可以支持从项目预备阶段、具体的设计、分析、模拟、组装到维护在内的全部工业设计流程；同时具有创成式曲面设计、自由曲面设计等十分强大的曲面设计模块，非常擅长做高品质的曲面造型，曲面质量可以达到 G3、G4 级的曲率连续，这是该软件的核心竞争技术之一。虽然 CATIA 操作上不如 SotidWorks 简便，但相对全面和成熟的功能使其在数字化设计软件中占据着最主流的地位，它的相关产品在包括航空航天、船舶桥梁在内的多个领域里提供着 3D 设计和模拟解决方案。这种软件因其精确安全和可靠性而得到广泛认可，能够满足商业、防御和航空航天领域各种应用的需要。

（3）UG - NX

UG NX（原名：Unigraphics）是一款由西门子开发，集 CAD/CAE/CAM 等多模块于一体的全周期产品。它的主要特点在于产品的革新可以通过过程的变更来实现。该软件除了提供强大的设计功能之外，还具有虚拟装配、有限元分析、仿真模拟等辅助计算功能。其强大之处在于，软件集成了数控制造代码的生成功能，可以直接将设计的实体产品进行数控加工的生产，另外操作简单的模具设计模块非常受设计者们的青睐。如今，UG-NX 软件在通用汽车领域和航空发动机领域有着越来越广泛的应用。

1.4 现代飞机复合材料及其有限元仿真

1.4.1 现代飞机复合材料的发展和应用

现代飞机，尤其是大型民航客机，正朝着安全、快捷、经济、舒适和环保的方向不断发展，材料的更新和先进制造技术的革新为新一代大型民航客机的问世提供了技术保障。复合材料因其优异的性能在航空航天方面得到广泛应用。从舱内装饰、座椅等非承力件或次承力件逐渐扩展到梁、中央翼盒等主承力件。复合材料在飞机结构部件中的应用越来越广，材料用量占比也越来越大。复合材料优异的力学性能能够提高安全性能；机身结构重量的大幅减轻能够降低燃油消耗、增加载荷，不仅提升了飞机的经济性，而且降低排放有利于环保。复合材料在大型飞机上的应用逐渐广泛化。波音 787 复合材料用量达到 50%，空客 A350XWB 则达到 53%。而以往用于制造大型客机的主体材料铝合金和钛合金已分别降低到 20% 和 15%，以碳纤维复合材料（CFRP）为代表的树脂基复合材料正在成为大型客机制造的主体材料。

（1）国外复合材料在飞机上的应用

国外复合材料在飞机上的应用相对较早，加工工艺也相对成熟。尤其是最近 30 年，波音和空客两大飞机制造生产巨头在民航客机领域的竞争，促进了复合材料自动化成型技术和低成本制造技术的发展，极大地缩短了复合材料生产周期，提高了复合材料性能，降低了制造成本，从而使得复合材料在大型民航客机上的应用大幅度提升，生产出 B787、A380、A350XWB 等经济、舒适的大型民航客机，极大地促进了复合材料飞机的发展。

　　B787 是目前波音最新的双通道宽体民航客机。见图 1-8(a)所示,由于大量采用了复合材料,所以其结构重量较轻,减少了燃油消耗,降低了运营成本。应用复合材料的主要部件有机身蒙皮、机身壁板、部分框、中央翼盒、外翼盒等。图 1-8(b)所示是B787 复合材料壁板和机身,由于采用复合材料制造,其结构之间的连接多采用胶接,相比于传统的铆接,胶接使得连接表面更光滑,降低了飞行阻力;同时,胶接避免了因开孔而造成的局部应力集中,一定程度上强化了机体强度。

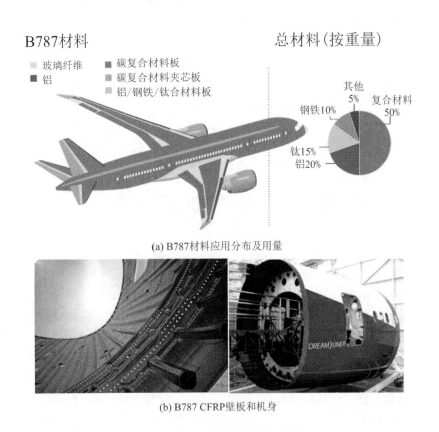

(a) B787材料应用分布及用量

(b) B787 CFRP壁板和机身

图 1-8　B787 的复合材料应用

　　为了与波音 B787 竞争,空客公司研制了最新一代的中远程宽体民航客机——A350XWB,其材料应用分布及用量见图 1-9(a)所示,复合材料用量达到了 53%,超过了波音 787 的复合材料用量,进一步减轻了结构重量,降低了燃油消耗,也更为舒适、经济和环保。此外,复合材料的使用提高了整体机身抗疲劳能力和耐腐蚀能力,大大降低了维护工作量和维护成本。主要应用复合材料的部件有机身蒙皮、壁板、前翼梁、后翼梁、机翼前缘、中央翼盒、襟副翼、尾翼等。图 1-9(b)是 A350XWB 机身和内部壁板结构,可以看到,与 B787 一样,同样是使用碳纤维复合材料隔框和桁条与碳纤维复合材料层合板组装而成的机身壁板。

钛
- 高负载机身隔框
- 舱门框
- 起落架
- 吊架

无腐蚀工况

其他
铝/铝-锂合金
8%
19%
钢
53% 复合材料
6%
14%
钛

碳纤维复合材料
- 舱门框
- 中央翼盒与腹梁
- 机身末端
- 蒙皮
- 隔框、桁条
- 舱门(客舱与货舱)

无腐蚀和疲劳工况

(a) A350XWB材料应用分布及用量

(b) A350XWB CFRP壁板和机身

图 1 – 9　A350XWB 的复合材料应用

(2) 国内复合材料在飞机上的应用

相比于国外,国内复合材料起步晚,技术相对落后,制造水平也与国外先进水平有一定差距。随着国内制造业的进一步发展,尤其是中国商飞成立,确立中国的大飞机项目以后,复合材料的制造技术和在大飞机上的应用也迅速发展起来,并取得了一定的成就。

为了与波音 B737 和空客 A320 竞争,我国成功研制了 C919 中型客机,见图 1 – 10 所示。C919 作为首架国内自主研制的大型民航客机,其复合材料用量达到了 12%,主要应用于雷达罩、机翼前后缘、翼身整流罩、尾翼等非承力和次承力部件。作为首次复合材料在大飞机上应用的探索,为了确保飞机结构的安全性,C919 在中央翼盒、大梁等主承力件上依然使用传统材料。据中国商飞网站消息,最新研制的双通道宽体客机 CR929 计划复合材料用量将超过 50%。为了达到这一目标,主要部件需采用复合材料制造,这也是复合材料成型工艺的一大挑战。这些部件的研制说明国内复合材料制造技术有了一定的提升,也为复合材料在大型民航客机上的应用积累了一定经验。

图 1 - 10　国产大飞机 C919

1.4.2　复合材料概述

(1) 复合材料的定义和分类

复合材料是由两种或两种以上材料组分混合制成的新型材料。它能发挥各组分的优点,并将其融合,获得新的优异性能。此外,复合材料的可设计性较好,可以根据实际应用场合下部件的应力分布等特征具体设计复合材料部件。图 1 - 11 展示了几种常见的复合材料。

(a) 玻璃钢　　　　　(b) 碳纤维编织布预浸料　　　　　(c) 蜂窝夹层板

图 1 - 11　复合材料

复合材料包括基体材料和增强材料两种组分。增强材料作为承载的主体起着主要作用,通常复合材料的关键力学性能由增强材料决定。基体材料用于联结增强材料,形成一定形状的部件,并能传递增强材料间的载荷,提高增强材料间的结合力,从而改善整体的力学性能。根据基体材料的不同,可以将复合材料分为树脂基复合材料、金属基复合材料和陶瓷基复合材料。纤维树脂基复合材料是以树脂为基体材料,以玻璃纤维、碳纤维等纤维材料及其织物作为增强材料组成的复合材料。飞机上广泛应用的复合材料就是树脂基复合材料,其中碳纤维复合材料性能最为优越,应用也最为广泛。

（2）复合材料的基本构造形式和优点

纤维增强树脂基复合材料的构造形式主要有单向带预浸料层合板、纤维平纹布、纤维织物和蜂窝夹层结构等，如图1-12所示。

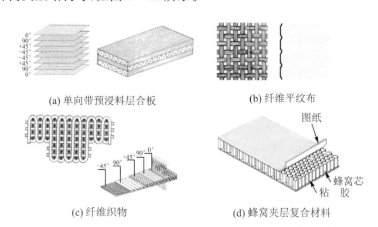

(a) 单向带预浸料层合板　　　　　(b) 纤维平纹布

(c) 纤维织物　　　　　　(d) 蜂窝夹层复合材料

图1-12　复合材料的基本构造形式

树脂基复合材料有众多优点，其突出优点是比强度、比模量高。比强度或比模量是材料的强度或模量与密度的比值。在质量相等的前提下，它是衡量材料承载能力和刚度特性的指标。所以在能达到规定强度和模量的前提下，采用树脂基复合材料可以大幅减轻零件的结构重量。这也是飞机制造领域最关注的问题，减轻重量就降低了燃油消耗，减少了排放，既经济又环保。另外，复合材料还具备可设计性好、耐疲劳、破损安全性高，耐高温、减振和整体性好等特点，是飞机制造的理想材料。

1.4.3　复合材料制造工艺

（1）热压罐成型工艺

目前常用的树脂基复合材料的基体多为热固性树脂，即基体常温下为液态，经过添加固化剂，在温度和压力的作用下固化成型。热压罐成型工艺为热固性树脂的固化提供了温度和压力的条件。如图1-13(a)所示，将纤维预浸料铺贴到模具上，并采用真空袋加压，然后将整体置于热压罐中，经过一定时间的物理化学反应后，基体固化，得到满足形状、质量要求的复合材料制件。热压罐成型是目前复合材料制造的主要成型方法，广泛应用于航空航天复合材料部件的制造中。

（2）树脂传递模塑成型工艺（RTM）

RTM通常用于初始材料干纤维编织布和液体基体的复合材料成型中。如图1-13(b)所示，将干纤维编织布（或为通过三维编织制成的预成型体）按照所需铺贴于模具中，模具上通常粘贴特氟龙薄膜，以便于后续脱模；留出树脂流动通道后闭模，然后将液态树脂缓慢注入模腔中，为了便于树脂充型，通常采用真空加以辅助充型；待树脂完全充型后，停止注入，封闭树脂通道，然后将整体加热固化，脱模后得到所需的复合材料制件。

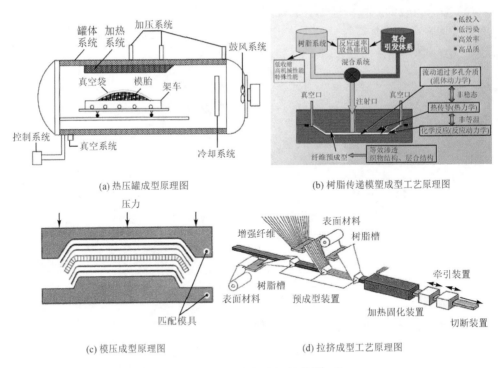

(a) 热压罐成型原理图

(b) 树脂传递模塑成型工艺原理图

(c) 模压成型原理图

(d) 拉挤成型工艺原理图

图 1 - 13　常见的复合材料成型工艺

(3) 模压成型工艺

模压成型工艺是热塑产品的主要成型方法,同样适用于复合材料的成型。如图 1 - 13(c)所示,将预浸料铺贴于金属模腔中,上下模具合模后,在热压力温度和压力的作用下,预浸料中的树脂软化后充满模腔,经过一定时间后又固化成型。该工艺需要上下两个模具,即阴模和阳模。其基本工艺流程为:加料、闭模、排气、固化、脱模、后处理。模压成型在生产生活中的应用非常广泛,主要用作结构件、连接件、防护件和电气绝缘件。广泛应用于工业、机械、电气、化工、交通运输、建筑等领域。由于模压制品质量可靠,在兵器、飞机、导弹、卫星上也都得到了应用。

(4) 拉挤成型工艺

拉挤成型的工艺原理如图 1 - 13(d)所示,将连续纤维束通过树脂槽进行浸渍,然后在牵引装置的作用下通过成型模而定型,随后在温度的作用下固化成型,制成具有特定横截面形状和长度不受限制的复合材料,如管材、棒材、槽型材、工字型材、方型材等。拉挤成型工艺由于难以成型复杂结构的制件,因此应用有限,但拉挤成型可以制备高纤维含量的制件,因而又具备一定优势。

1.4.4　仿真技术概述

有限元分析技术可以将复杂的问题分解为简单的问题再求解。有限元技术将求解域看成是由有限个微小的子域构成,通过对每一个子域求解近似解,然后推导符合所有子域的近似解,即为系统问题的近似解。有限元方法的计算精度较高,计算效率高,能较好地分析复杂结构的系统问题,因而广泛应用于包括复合材料在内的多种仿真领域,如图 1-14 所示。

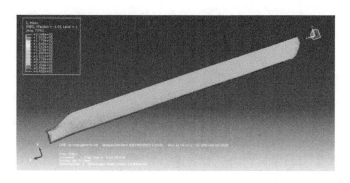

图 1-14　旋翼桨叶的有限元仿真应力云图

有限元分析的基本步骤通常为前处理、总装求解和后处理。其中前处理主要是定义有限元求解模型,包括几何形状、单元类型、材料参数、几何属性、边界条件以及载荷等;总装求解过程是将有限个单元总装成整个系统的总矩阵方程;后处理过程是对所求出的解根据有关准则进行分析和评价。

进入新时代以来,市场竞争加剧,产品更新周期加速。有限元技术可以提高产品的设计质量、缩短设计周期、提高商业竞争力,并且越来越频繁地应用于工程设计和科学研究领域,已成为解决复杂工程问题的有效手段。

1.4.5　复合材料仿真流程及常用软件介绍

利用仿真技术对复合材料构件的制造过程进行数值模拟,可以分析构件内部的残余应力分布、变形情况,缩短研制周期,降低制造成本。大致建模流程包括建立几何模型、绘制网格、赋予材料属性、设置相互作用关系以及载荷工况等。除了通用的ABAQUS、ANSYS 等软件外,目前常用的仿真软件如图 1-15 所示。

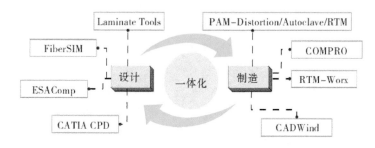

图 1-15　常用的复合材料仿真软件

英国 Anaglyph 公司的 Laminate Tools 是一款集复合材料设计、分析和制造于一身的商业软件。该软件分为显示、设计、分析、检查以及制造工艺 5 个模块,实现复合材料构件从铺层设计到制造信息输出的完整流程。目前 Laminate Tools 已经得到了广泛应用,如 AW189 直升机的进气道采用了 Laminate Tools 软件进行设计,有效缩短了设计周期。

VISTAGY 公司推出了有限元分析软件 Fiber SIM。Fiber SIM 支持复合材料零件的设计制造仿真,允许对复合材料的设计、选材、几何结构以及成型工艺之间进行综合设计,并且可以和 CATIA 等建模软件协同使用。传统的复合材料制造过程中设计数据主要依赖模线方法,而 Fiber SIM 软件将之转变为依据数字化方法。目前 Fiber SIM 软件在国内的西飞、成飞、沈飞等公司得到应用,并取得了满意的效果。

芬兰赫尔辛基大学的 ESA Comp 软件常用在复合材料零件设计的初始阶段,用来指导复合材料选材、泡沫夹层结构、预浸料铺层方式。该软件具有多种主流 CAE 软件的接口,可以对复合材料结构有限元分析进行详细的后处理。ESA Comp 软件的受众广,如空客、宝马以及西门子等企业。

CATIA CPD 软件拥有铺层设计、复合材料分析、工程制图、曲面转化等多个组块。波音 B737B、B747、B787 系列飞机的翼身整流罩、内襟翼以及空客 A380 的机身段、尾翼段以及襟副翼都采用 CATIA CPD 软件进行数字化设计。

ESI 公司的 SYSPLY 是一款常用于复合材料零件设计和复合材料零件结构优化的有限元软件。其可以提高设计效率和验证复合材料结构,基本实现了几何建模的自动化,可以分析静力学问题、动力学问题、热分析问题等。ESI 公司的 PAM - RTM 软件主要解决的是树脂传递模塑成型工艺的相关仿真分析,操作简单、计算迅速。ESI 公司的 PAM - Form 软件可以处理复合材料层合板成型仿真、纤维纺织成型仿真等,适用于复合材料的热压成型以及 RTM 成型等。ESI 公司的 PAM - Autoclave 软件和 PAM - Distortion 软件适用于模拟热压罐内的温度场变化以及预浸料的固化回弹等问题,可以指导成型模具和固化工艺的优化。

CMT 公司的 Compro 软件为用户提供了"虚拟制造"的仿真方法,可以实现复合材料固化的综合模拟。CMT 公司与波音公司合作密切,目前该软件已成功应用在 B747、B767 和 B777 飞机的设计制造。

荷兰 Polyworx 公司的 RTM - Worx 仿真软件主要应用于 RTM 仿真,该软件可混合使用多种单元,提高了计算效率。目前,该软件已在航空领域的复合材料设计制造领域得到了广泛应用,如 NH90 直升机起落架。

MATERIAL 公司的 CADWind 软件主要用来模拟复合材料的纤维缠绕工艺。该软件实现了完全图形化,可建立三维动态仿真,并且可以输出加工程序。将该软件集成到复合材料虚拟制造系统中,工程人员就可以远程进行仿真操作。

1.4.6　复合材料仿真的类型

随着有限元仿真技术的逐步发展,复合材料固化成型仿真、复合材料静力学及损伤分析、复合材料微观建模仿真等多种类型的仿真分析也愈发成熟。

(1) 复合材料固化成型仿真

树脂基复合材料的成型仿真流程如图 1-16 所示。树脂基复合材料固化过程中的变形情况会受到多种因素影响,如树脂固化放热和复合材料固有的各向异性。由于复合材料的热传导系数较小,外部热量向内的传递较慢,内部产生的热量不易扩散,将造成温度场的不均匀分布,导致残余应力的产生。在零件脱模后,残余应力的释放使得零件发生变形回弹。复合材料的固化变形会严重影响几何精度和装配性能,甚至可能产生装配超差和零件报废,因此复合材料固化变形的预测分析十分重要。

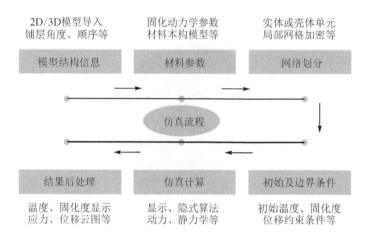

图 1-16 复合材料固化仿真成型仿真流程

静力学及损伤分析的基础是准确表征复合材料属性。复合材料本构方程主要分为线弹性本构模型以及粘弹性本构模型两类,采用线弹性本构模型的计算效率高,但计算精度较差;采用粘弹性本构模型可以得到较高的计算精度,但收敛性较差,计算量更为庞大。根据对失效模式的区分,复合材料损伤理论可分为与失效模式无关的失效准则(第一类准则)和与失效模式相关的失效准则(第二类准则)。第一类准则根据复合材料的应力或应变条件判断失效,满足失效准则即意味着彻底丧失承载能力,如最大应力准则、最大应变准则等。第二类准则以实验现象和相关理论为依据,更适用于分析复合材料的损伤机理和结构强度,如图 1-17 所示。

图 1-17 复合材料损伤情况仿真

（2）复合材料微观建模仿真

复合材料的微观建模仿真研究主要是通过研究微观上纤维和树脂单元间的相互作用，建立复合材料宏观性能与微观结构之间的映射关系和内在机制。由于复合材料的真实显微结构十分复杂，因此通常假设宏观结构是由具有典型微观结构的细观单元周期性分布组成的，以此来简化仿真模型，如图1-18所示。这些典型单元的尺度一般远小于复合材料构件的整体尺度，同时包含其中的主要微观特征。微观建模仿真实际上就是研究复合材料在不同微观结构下，典型单元的应力与应变。

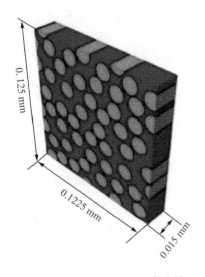

图 1 - 18　复合材料细观力学建模

第二篇 数字化设计与制造实验

第 2 章

基于 SolidWorks 软件的实体建模与零件装配实验

2.1 背景介绍

2.1.1 概　述

实体建模是数字化设计过程中重要的环节之一,是将抽象的设计概念转化为具体、可视化的产品的关键一步。目前,实体建模主要依托于 SolidWorks、Fusion 360、Creo 等三维设计软件,各个软件的功能和建模过程大同小异,针对不同领域的三维设计需求有着不同特性。其中,SolidWorks 三维设计软件凭借其简单易用、功能强大拥有当今全球 3D 市场最大的市场份额。在机械非标设计领域,SolidWorks 软件能够满足设计制造各环节需求,且简便的操作能够有效缩短产品设计周期,提升设计效率,是目前最为主流的三维设计软件之一。在 SolidWorks 版本更新之后,软件具有更强的便携性、界面交互性以及创新性,进一步完善了性能和质量,同时新的设计功能也得到不断开发,在产品开发流程方面有巨大变革。如今,SolidWorks 支持世界各地人员协作,极大地简化了产品设计流程,缩短了设计时间,提高了设计效率。SolidWorks 2021 在交互界面、草图和特征、零件和装配功能、仿真、工程图等许多方面都有所加强,进一步提升了用户的使用体验。

本章将介绍 SolidWorks 软件的发展历程及软件特点,并结合 SolidWorks 2021,通过几个简单的实体建模实验,让读者掌握 SolidWorks 软件的基本使用方法和实体建模的简要流程。

2.1.2 SolidWorks 软件的发展历程

SolidWorks 软件创始人是麻省理工学院硕士毕业的乔恩·赫希蒂克(Jon Hirschtick)。他于 1993 年 8 月决心离开 Computervision,开始经营自己的公司。1994 年

1 月,基于实体建模技术,创建低成本桌面设计系统的想法开始成型。赫希蒂克组建了一个团队,开始迈出 SolidWorks 的第一步。1994 年 8 月,迈克尔·佩恩(Michael Payne)加入该团队,负责管理整个软件开发工作。

考虑到当时三维建模软件功能的不足,赫希蒂克将 SolidWorks 设计成只在基于 Windows 的个人电脑上运行,并利用 Windows 功能实现尽可能多的系统功能。这一战略直接让 SolidWorks 成为全球首个在 Windows 平台上开发的三维计算机辅助设计系统。

1994 年末,SolidWorks 开始向行业分析师和媒体悄悄展示 SolidWorks 软件的原型。最初,软件应用 Spatial Technology 的 ACIS 几何内核进行开发,但是在软件发布之前,ACIS 因为在性能和功能等方面存在的诸多缺陷,逐渐被 EDS Unigraphics 的 Parasolid 所替代。后来这款软件在 1995 年 AUTO FACT 会议上正式发布,它就是 SolidWorks 95。SolidWorks 95 一经发布就赢得了业内瞩目,并逐渐发展为业内独树一帜的三维软件。伴随着 20 世纪末计算机性能的迅速提高,SolidWorks 迅猛发展,于 1997 年 6 月被达索公司宣布以 3 亿美元收购。SolidWorks 98 在 1998 年发布,进一步增强了绘图和装配建模方面的功能,也标志着 SolidWorks 一步步完善,走向成熟。到 2005 年年中,SolidWorks 已达到每月近 10 万份的下载量。

另外,SolidWorks 建立了三维内容中心,它实现了许多 CAD 先驱多年来梦寐以求的概念。一般情况下,产品包含了采购来的零件和部分由制造商设计的零件。对于设计而言,将外部零件的尺寸数据整合到产品模型中是一项耗时的人工任务。如今,零件供应商能够通过 3D 内容中心创建 SolidWorks 兼容的模型,并在 SolidWorks 管理网站上发布,设计师可以在网站上下载这些模型,从而更加便利地将零件信息囊括在其产品中。

正是因为 SolidWorks 强大和高频的新功能发布,使 SolidWorks 真正用行动证明他们仍然保持着最初使命:使 CAD 软件更易于使用,可以让每个人都能够轻松使用。凭借出色的技术和市场表现,SolidWorks 三维机械设计软件已成为达索公司中最具竞争力的 CAD 产品。凭借 Windows OLE 技术、直观式技术、先进的 Parasolid 内核以及良好的与第三方软件的集成技术,SolidWorks 成为全球装机量最大、最好用的软件。

2.1.3　SolidWorks 软件的特点

(1) 基于 Windows 平台

SolidWorks 软件基于 Windows 平台开发,操作界面简洁、数据管理直观,并支持复制、粘贴、移动等 Windows 平台通用操作,拥有本地化内核。这进一步降低了软件的使用门槛,提高了软件的操作灵活性,能给熟悉 Windows 平台的用户带来更好的使用体验。

(2) 醒目、直观、便捷的用户界面

软件操作过程中,界面有着醒目的颜色标识和说明;零件的标注以及特征建立等操作可以右键快速选择;图形区拥有动态预览功能,便于设计审查;FeatureManager 设计树极大方便了设计内容的管理、修改;用户还能通过 ProperManager 属性管理器进行属性的快速增、删、改、查。

(3) 灵活强大的草图、特征、装配控制功能

软件草图绘制符合 AutoCAD 用户的操作习惯,几何约束能通过反馈、推理自动添加;拉伸、旋转等多样化的特征设计功能有着很高的灵活性;企业可以建立自己的产品库,用于数据储存和系列零件的设计;装配体轻量化降低了辅助零件的运行成本,提高了系统性能;工程图模块采用 RapidDraft 技术,能够在保证工程图与三维零件关联性的同时单独对二者进行操作;可以通过三维零件自动生成各种零件视图,极大方便了工程图制作。

(4) 多产品策略

随着发展和功能扩充,SolidWorks 不再单纯是一个 CAD 设计软件。在 CAE 模块下,用户可以进行产品结构的有限元仿真、优化。在 CAM 模块下,用户可以使用基于规则的设计来增强编程流程,通过为每个零部件指定公差,减轻用户接触每个需要加工特征所带来的负担。在数据管理方面,SolidWorks 还附带 PDM 这一主流的数据管理系统,可在一个中央库中存储并组织工程 CAD 数据和其他文档。该库带有一个关系数据库,以管理关于文件和参考、用户和组权限、电子工作流程等的所有信息。总而言之,SolidWorks 已经成为从三维设计到仿真、加工、产品管理全流程的集成化系统。

2.1.4 SolidWorks 2021 的新功能

(1) SolidWorks CAD

1) 改进了大型装配体设计

具有更佳的详图模式性能,进一步提高了绘图创建的速度,并具有添加孔标注、编辑现有尺寸和注释、添加细节、中断和裁剪视图的能力。具有更快的文件操作、配置切换和自动轻量级模式,甚至可以解决最复杂的程序集。

2) 简化了创建程序集的工作流程

对装配建模的增强包括:干扰检测报告,可以与图像一起导出到 Excel 电子表格;能够保存失败的模型作为配置,这样用户可以在完整版本和简化版本之间切换;自动解决轻量级组件、链型的曲线长度,以及在展开特性树节点时自动解析轻量级组件的选项。

3) 提高了大型、复杂设计的工作效率

改进了遮挡剔除、轮廓线边缘和图形的性能;具有打开、保存和关闭程序集,检测和报告循环引用;并将文件添加到 SolidWorks PDM 库中。

4) 可以连接到 3DEXPERIENCE 平台

产品开发流程无缝化,并可根据需求变更轻松扩展。这种从设计到制造的连接生态系统使团队可以在任何位置、任何时间、任何启用 Internet 的设备上就实时数据进行协作。

(2) SolidWorks Simulation

1) 更快地解决更多的模型与接触

更快的接触模拟大大加快了接触模拟计算。改进包括并行计算、更好的 CPU 使用、更快的刚度计算和更健壮的数据通信接触。

2）更好地啮合

SolidWorks Simulation 2021 提供了一个新的网格默认值：无强制通用模式，使用户可以更快地获得网格，精度与零件间通用节点相同。另外，新的网格诊断功能允许用户识别、隔离并在需要修复质量差的元素时提示，从而提高网格的质量。

3）充分利用内置的智能功能

通过自动选择方程求解器，用户可以更加精确和快速地进行模拟。智能选择功能避免了一些繁琐重复性的工作。

（3）SolidWorks Plastics

1）重新设计了 Plastics Manager 树

重新设计了 Plastics Manager 树的各个节点，为材料选择、领域规范、工艺参数和其他关键塑料仿真任务提供了更简化的广告逻辑工作流程。利用这些新的工作流程将大大简化仿真预处理。

2）提高了冷却结果的准确性

对挡板和起泡器冷却系统组件的改进包括一种新特性：当叶片插入通道时，将流道一分为二。对于起泡器，用更小的内胎代替。

3）拥有更准确和最新的材料数据

SolidWorks 已经与全球领先的塑料材料供应商建立了合作伙伴关系，以确保客户拥有最精确的塑料材料数据，从而改善结果准确性。

（4）SolidWorks Electrical 2021

1）3D 电气布线更快

3D 布线的性能得到了极大的改善，使用户能够通过复杂设备内部的电气路径选择来更快地进行 3 倍性能测试，以完善整体产品设计。

2）用户权限可以定制

用户访问权限可以高度自定义，包括项目、库以及各种产品数据和图形控件，提高了数据安全性和输出一致性。

3）让产品更加真实

用户可以在各部分的 3D 模型中确定线缆的质量属性，提高整体模型参数评估的准确性。

2.1.5　SolidWorks 的基本操作

SolidWorks 软件是一套具有生产力的实体模型设计系统，其主要功能包括：零件建模、曲面建模、钣金设计、工程制图、仿真、数据转换、高级渲染、图形输出、特征识别等。此外，SolidWorks 系统还自带有标准件库。

SolidWorks 软件的用户界面与 Windows 系统风格一致，界面整洁，菜单逻辑清晰，其常用的文件类型有零件文件、装配体文件和工程图文件。

① 以 SolidWorks 2021 为例,软件开始界面主要由以下元素组成:

文件:下拉菜单中有新建、打开文件操作和最近文档列表。

视图、工具:包括各种插件工具栏、输入模式。

欢迎对话框:能够新建、打开文件,显示最近文件(夹)和其他资源。

新建、打开文件:用于新建文件或打开现有文件。

选项:自定义系统选项和文件属性。

② 零件设计界面常用功能如下:

草图设计:包含了所有的草图操作命令。

特征设计:基于已有草图和特征创建、编辑特征。

曲面设计:基于已有草图和特征创建、编辑曲面特征。

③ 装配体设计界面常用功能如下:

插入零部件:开始装配体设计的第一步,导入现有零部件或装配体。

编辑零部件:在装配体界面直接编辑某一零部件。

配合:实现零部件特征之间的距离、重合、相切等操作。

2.2　SolidWorks 实体建模及零件装配实验

2.2.1　实验基本情况

(1) 面向人群

SolidWorks 上机实验教程旨在通过几个实验让读者熟悉 SolidWorks 软件的基本使用方法和实体建模的基本流程,其面向人群为机械工程、自动化等相关专业的在校大学生,或者开设三维设计实验的高校教师,以及对三维设计、建模感兴趣的爱好者。

(2) 建议学时

SolidWorks 上机实验建议总学时 6 学时。其中,SolidWorks 草图设计实验建议 2 学时,零件设计建模实验建议 2 学时,装配体设计实验建议 2 学时。

(3) 实验条件

安装 SolidWorks 2021 的计算机一台。

(4) 实验目的

SolidWorks 上机实验的目的是让同学们掌握以下内容:

① 熟悉 SolidWorks 草图设计、零件设计、装配体设计等基本操作,并熟练掌握利用基本功能设计数字化零件的技巧;

② 掌握 SolidWorks 实体建模方法;

③ 掌握 SolidWorks 简单零件装配方法。

2.2.2　草图基本操作实验

(1) 草图实验要求

① 熟悉 SolidWorks 的操作界面。

② 熟悉 SolidWorks 的基本操作。

③ 熟悉 SolidWorks 草图绘制及约束。

④ 使用 SolidWorks 完成草图绘制。

(2) 草图设计要点

① 明确草图尺寸单位。

② 绘图比例。SolidWorks 中由首尺寸定比例,可尽量选择轮廓最大尺寸作为首尺寸来标注,防止畸变。

③ 草图原点选择。以有利于绘制草图轮廓为原则,一般轮廓可选择角点或圆心点,轴对称图形可选择在对称轴上,中心对称可选择在中心点。

④ 草图轮廓形状。捕捉几何约束,确定形状。

⑤ 草图轮廓大小。尺寸约束确定大小,反映设计意图的关键尺寸要表达。

⑥ 草图位置。可用几何约束和尺寸约束确定。

⑦ 草图须为完全约束状态。共有欠约束、完全约束、过约束三个状态。可通过图元颜色、鼠标和分析工具来判断。

⑧ 草图类型有开发和封闭。

⑨ 确定草图尺寸大小。参数化驱动。

⑩ 草图分析。判断草图是否正确。

⑪ 草图尽可能简单。

⑫ 草图中尽可能用几何约束代替尺寸约束。变更时可保持设计意图。

(3) 实验内容

按照要求完成图 2-1 的绘制:

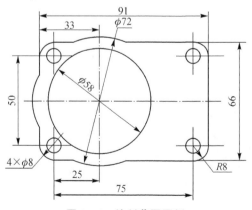

图 2-1　绘制草图图例

① 要求符合机械制图规范;

② 要求图形尺寸清晰准确；

③ 要求图形特征完全定义。

（4）操作过程

① 新建零件文件，然后在机械设计模组中找到草图编辑器进入工作平台；之后在左上命令栏中找到草图 草图 指令并单击，之后再任意单击一个平面作为基准平面，选择草图绘制 ，这样就可以进入草图绘制的初始界面了，如图 2-2(a)所示。

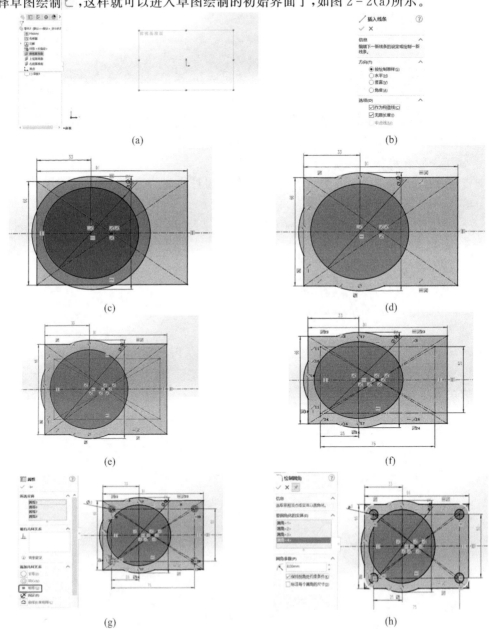

(a)　　　　　　　　(b)

(c)　　　　　　　　(d)

(e)　　　　　　　　(f)

(g)　　　　　　　　(h)

图 2-2　草图绘制步骤图

② 在上侧草图命令栏中找到直线指令 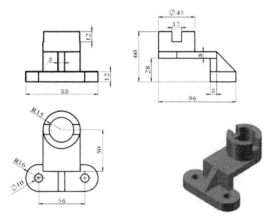，方向选择"按绘制原样"，勾选"作为构造线""无限长度"选项，如图 2-2(b)所示。然后在草图基准面上基于坐标轴原点画出一条水平线。

③ 在上侧草图命令栏中找到圆形指令 ⊙，基于坐标轴原点绘制两个同心圆，直径较大的圆选为构造线。找到中心矩形指令 ▭，水平构造线上绘制出矩形。找到智能尺寸指令 ，给各形状特征赋予正确尺寸。各线形呈现黑色，表示完全定义，如图 2-2(c)所示。

④ 在上侧命令栏中找到剪裁实体指令 ，强劲剪裁模式下右键单击后画线与想要删去的线形相交，然后松开，实现删去目标线形，如图 2-2(d)所示。

⑤ 再次使用矩形指令 ▭，以构造水平线为中心点所在位置，如图 2-2(e)所示画出构造矩形。

⑥ 使用智能尺寸指令 ，给构造矩形赋予正确尺寸，如图 2-2(f)所示。

⑦ 单击命令栏中的圆 ⊙ 按钮，移动光标，以前面所画的构造矩形四个顶点为圆心画出四个直径为 8 mm 的圆（先赋予一个圆的尺寸，然后按住 Ctrl 键选中 4 个圆，添加相等几何关系），如图 2-2(g)所示。

⑧ 找到上侧命令栏中的绘制圆角指令 ，设置圆角参数为 8 mm，然后分别单击草图形状四个直角的两邻边并确认，绘制圆角如图 2-2(h)所示。

⑨ 最后找到图形窗口上侧的显示与隐藏按钮 ，开启草图几何关系隐藏，完成草图绘制。

2.2.3　零件实体建模实验

(1) 实验要求

① 熟练掌握 SolidWorks 中拉伸特征和拉伸切除特征操作，能够运用参考几何体创建草图平面；

② 熟悉并学会使用部分修饰特征。

(2) 实验内容

按照要求完成图 2-3 所示立体图形的绘制：

① 要求符合机械制图规范；

② 图形清晰准确；

③ 如遇视图中缺少尺寸，可自行定义尺寸大小。

(3) 操作步骤

① 打开 SolidWorks 软件，新建零部件文件，以图 2-3 所示基准面绘制草图，利用直槽口指令 和圆形指令 ⊙

图 2-3　零部件示意图

绘制零部件底面草图,如图 2-4(a)所示。

②　选择特征工具栏 特征 ,选择拉伸凸台/基体指令 ,设置拉伸高度为 12 mm,如图 2-4(b)所示,然后按回车键或单击绿色对勾按钮确定操作。

③　基于上述建立的凸台,以其上端面为基准面,绘制草图,并拉伸凸台,如图 2-4(c)所示。

④　基于上一步建立的矩形凸台,以其上端面为基准面,绘制草图,并拉伸凸台,如图 2-4(d)所示。

⑤　同理建出上部圆台,如图 2-4(e)所示。

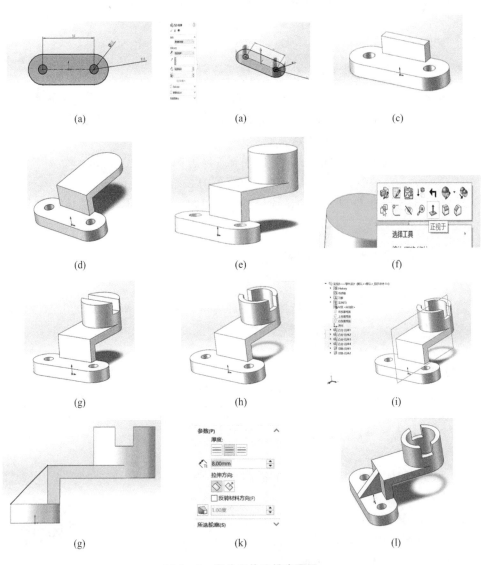

图 2-4　零件实体建模步骤图

⑥ 右击零件上端面,选择"正视于",如图 2-4(f)所示。然后以此为基准面,单击特征工具栏中的"拉伸切除"操作，绘制切除特征,操作与拉伸凸台类似,最后得到零件如图 2-4(g)所示。

⑦ 同理给零件切出圆孔,拉伸切除选"完全贯穿",零件如图 2-4(h)所示。

⑧ 选择"筋"指令，选择"右视基准面",如图 2-4(i)所示,并右击,选择"正视于"。如图 2-4(j)所示画出直线草图,单击"退出草图"。如图 2-4(k)所示,设置厚度模式为两端对称,朝零件体方向,厚度为 8 mm,确认。

⑨ 最终得到零件模型如图 2-4(l)所示。

2.2.4 零件装配实验

(1) 实验内容

按照要求完成如图 2-5 所示装配体图形的绘制:

① 要求符合机械制图规范;

② 图形清晰准确;

③ 在合适的位置进行标注和填充。

(2) 操作过程

① 新建 SolidWorks 装配体文件,选择文件夹中的零部件文件导入。

② 将合适零件设置为"固定",如图 2-6(a)所示。若有其他零件已经为"固定",则解除"固定",设置为"浮动"。

③ 选择配合功能然后选择要配合的两个面。将两个面设置为"重合",且反向对齐,如图 2-6(b)所示。

图 2-5　车轮模型

④ 同样选择这两个零件的同侧孔,设置"同心配合",如图 2-6(c)所示。

⑤ 同理配合另一个相同的零件,如图 2-6(d)所示。

⑥ 接下来分别完成 4 个螺栓与基座上四个螺栓孔的配合,设置螺栓孔沉头面与螺栓的螺帽"下表面重合",如图 2-6(e)所示,得到模型如图 2-6(f)所示。

⑦ 显示基座和轮零件的右视基准面、轴零件的前视基准面,如图 2-6(g)所示。然后打开显示所有类型中的"观阅基准面",如图 2-6(h)所示。

⑧ 配合轴的前视基准面与轮的右视基准面,使二者重合。然后令轴圆周表面与轮内孔同心,得到模型图 2-6(i)。

⑨ 配合轮与基座的右视基准面相互重合,并令轴的圆周表面与安装座的下端孔内表面同心。最后单击隐藏所有类型，完成模型装配。

图 2-6　零件装配步骤图

第 **3** 章

基于 CATIA 软件的曲线曲面设计基础实验

3.1 背景介绍

3.1.1 概　述

数字化设计是一种将计算机软件和数字化信息用于产品建模、分析、修改、优化以及生成设计文档的技术。它支持新产品的设计，可以提高设计的效率和质量。随着计算机技术的发展，CAD 技术被广泛应用于飞机设计之中，CATIA 软件作为航空航天领域的主要 CAD 软件，精确安全、可靠性满足航空航天领域各种应用的需要。设计人员通过 CATIA 软件完成图纸设计，由计算机自动产生设计结果，可以快速显示图形，缩短设计周期和提高设计质量。本章将结合飞机设计与制造的历史，介绍 CAITA 软件的发展背景、曲线曲面的基本知识，以及 CATIA 软件的简单应用。最后，通过几个简单的建模实验，让同学们掌握 CATIA 软件曲线曲面设计的简要流程。

3.1.2 CATIA 软件的发展历程

CATIA 是法国达索公司（Dassault Systems S. A.）的跨平台的商业三维 CAD 设计软件。CATIA 软件的前身是 CADAM（Computer-Augmented Design And Manufacturing），诞生于 1977 年。CATIA 从 1982 年到 1988 年先后发布了 1~3 版本，并于 1993 年发布了基于 UNIX 系统的 4 版本。随着 NT 操作系统的普及和个人计算机性能的提高，许多高端的 CAD/CAM 软件也开始移植到 Windows 平台。为了满足客户的需求，达索公司于 1994 年开始开发全新的 CATIA V5 版本，这一版本在学习方便性和使用灵活性方面都有很大提高。

CATIA V5 版本是围绕数字化产品和电子商务集成概念进行系统结构设计的软件。它可以为企业提供一个针对产品整个开发过程的数字化工作环境，并提供电子通信功能，方便工程人员和非工程人员之间的协作。CATIA V5 的集成解决方案涵盖了所有的产品设计和制造领域,其中的 DMU 电子样机模块和混合建模技术可以提高企业的竞争力和生产力。

CATIA 在国际上有许多著名用户,如波音、克莱斯勒、宝马和奔驰等企业。它在制造业中具有重要地位。例如,波音飞机公司使用 CATIA 完成了整个波音 B777 飞机的电子装配,这一成就为 CATIA 在 CAD/CAE/CAM 行业中的领先地位提供了有力的证明,如图 3-1 所示,为波音 B777 宽体客机数字模型。

图 3-1　波音 B777 宽体客机数字模型

在国内,CATIA 在装备制造领域被广泛应用,包括一汽集团、沈阳金杯、哈飞东安、上海大众、北京吉普、成飞集团、武汉神龙和长安福特等公司,使用 CATIA 的研发工作已成功与国际接轨,有效提高了产品的市场竞争力。CATIA 提供了一个全面的工程技术解决方案,可以满足各种规模企业的需求。它的强大功能已经获得了国内外行业的广泛认可。

2008 年 4 月,新一代 CATIA V6 版本发布,进一步增强了协同性 RFLP 方案及多学科系统建模和仿真功能。2010 年,基于 DS SIMULIA 核心技术,CATIA V5 系列推出了两个全新的现实模拟解决方案,分别是非线性结构分析(ANL)和热分析(ATH),使 CATIA V5 日趋系统和全面。2012 年,达索公司推出最新 V5 PLM 平台 V5-6R2012,包含了 CATIA、DELMIA、ENOVIA 和 SIMULIA,更加扩大了达索系统 3D 平台的使用范围。

从 2014 年的 R2014x 开始,达索系统开始将 CATIA 软件集成于 3D EXPERIENCE Platform(国内一般译作 3D 体验平台)。这种改革开启了业界的先河,数据被保存云端,许多功能将不需要再转换数据格式,可以直接在 3D EXPERIENCE 下的仿真、工艺等相关软件内进行分析。

3.1.3　曲线曲面的数学机理

(1) 曲线连续性

曲线可以分为直线、二次曲线(如圆弧、圆、椭圆、双曲线、抛物线等)和样条曲线等多种类型。B 样条曲线是一种特殊的样条曲线,它以一系列离散点为基础连接成光滑的曲线。在复杂曲面建模中,样条曲线是构建曲面的基础,具有重要的应用价值。样条曲线可以用来构建几乎所有复杂的曲面。构建曲面时,需要考虑样条曲线之间的连续性,这可以通过控制样条曲线的点连续性、切线连续性和曲率连续性来实现。这种连续性是指样条曲线之间的连续性,也就是说,相邻的样条曲线的端点、切线和曲率必须保持一致,才能构建出连续的曲面。各种连续性需要的条件如下:

① 点连续:点连续是指两个样条曲线的端点坐标重合,即两条曲线在端点处相接,不需要满足其他要求,如切线向量和曲率中心的位置等。点连续是最基本的曲线连续性要求,它保证了两条曲线在端点处能够平滑地连接在一起。

② 切线连续:切线连续是指两条相邻的样条曲线在端点处的坐标、切线向量必须重合,但对曲率中心没有特殊要求。切线连续保证了两条曲线在端点处的切线方向相同,这可以避免曲线在端点处的切线方向突然变化,使得曲面更加光滑。

③ 曲率连续:曲率连续是指两条相邻的样条曲线在端点处的坐标、切线向量和曲率中心必须重合。这是最严格的曲线连续性要求,它保证了两条曲线在端点处的位置、切线方向和曲率都相同,使得曲面的整体曲率变化平缓,更加光滑。

(2) 曲线的阶次

多项式是由多个变量的不同幂次组成的表达式,多项式的阶次是指变量的最高次幂。在判断曲线复杂程度时,曲线的阶次是一个重要的指标。通常来说,曲线的阶次越高,曲线就越复杂,也意味着计算曲线所需的计算量也会更大。高阶曲线具有复杂的形状,可以精确拟合复杂的曲面,但也带来了一些问题,如建模灵活性差、不可预知的曲率波动、与其他 CAD 系统数据交换时的信息丢失等。相比之下,采用低阶曲线可以避免这些问题,提高了建模的灵活性,提高了后续操作的运行速度,便于与其他 CAD 系统进行数据交换。因此,在实际应用中,应根据曲面的复杂程度和建模要求,合理选择适当的曲线阶次。

(3) 曲面的几何组成

曲面模型,也称为表面模型,是描述物体表面形状的数学模型。它通常用于确定物体的形状、有关物理特性、有限元网格的划分、数控编程时刀具轨迹的计算等。曲面模型可以通过两种方式来描述:

① 基于线框模型的面模型:通过将线框模型中的边所包围的封闭部分定义为面,构建曲面模型。

② 基于曲线和曲面的面模型:通过用小平面逼近的方法近似地描述曲面,构建曲面模型。对于需要精确描述的曲面,可以通过参数方程来表示。

曲面造型常见的方法包括扫描曲面法、直纹面法和复杂曲面法:

① 扫描曲面。通过扫描曲面的方法来生成曲面。扫描曲面可以分为旋转扫描法和轨迹扫描法两类。

② 直纹面。直纹面是以直线为母线,通过直线在两条轨迹上的线段的端点在同一方向上沿着两条轨迹曲线移动而生成曲面。

③ 复杂曲面。复杂曲面是通过确定曲面上离散点的坐标位置,并通过拟合或逼近给定的型值点来生成曲面。不同的曲面参数方程会产生不同类型和特性的曲面。常见的复杂曲面包括 Coons 曲面、Bezier 曲面和 B 样条(B-Spline)曲面。

3.1.4　CATIA 的基本操作

CATIA V5 是一款强大的 CAD/CAM 软件,具有二维图形绘制、三维实体模型生成、二维工程图生成和绘图输出等功能。它还可以用于数控分析和仿真、虚拟样机仿真、工业设计、知识工程应用和工程分析,如热力学分析、应力分析和人体工学分析等。此外,CATIA V5 还是一个企业 PLM 应用平台。

CATIA V5 界面由多个不同的部分组成,其中包括菜单、工具栏、对话框、设计树、指南针、设计空间等,如图 3-2 所示。菜单和工具栏提供了操作命令,对话框用于设计参数的选择和定义,设计树记录了设计历程,指南针提供了多种便利的功能。此外,界面还包括坐标系、参考平面和命令栏等其他元素。

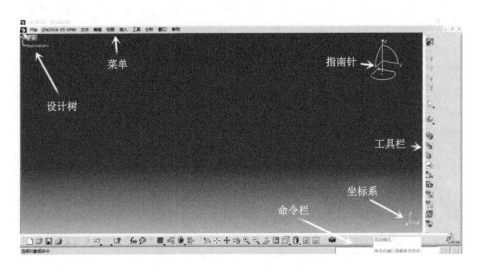

图 3-2　CATIA 用户界面

CATIA V5 由以下模组构成:

① 基础模组:基础模组是 CATIA V5 中为了提高设计效率而提供的一系列工具和功能。它包含了产品结构、材料库、目录编辑器、CATIA 数据交换、图片工作室、集成系统助手、实时渲染、过滤产品数据、特征词典编辑器等,为设计人员提供了多种标准件和基础图素,使其能够更加高效地完成设计任务。

② 机械设计模组：机械设计模组主要用于机械零件和装配的设计，包含了零件设计、装配设计、模具设计、钣金设计、结构设计、焊接设计、工程制图、线架与曲面设计和功能建模零件设计等模块。它可以帮助用户从概念设计到细节设计完成机械产品的开发。

③ 曲面造型模组：曲面造型模组可以帮助用户进行复杂曲面的设计和制造，比如自由曲面造型、创成式曲面设计、数字化曲面编辑器等。此外，这个模组还包含了一些有助于进行产品工业设计的工具，如快速曲面重建、汽车 A 级曲面造型、造型雕刻等。这些功能可以提高设计效率，并确保设计的精度和细节。

④ 分析与模拟模组：分析与模拟模组包含了各种工程分析和模拟功能，可以用来对零件或装配件进行各种不同类型的分析，例如结构分析、流体分析、热分析等。这个模组的功能还可以用于知识工程中，通过分析规则和分析结果来优化产品。分析与模拟模组包括高级网格工具和创成式结构分析。

⑤ 加工模组：加工模组是一个专门用于数控加工的处理平台。它能够快速生成 CNC 程序，并通过验证，以确保程序的正确性。加工模组提供了各种加工工具，包括车削、铣削、曲面加工、高级加工、NC 加工审查和 STL 快速成型。它能够帮助用户对毛坯进行加工数据生成，提高最终得到零件的速度。

⑥ 设备与系统模组：设备与系统模组提供了一个 3D 环境，用于协同设计和集成复杂的电气、液压和管路系统，并优化空间布局。它包括电缆布线、电气线束规则、暖通空调规则、初步布局、管道专业等模块。这些模块可以协助设计人员进行复杂的设备和系统设计，提高效率和设计质量。

⑦ 知识工程模组：知识工程模组是用于捕捉、存储和重用与产品生命周期相关的隐含知识的软件模块。这个模组可以将这些隐含知识转换为显性知识，以便在整个设计过程中使用。它包括知识顾问、知识工程专家、产品功能定义、产品工程优化和产品知识模块等不同的模块，可以在单个应用和整个企业的范围内分享不同类型的外部知识。

⑧ 电子样机模组：电子样机模组是用来创建电子样机（虚拟产品）并对其进行模拟和验证的模块。人体工程学设计与分析模组是用于人体模型的建模和人体工学方面的分析的模块。

3.2　CATIA 上机实验

3.2.1　实验基本情况

(1) 面向人群

CATIA 上机实验教程旨在通过几个实验让读者熟悉 CATIA 软件的基本使用方法和飞机数字化设计的基本流程。其面向人群为飞行器设计与制造相关专业在校大学生，或者开设飞机数字化设计实验的高校教师，以及对飞机数字化设计感兴趣的爱好者。

(2) 建议学时

CATIA 上机实验建议总学时 4 学时。其中,CATIA 草图实验建议 2 学时,飞机渐变机翼建模实验建议 2 学时。

(3) 实验条件

安装 CATIA V5 的计算机一台。

(4) 实验目的

CATIA 上机实验的目的是让同学们掌握以下内容:

① 熟悉 CATIA 草图设计、零件设计、装配体工作台等内置工作台,并熟练掌握利用内置工作台设计数字化零件的技巧。

② 掌握 CATIA 软件参数化设计方法,学会将参数集导入 CATIA 的方法和简单处理方法,能利用参数生成特定零件。

3.2.2　CATIA 草图基本操作实验

(1) 实验内容

按照相关绘图规范完成图 3-3 所示图例的绘制:

① 要求务必遵守相关的制图规范;

② 要求图形尺寸清晰准确;

③ 在合适的位置进行标注和填充。

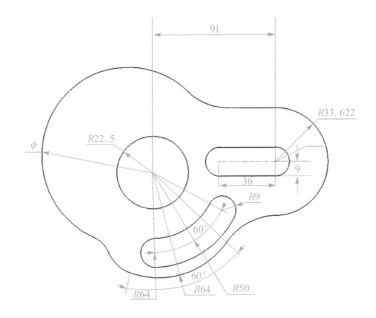

图 3-3　绘制草图示意图

(2) 操作过程

① 新建零件文件,然后在机械设计模组中找到草图编辑器进入工作平台。然后在右侧命令栏中找到草图 按钮并单击,之后再任意选择一个平面作为基准平面,这样就可以进入草图绘制的初始界面了,如图 3 - 4(a)所示。

② 在右侧命令栏中找到轴 ┇ 按钮并单击,在工作空间内绘制如图 3 - 4(b)所示的三条虚线,以其作为基准线。

③ 在右侧命令栏中找到约束 按钮并单击选择两条竖直的虚线段,完成后会显示两条虚线段的默认距离尺寸,双击标注的尺寸数值,系统会弹出如图 3 - 4(c)所示的"约束定义"对话框。在对话框中的值后面输入 100,默认单位为 mm,单击"确定"按钮就可完成尺寸的修改,如图 3 - 5(d)所示。

④ 在右侧圆 ⊙ 命令栏中找到弧 按钮并单击,用鼠标选择左侧虚线段交点,以其为圆心,在工具栏中的弧参数输入框中 R 输入 64,S 输入 60,最后结果如图 3 - 4(e)所示。

⑤ 单击轮廓中的第一个轮廓 指令,在绘图区将光标移动到两垂直线段中间的水

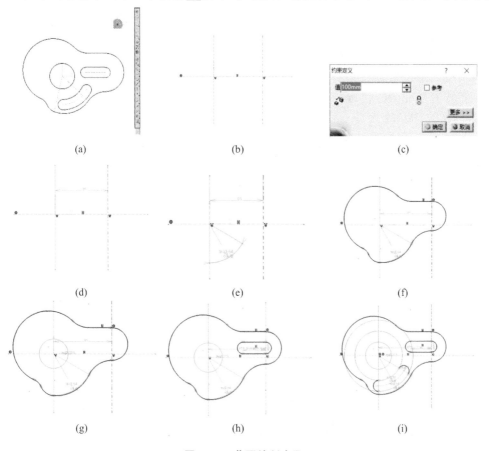

图 3 - 4 草图绘制步骤

平线段上,单击确定起点,向左移动鼠标指针到合适的位置,单击确定第二个点,随后单击"草图工具"工具栏中的相切弧○按钮绘制相切圆弧,完成后继续使用相切弧绘制相切圆弧,重复这个步骤,最后绘制出的效果如图 3－4(f)所示。

⑥ 单击命令栏中的圆 ⊙ 按钮,移动鼠标,选择绘图区左侧两条虚线段的交点,以其为圆心,在草图工具输入框内 R 文本框输入 22.5,按回车键完成圆的绘制,效果如图 3－4(g)所示。

⑦ 找到右侧命令栏中的延长孔 ⊡ 按钮并单击,在展开的延长孔参数输入框中,半径文本框输入 9,长度文本框输入 36,按回车键。随后在绘图区,将光标移动到右侧圆弧中心点,选择该点作为第一中心点,移动光标到第一中心点的水平左侧任意单击,确定第二中心点的方向,完成延长孔的创建,效果如图 3－4(h)所示。

⑧ 找到右侧命令栏中的圆柱形延长孔 ⊚ 按钮并单击,在展开的圆柱形延长孔参数输入框中,半径文本框输入 9,R 文本框输入 50,S 文本框输入 60,按回车键。随后在绘图区,移动鼠标指针到左侧虚线段的交点位置,选择该点为圆柱形延长孔的圆心,然后移动鼠标指针到圆心的下方垂直线段上,任意单击确定圆柱形延长孔的方向,完成圆柱形延长孔的创建,最后效果如图 3－4(i)所示。

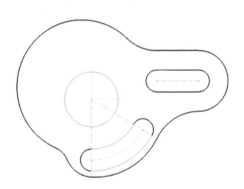

图 3－5　草图绘制最终结果

最后将所有的辅助圆、线段和点全部隐藏,绘制的草图如图 3－5 所示。

3.2.3　飞机渐变机翼建模实验

(1) 实验内容

按照相关绘图规范完成如图 3－6 所示立体图形的绘制:

① 要求务必遵守相关的制图规范;

② 图形清晰准确;

③ 在合适的位置进行标注和填充。

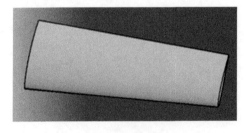

图 3－6　渐变机翼示意图

(2) 操作步骤

下面就以一个渐变翼型的机翼为例,使用 CATIA 软件进行三维建模,机翼的具体数据可以从 Profili 获得,如图 3－7 所示,这里选择 SG 6043 和 CLARK Y 两种类型的机翼。选定机翼后,将机翼数据输出,使用这些数据就可以进行 CATIA 建模了。

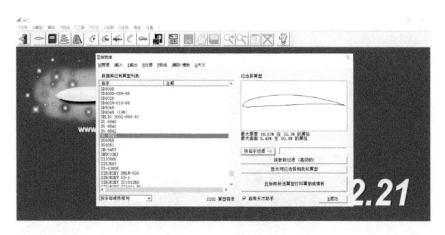

图 3 - 7　Profili 软件界面

① 打开 CATIA 软件,使用曲面造型模组中的 Digitized Shape Editor 模块,输入自定义的零件名称,然后选择启用混合设计。

② 因为可以从 Profili 软件导出格式为 txt 的机翼的数据,所以可以直接使用 import 功能将机翼数据导入到 CATIA 软件中,导入后的设计空间界面如图 3 - 8(a)所示。

③ 目前导入到 CATIA 的数据点是点云数据,即电子数据格式,所以需要使用 Cloud/Points 功能将点云数据实体化,选择导入的机翼数据元素,实体化后的效果如图 3 - 8(b)所示。

④ 切换到曲面造型的创成式外形设计模块,使用样条线 功能将所有的点生成样条曲线,如图 3 - 8(c)所示,选中机翼中的所有点,单击"确定"按钮就可以生成样条曲线了。

⑤ 重复上面的步骤,将另一个类型的机翼数据导入到 CATIA 中,最后会生成两条样条曲线,此时设计空间界面如图 3 - 8(d)所示。

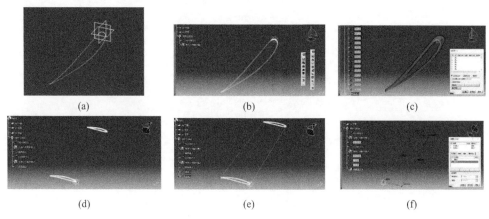

图 3 - 8　渐变机翼建模步骤

⑥ 建立引导线,前缘和尾缘连线,此时使用直线功能 ╱,线的类型选择"点-点",其他使用默认,先后在两条样条曲线上选择同侧的两个边缘点,就可建立第一条引导线。重复建立引导线的步骤,建立第二条引导线,引导线建立完成如图 3-8(e)所示。

⑦ 切换到机械设计模组中的零件设计模块,使用多截面实体 功能,创建渐变机翼实体。如图 3-8(f)所示,在截面处选择样条线 1 和 2,在引导线处选择直线 1 和 2,其他参数不变,单击"确定"按钮即可。

最后,将其余的平面或者线都隐藏,最终的机翼三维模型如图 3-9 所示。

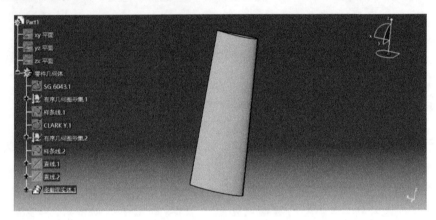

图 3-9 渐变机翼模型

第 **4** 章

基于 CATIA 软件的飞机机体数字化设计实验

4.1 背景介绍

4.1.1 概　述

　　飞机机体外形设计是综合飞机总体布局的主要环节。经初步分析和计算,最终得出飞机形状的主要几何参数(初步飞机三面草图)和飞机各部分的外形尺寸,并以飞机外形理论图形式给出飞机机体外形设计的全过程,就是飞机机体外形设计。长期以来,一直将飞机设计中的模线绘制划归为飞机外形设计。这是因为以往基本上采用测绘、仿制设计提取外形的方法。随着电子计算机技术的发展,出现了将图解法用数学方法来逼近与绘图,用计算机程序和数据描绘飞机外形的方法,称为计算机几何设计(CAGD)。其意义是,通过飞机模线绘制,根据其几何外形信息(指已确定的几何外形),如平面曲线或空间曲面的型值点或特征多边形的角点信息做出数学模型,通过电子计算机求得更多的信息,用于进一步的综合分析等。本章将基于 CATIA 软件,介绍飞机机体设计的理论知识和发展。最后通过一个实现飞机机体外形建模的实验,使同学们掌握基于 CATIA 的飞机机体数字化设计流程。

4.1.2 CATIA 在飞机机体设计应用的背景

　　飞机的机体外形设计要求飞机具有流畅的流线,并具有符合气动要求的几何形状,所以在进行飞机机体外形设计的过程中要充分考虑曲线的应用对外形参数的影响,所有外形定义都是基于样条曲线设计的。在飞机机体外形设计过程中,这种曲线参数设计的传导、修改是非常复杂的。传统的飞机外形设计基本上都是使用二维理论图纸进行数据的演算和传导,为了满足飞机制造过程中高协调性的要求,传统的飞机机体制造过程中采用了一种称作模线样板的技术,使得有气动要求的零部件能够满足设计要求。然而这种基于二维图纸的数据传导方式以及与其配合的模线样板制造方法由于飞机机体设计的数据量大参与人员众多等因素,有着先天的理论表达冗余不清楚、协调性较差等明显的缺点,这些导致了人为因素引入错误的情况明显,误差传递发散等问题。

20世纪80年代,正值计算机辅助设计技术的迅速发展时期。计算机辅助设计软件的兴起掀起了飞机机体外形设计的一次改革浪潮,飞机外形设计的水平也得到了巨大的提高。在这段时间,国内引入了许多在国外成熟的CAD软件用于飞机机体设计,CATIA就是这一时期引入的。国内在飞机外形设计中也出现了许多基于自由曲线曲面理论的飞机外形计算程序。借助这些计算机辅助软件,设计者可以更直观地设计飞机的总体外形几何设计,避免了冗余的协调信息和巨量的图纸文件,并可以传递更多的信息用于后续的设计和试验。在上述背景下,CATIA因其出色的曲线曲面的设计功能在飞机机体设计的发展中得到了应用。

如今随着飞机机体外形设计技术工作越来越精细,对飞机参数的选取优化大量估算分析工作也越来越繁杂,传统的几何外形建模方式已经越来越不能满足飞机机体设计的技术要求。基于CATIA的飞机参数驱动的飞机全参数几何模型,具有明确的物理和几何意义,不仅能满足飞机形状对越来越精细的方案设计的需求,而且全参数的飞机机体外形的CATIA模型还可以为各学科的分析和优化提供一个高精度高质量的几何模型与直观形象的表达方式。现代飞机产品制造过程的实质是对一种产品进行并行协同的数字化建模、仿真和产品定义,然后将产品定义数据从设计的上游转移、扩展和处理到零部件制造、零部件装配、产品最终装配、测量和检验的下游,最终的飞机产品可以被视为数据的物理表示。基于CATIA的飞机机体全参数化模型就可以很好地使设计数据完成从上游至下游的无缝传递,大大提高了生产效率,降低了引入误差的可能。至此,基于CATIA的飞机机体数字化设计的优势得到进一步体现,应用CATIA进行飞机机体数字化设计也越来越成为了设计的主流方法。如何运用CATIA建立能符合全机数字化设计/制造要求的飞机外形数学模型也成为了飞机机体数字化设计的热门研究内容。

4.1.3　飞机机体外形设计的理论知识

(1) 飞机外形建模工作的特点

飞机外形数字化建模工作是有其特点的,首先,必须满足空气动力学对外形曲面光顺性的要求,即在Ⅰ类区(即气动敏感区)气流必须满足整体二阶几何连续,在Ⅱ类区(非气动敏感区)气流必须至少保证一阶几何连续;其次,满足结构系统操作性的需要,模型中的曲线曲面要无坏点、无尖点、有足够大的曲率半径、无退化三角形曲面片等;最后,必须满足模型规模的要求,模型尽量小,便于下游快速操作。模型精度一般会影响模型的曲面接合精度、曲线连接精度,以及进行几何迭代时的计算精度,其是飞机外形建模中必须关注的内容。也正是因为飞机外形曲面之间空间关系、拼接关系和关联关系复杂的特性,一般必须利用曲面功能强大的专业CAD软件作为建模支持平台,如CATIA等。

(2) 飞机外形典型的曲面结构

飞机外形设计经过多年的发展,已经形成了一套完整的曲面设计结构形式,并已成熟应用于各类飞机设计中。数字化飞机外形设计需要继承这些曲面设计结构形式。接下来将简要分析这些曲面结构的典型特征及设计技巧,以方便读者快速掌握。

机身轮廓的设计,机身的外形曲面应该是保凸的,因此构造曲面的线框轮廓线在设计时就应该是凸形状的,所以应尽可能地少用直线,而使用二次曲线设计机身轮廓线来保凸。二次曲线类型包括抛物线、双曲线、圆、椭圆等。同时,机身类零件曲面的外形一般用母带法造型,即主体截面都有相同的造型规律,其各主体截面构成的曲面可以看成是主体截面沿一定规律纵向滑动生成的。圆形机身横截面是最有利的。它可以保证横截面积固定时周长最小或体积固定时表面积最小,所以摩擦力最小,会得到很多好处。最后,设计机身截面构形时还必须考虑到机身内部各种载荷的安装等因素的限制,所以不能是简单地设计成圆形截面。因此,在构形机身横截面时,最好的方法就是使用多段和圆形截面近似的椭圆弧段进行设计。

机翼轮廓的特点,在于除翼型本身的平面形状外,针对前后缘、控制部件等位置,根据气动性能的设计还包含了扭转、后掠、转折等特征,对外形设计要求十分高。同时,由于飞机的操纵需求,机翼上还结合了包括襟翼、缝翼、副翼扰流板等多种操纵舵面,使得翼型整体外形更加复杂。机翼是飞机气动要求最高的部位,它的外形设计必须具有最高的曲面连续光顺性,这也为设计提出了挑战。利用包括前缘半径和翼型曲线数据在内的初始翼型定义数据设计出高标准的翼型曲线是众多翼型设计者的终极目标。

翼身过渡段是机翼与机身之间为减少相互的气流干扰而制备的整流曲面,根据对气流的整流需求,外形的设计要求非常复杂。翼身过渡段一般分为大鼓包段、小鼓包段,这些形状的整流在民用飞机的空气动力学中起着重要作用。合适的形状可以调节机翼上表面的压力分布和翼体交界处的气流,提高大型民用飞机的整体气动性能。翼身过渡段的形状与机身/机翼的形状特性和机翼在机身上的安装位置密切相关。翼身过渡段的整流参数化设计一般通过 CATIA 自由曲面修形技术,采用自由曲线 B 样条的参数化方法实现。

尾翼主要由垂尾和平尾组成,其主要功能在于确保飞机的稳定性。它的外形设计与飞机整体的气动布局密切相关,不同的飞机型号有不同的外形需求。其外形与机翼的外形特征近似,没有机翼前后缘明显的拐折特征,但需要对其根部和顶部修形,此外垂尾平面的翼型剖面要求是对称的。

起落架的主要功能是起飞和降落,并减轻着陆以及地面运动时的冲击。设计要求尺寸应尽量小,以减小迎风阻力;确保起飞和降落所需的姿态;使滑动距离最短;确保滑动过程中的稳定性和机动性。一般选用前三点起落架布置。这种布局的优点是飞机垂直轴线接近水平位置,飞行员视野好,滑动阻力小,起飞加速度大,地面运动方向稳定性好。

除了上述几大部件外,飞机机体外形设计中还应考虑如下部件的外形要求,包括翼梢小翼外形设计、增升装置外形设计、副翼扰流板外形设计、短舱挂架外形设计、滑轨/支臂整流罩外形设计等。

4.2　CATIA 上机实验

4.2.1　实验基本情况

(1) 面向人群

CATIA 上机实验旨在通过两个实验让读者熟悉基于 CATIA 软件的飞机机体外

形数字化设计技巧。其面向人群为飞行器设计与制造相关专业在校大学生,或者开设飞机数字化设计实验的高校教师,以及对飞机数字化设计感兴趣的爱好者。

(2) 建议学时

CATIA 上机实验建议总学时 7 学时。其中,CATIA 创成式曲面设计整流罩实验建议 2 学时,基于三视图的 B737 数字化建模实验建议 3 学时,飞机数字化构件装配实验建议 2 学时。

(3) 实验条件

安装 CATIA V5 的计算机一台。

(4) 实验目的

CATIA 上机实验的目的是让同学们掌握以下内容:

① 熟悉 CATIA 关于飞机机体数字化设计的主要步骤,能够通过对飞机外形的理解,自己设计参数,对飞机的某部件外形进行数字化建模,本章以整流罩为例。

② 熟悉 CATIA 软件,在已知三视图或已经设计出机体三视图的情况下,学会如何使用 CATIA 软件进行建模,完成模型从二维向三维的转化。

③ 熟悉使用 CATIA 完成飞机机体构件的装配流程,并学习装配过程中的注意事项。

4.2.2 CATIA 创成式曲面设计整流罩

(1) 实验内容

按照相关绘图规范完成如图 4-1 所示的立体图形的绘制:

① 要求务必遵守相关的制图规范;

② 要求设计外形光滑,曲面相切;

③ 在合适的位置进行标注和填充。

(2) 操作过程

① 新建零件文件,然后在形状设计模组中找到创成式外形设计,进入工作平台。然后在右侧命令栏中找到定义点 · 指令,单击之后根据自己的设计参数定义整流罩前端的四个点,以其作为框架点。自定义框架点坐标分别为点 1(0,200,0),点 2(0,-50,0),点 3(0,120,-100),点 4(800,120,0)。框架点决定了整流罩的基本轮廓,读者可以根据需求自行设计修改。

② 在右侧命令栏中,找到样条 指令,连接框架点 1 与点 4,在纵向形成一条引导线。为使整流罩呈凸形且有较好的气动外形,引导线要尽可能设置成相切,且保有一定

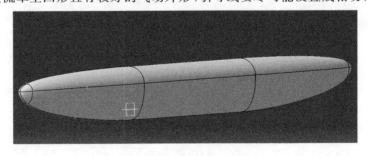

图 4-1　整流罩最终示意图

的张度。再分别连接框架点 2 与点 4 和点 3 与点 4 形成引导线。如图 4 - 2(a)所示。引导线切线方向的设定使得前端呈凸形,张度设定保证一定的气动性,具体数值由读者自行设计调整。例子的设定参数仅供参考。

③ 单击右侧命令栏找到二次曲线⌒指令,其一般在圆形指令菜单中。选择截面框

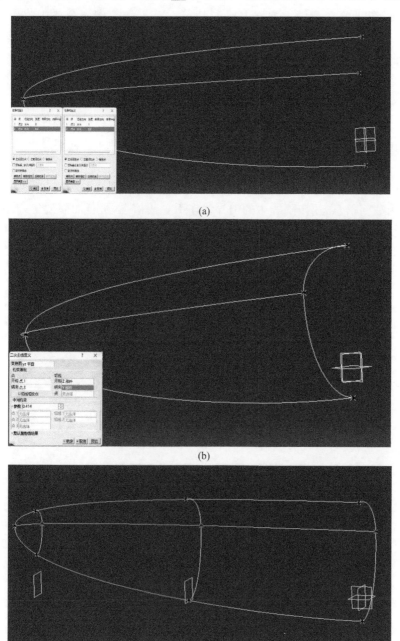

图 4 - 2　轮廓线的产生

架的点,用二次曲线进行连接。连接过程中注意起始和终止的切线方向,且中间约束一般定义为0.414,这样两点间的二次曲线是近圆形的曲线。连接后整流罩前端框架如图4-2(b)所示。

④ 有了轮廓后接下来我们开始画曲面,为使其表面精度高,多截面曲面建议多界面曲线造型,所以要在截面方向对其进行切分。首先在右侧命令栏中找到平面◿指令,对截面基准面进行偏移,用于横向切割整流罩。再选择相交◿指令,让偏移的平面和轮廓线产生交点。

⑤ 再次使用二次曲线◥指令,按照步骤③中同样的方法对交点进行连接,注意支持平面要选择偏移的平面。连接后的效果如图4-2(c)所示。

⑥ 接下来,为保证曲面之间的相切,对拼接处曲线进行一个拉伸操作,在右侧命令栏中找到拉伸◢指令,单击后选择要拉伸的曲线轮廓,并定义拉伸切线方向,拉伸长度随意选取,拉伸后的效果如图4-3(a)所示。

⑦ 找到右侧命令栏中的多截面曲面定义◈功能,分别选取步骤③、⑤中的二次截面曲线作为截面信息,用步骤②中的引导线作引导线信息,进行曲面创建。为使其曲面间相切过渡更平滑,我们使用步骤⑥中拉伸的曲面作为支持面。具体定义效果如图4-3(b)所示。

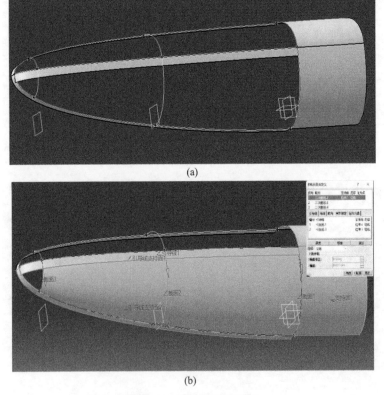

(a)

(b)

图4-3 填充后的效果图

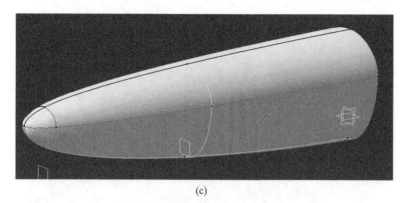

(c)

图 4 - 3　填充后的效果图(续)

⑧ 用步骤⑦中同样的方法创建上部分的曲面。然后前端小块的未创建区域使用填充 指令进行填充即可,同样为保证表面光滑,选择附近的拉伸面为支持面。填充后隐藏辅助的拉伸曲面。

⑨ 找到右侧命令栏中的接合 指令,将我们创建的多个曲面进行拼接。

⑩ 找到右侧命令栏中的对称 指令,将拼接好的曲面在纵截面上进行一个对称处理,再将对称后的两侧曲面进行拼接,就完成了整流罩前端的数字化外形设计。效果如图 4 - 3(c)所示。

⑪ 用同样的方法可以继续设计整流罩的中部和尾部,给定不同的轮廓线,所设计出的整流罩外形是不一样的,这也是参数化设计的重点。最终整流罩外形数字化设计效果如图 4 - 1 所示

4.2.3　基于三视图的 B737 数字化建模

(1) 实验内容

按照相关绘图规范完成如图 4 - 4 所示的立体图形的绘制:

① 要求务必遵守相关的制图规范;

② 图形清晰准确;

③ 能够完成整体机体的建模。

(2) 操作步骤

下面以波音 B787 为例,在已知波音 B787 三视图的情况下,快速将其建模成三维立体图形。图 4 - 5,为事先准备好的波音 B787 三视图。同学们也可以使用自己设计或下载的三视图作为起始。

① 打开 CATIA 软件,使用形状模组中的 SkethTracer 模块 ,单击上方菜单栏的"插入",选择"插入一个新零件"。接下来在右侧找到创建沉浸式草图模块 加载我们已经准备好的三视图图片。加载时要注意三视图的位置以及定义图片的长度,例如长度值同时设定为 5670,以使加载后的三视图大小相同。加载时三视图交叉在一起,为方便后续描点需手动脱开,手动脱开方便后续建模,如图 4 - 6 所示。

图 4 - 4   B737 建模最终效果图

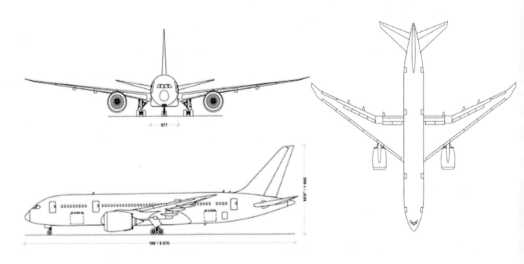

图 4 - 5   波音 B787 的三视图

② 现在我们就可以在三视图的基础上进行草图绘制了。以主视图为例,双击主视图平面就可以进入创成式外形设计模块。在该工作界右侧命令栏中找到草图指令,然后再单击主视平面进行草图绘制。我们选择样条线指令,沿机身上边界描点,尽可能使其与上边界重合,如图 4 - 7 所示。

③ 用同样的方法描绘出机身下边界曲线,以及在俯视图中描绘出两侧的边界曲线。注意描线时要让这四条线交于机头一点,并建立切割机身上下部分的平面。

④ 开始创建曲面,为使其表面精度高,多截面曲面建议采用多截面曲线造型,所以要在截面方向对其进行切分。首先在右侧命令栏中找到平面指令,对截面基准面进行偏移,得到多个截平面。

⑤ 再在右侧命令栏中选择相交指令,让偏移的平面和轮廓线产生交点。双击各

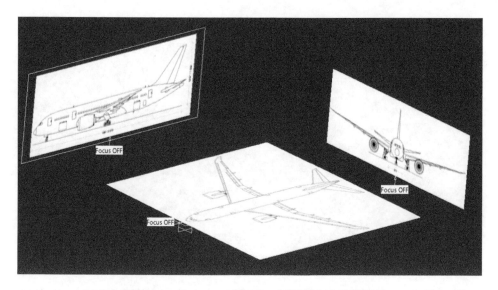

图 4-6　在 CATIA 中加载三视图拖开后的效果

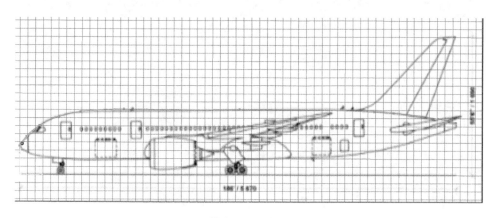

图 4-7　描点飞机机身上边界曲线

截面进入草图模式,在右侧命令栏中选择轮廓 指令,利用该截面与轮廓线产生的交点作约束,建立一个椭圆形截面草图。每个截面都如此操作,得到新的机身轮廓如图 4-8(a)所示。

⑥ 在右侧命令栏中寻找多截面曲面 指令,使用上述步骤得到截面草图和纵向引导线,完成曲面定义。定义参数和曲面效果如图 4-8(b)所示。注意,闭合点要选取在同一引导线上的点。

⑦ 至此,飞机机身部分的外形设计已基本完成。为了丰富细节,我们加上窗户和舱门的形状。我们用步骤②中同样的方法,创建窗户和舱门的草图,如图 4-9(a)所示。

⑧ 在右侧命令栏中选择拉伸 指令,对窗户舱门草图进行拉伸,使其与机身相交,如图 4-9(b)所示。再选择切割 指令,对相交部分进行切割。最后隐藏拉伸的窗户,

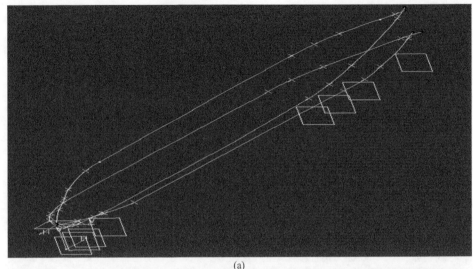

(a)

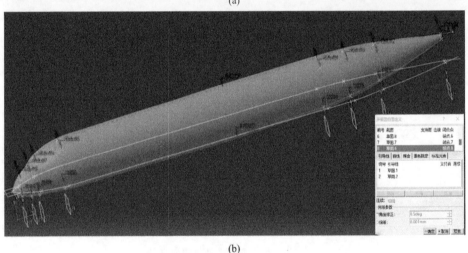

(b)

图 4 - 8　机身曲面的创建

便得到了机身的最终外形形态,如图 4 - 9(c)所示。

⑨ 用类似的方法对三维图形中的其他部分进行建模。这里继续带大家做一个机翼的部分。只需要做一侧,再对称就好。

⑩ 用步骤②中同样的方法描绘机翼的轮廓草图。注意,这里的机翼前后缘边线是在俯视图中临摹得到的。但机翼是有上反角度的,所以我们仍需在前视图中临摹出机翼的上反曲线,如图 4 - 10(a)所示。

⑪ 接下来我们要得到真正的机翼前后缘边界线。在命令栏中找到混合　指令,将上反角趋势线和俯视图临摹的前后缘边界线分别混合,得到真实的机翼前后缘边界线,如图 4 - 10(b)所示。

⑫ 与步骤④~⑥相似,我们要建立机翼的截面轮廓草图,如图 4 - 10(c)所示。

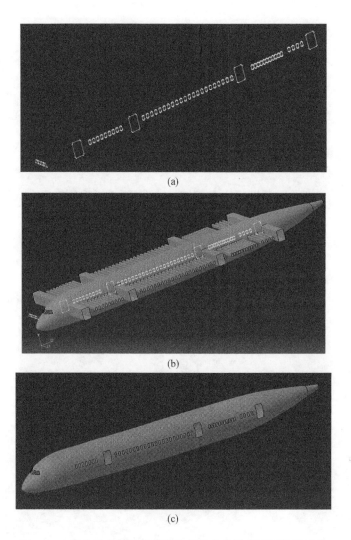

(a)

(b)

(c)

图 4 - 9 描绘窗户和舱门后的飞机机身外形建模的最终形态

⑬ 在右侧命令栏中寻找多截面曲面 ⊗ 指令,使用上述步骤得到截面草图和纵向引导线,完成曲面定义。定义参数和曲面效果图 4 - 10(d)所示。注意,闭合点要选取在同一引导线上的点。

⑭ 至此,机翼的曲面建模部分基本完成,为完善细节,我们可以像第⑧、⑨步一样,将机翼上的可活动多面切割开来,这里不再赘述。为进一步完善细节,我们还可以用同样的思路,通过先描草图再赋予特征的方式建模出襟翼滑轨整流罩。最终机翼部分的建模效果如图 4 - 10(e)所示。

⑮ 按上述逻辑建立其他部件,不再赘述建模过程。尾翼的建模效果如图 4 - 11(a)所示。身翼整流罩模型效果如图 4 - 11(b)所示。

⑯ 用同样的逻辑建立发动机模型。注意,在建立发动机模型时方法上会稍有不

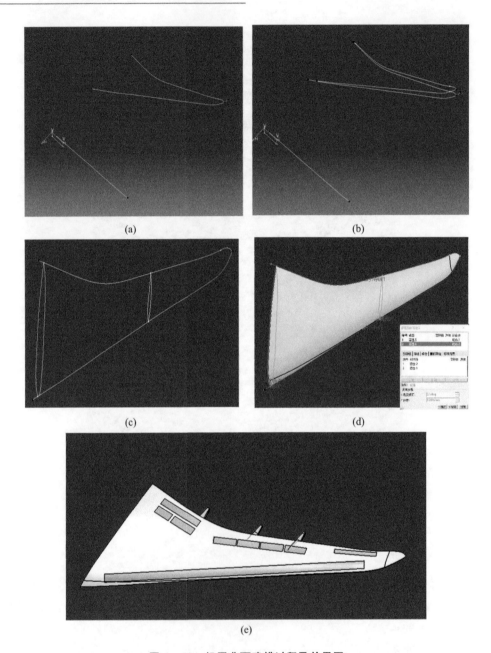

图 4 - 10　机翼曲面建模过程及效果图

同,发动机整体呈圆形,所以我们不需要用多截面曲面建模,只需要临摹出一条回转边线,然后使用 旋转曲面指令就可得到主体表面。

　⑰ 发动机的叶片部分我们先使用多截面曲面指令,按之前的逻辑画出一扇叶片,再使用圆形阵列指令 进行阵列复制。其余部分和机身机翼的逻辑一致,最终得到发动机的效果如图 4 - 11(c)所示。

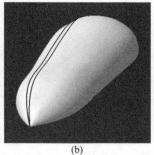
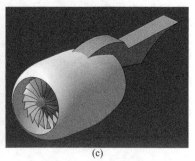

(a)　　　　　　　　(b)　　　　　　　　(c)

图 4 - 11　尾翼、身翼整流罩及发动机效果图

⑱ 最后将所有零件按三视图位置进行装配,就完成了基于三视图的 B737 数字化建模工程实验,如图 4 - 4 所示。

4.2.4　飞机数字化构件装配实验

(1) 实验内容

按照相关绘图规范完成如图 4 - 12 所示的装配体图形的绘制:

① 务必遵守相关的制图规范;

② 图形清晰准确;

③ 在合适的位置进行标注和填充。

(2) 操作过程

① 打开机械设计模组中的装配设计模块,然后在右侧命令栏中找到现有部件 功能,将已经绘制好的零部件导入。这里先导入一个活塞零件作为基准零件,后续所有的装配都将以此部件为基准展开装配,找到文件所在位置并打开。

图 4 - 12　飞机起落架模型

② 打开零件后,为防止后面装配移动基准部件,在开始装配前,通过使用固定部件 功能将基准部件给固定住。固定后在左侧设计树中出现的约束中会出现固定约束,这个就是上述操作所导致的结果,此时操作空间如图 4 - 13(a)所示。

③ 通过现有部件功能,导入第二个零部件。这里导入的是汽缸零件,此时导入的零件 1 与零件 2 是重合的,需要借助移动指令 移动零部件,使其不重合,以便后续装配。任意移动即可,移动完成后的效果如图 4 - 13(b)所示,最后单击"确定"按钮。

④ 接下来使用偏移约束 指令将两个零部件连接到一起,单击偏移约束指令,分别从两个零部件上选择一个面,约束完成后,单击下方的"更新"指令进行偏移。

⑤ 此时只是完成了偏移约束,两个零部件并没有连接到一起,所以还要再进行相合约束 ,单击相合约束,选择两个零件的轴线作为约束,约束完成后单击"更新"。

⑥ 此时虽然已经完成了对两个零部件的两个约束,但并没有完全约束,零部件 2

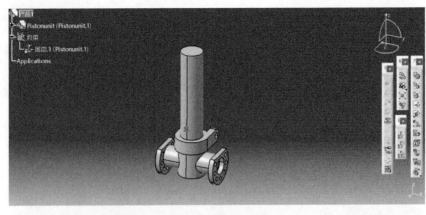

(a)

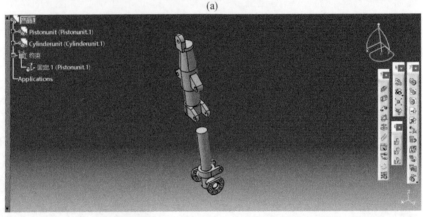

(b)

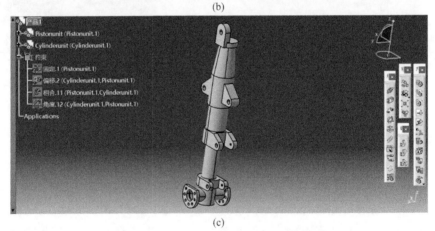

(c)

图 4 - 13　导入两个部件并进行约束配合

还可以绕着轴线旋转,所以还需要最后一个约束,这里可以选择角度约束 ❖。在两个零部件上分别选择两个平行的面,将约束角度设置为 0°。这样就完成了对两个零部件的装配,把约束效果隐藏后的装配体就如图 4 - 13(c)所示。

⑦ 将上、下两个连杆导入到装配体中进行装配。先装配上连杆,使用偏移约束,分别在上连杆和汽缸中选择一个平面,将其进行偏移约束,偏移距离设置为 0。然后再选

择相合约束,选择两根。最后以同样的方式连接下连杆,将下连杆分别与上连杆和活塞进行约束配合。

⑧ 继续装配,将车轴零部件导入到装配空间中进行装配。在进行装配时,会用到两个偏移约束和一个相合约束,将约束操作隐藏,装配完成后的设计空间如图 4 - 14(a)所示。

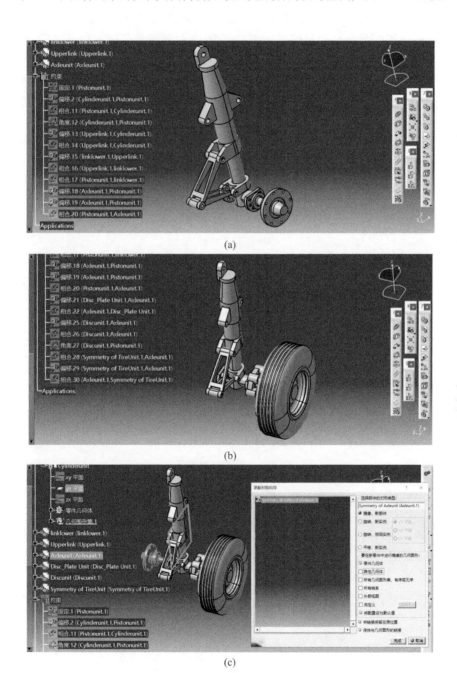

(a)

(b)

(c)

图 4 - 14　其他零件的装配示意与镜像操作

⑨ 以同样的操作步骤依次将阀盘等安装在车轴上的零件导入到装配空间再进行装配。至此起落架一侧的装配就只剩轮胎还未装配,接下来将轮胎导入到设计空间进行装配,装配操作还是同上,完成后的效果图如图 4 - 14(b)所示。

⑩ 至此,整个起落架的装配过程已经接近尾声了,另一侧的装配不需要再像上述步骤一样一个一个地将零件导入进行装配操作。在这里可以选择使用对称 功能,现在只需要把一侧的零部件对称到另一侧就可以了,这样使得装配方便、简单。单击对称功能,首先会弹出来选择对称平面,在这里可以选择"中间零部件"的对称面。

⑪ 选择对称平面后,对称功能的第二步就是选择要对称的零部件,先选择车轴零部件,然后单击零件后会弹出一个界面,如图 4 - 14(c)所示,这里选择"镜像新部件",其他保持默认,单击"完成"即可。

⑫ 重复以上的对称步骤,把其余的零部件也通过对称功能,装配到另一侧,最后的结果图如图 4 - 12 所示。至此,起落架所有的装配过程就完成了。

第 **5** 章

参数化曲线/曲面的基本原理及可视化编程实验

5.1 背景介绍

5.1.1 概　述

计算机辅助几何设计(Computer Aided Geometric Design,CAGD)是一种使用数学理论描述自由曲线和曲面的一种方法,是计算机设计复杂曲线曲面的算法基础,也是计算机辅助设计 CAD 与计算机辅助制造 CAM 的基础技术。CAGD 这一概念最早由巴恩希尔(Barnhill)与里森费尔德(Riesenfeld)于 1974 年提出,并逐渐发展为一门独立的学科。B 样条是 CAGD 中一种形状数学描述的基本方法,该方法可以很好地描述以及设计自由型曲线曲面,是形状数学描述的主流方法。

本章将从 CAGD 的理论基础出发,结合编程实验,介绍曲线设计的发展历史和基本知识,以及自由曲线的 B 样条描述方法。通过实际编程操作,编写简易的 B 样条曲线生成与显示软件,让同学们更好地掌握 B 样条的理论基础。

5.1.2 CAGD 在航空航天中的应用

对于大部分机械零件来说,其形状大多由初等解析曲面构成,其形状信息使用画法几何等方式就可以清楚地表达和传递。但是,初等解析曲面难以描述汽车、船舶、飞机等机械设备的零件外形,需要使用自由型曲线曲面对其进行描述。由于此类曲线曲面具有自由变化的特性,因此其描述方法较为复杂。

在传统的飞机制造厂或者船舶制造厂中,大多使用模线样板法对自由型曲线曲面进行表示和传递。但是使用模拟量进行传递信息的设计及制造方法存在诸多局限性,如设计制造周期长、制造精度低、互换协调性差,并且受大量人为因素干扰等。随着航空、汽车等现代工业的快速发展,这种传统方法已经无法满足工业制造的需求。使用数学手段对自由型曲线曲面进行唯一定义,利用数值信息表示和存储形状信息的几何设计方法愈发具有实用价值。但是使用数学方法定义自由型曲线曲面会产生大量的数据和计算量，手工运算无法满足运算需求。计算机技术的飞速发展，使得通过计算机辅助完成计算工作成为可能，让此类方法真正具有了实用价值。

CAGD 作为 CAD/CAM 的理论基础和关键技术，随着 CAD/CAM 技术在航空航天领域的广泛应用，其重要性也愈发凸显。CAGD 的每一次发展都能为 CAD/CAM 技术带来重大革新。同时 CAGD 技术对计算机图形学、计算机仿真等技术也提供了重要的理论依据。可以说，CAGD 是如今机械工程、航空宇航制造等专业必修的基础课程。

5.1.3　自由型曲线曲面形状数学描述的基本概念与发展历程

(1) 样条曲线的基本概念

插值曲线是指，给定一组有序的数据点，构造一条曲线按顺序通过这些数据点，对这些数据点进行插值(interpolation)。如果从某条已知曲线上选定数据点，则被选定的已知曲线称为被插曲线。曲线插值法即为构造差值曲线所采用的数学方法。同样，可以将二维的曲线推广到三维的曲面，可以产生类似的插值曲面、被插曲面。

在特定情况下，所构造的曲线无需严格通过所有给定的有序数据点，而是需要曲线以某种形式对给定的数据点进行逼近拟合。这种曲线的构造方法称为对数据点的逼近(approximation)，得到的曲线称为逼近曲线。如果这些数据点原本属于某条已知曲线，该已知曲线则被称为被逼曲线。曲线的逼近法即为构造逼近曲线所采用的数学方法。

在采用 CAD/CAM 技术之前，传统的船舶、汽车和飞机的模线都是借助样条(spline)进行手工绘制的。所谓样条即富有弹性的均质材料，可以选用木材、金属、有机材料等。将其围绕放置在选定位置的重物或者压铁作弹性弯曲，便可以获得需要的曲线。用此方法生成的曲线总是光顺的。

如果把样条看成弹性细梁，把压铁看作施加在细梁某些点上的弹性载荷，则画模线的过程可以抽象为细梁在集中载荷作用下弯曲变形的力学模型。如果将样条曲线简化为"小挠度"曲线，即 $|y'(x)| \ll 1$ 的曲线，则有方程：

$$y''(x) = \frac{M(x)}{EJ} \tag{5-1}$$

式中：$M(x)$ 是弯矩，两个压铁之间的 $M(x)$ 为线性函数，因此两个压铁之间的样条曲线函数 $y(x)$ 是 x 的三次多项式，此类曲线具有直到二阶的连续导数。在这一力学基础上，产生了三次样条曲线的概念。

(2) 参数的矢函数方法

1962 年美国波音公司的弗格森(Ferguson)最早提出了参数的矢函数方法，以对曲线曲面进行描述。弗格森参数三次曲线是使用参数的矢函数来表示曲线与曲面的，而弗格森双三次曲面片则是使用组合曲线、四脚点的位置矢量以及两个方向的切矢对双三次曲面片进行定义的。此方法在数学计算上具有明显优势，因此很快成为了形状数学描述的标准形式，并得以推广。

弗格森参数三次曲线用幂基表示为

$$p(t) = a_0 + a_1 t + a_2 t^2 + a_3 t^3 \qquad (5-2)$$

用 Herimit 插值得到的三次参数曲线段的矢量形式表示为

$$r(u) = \begin{bmatrix} 1 & u & u^2 & u^3 \end{bmatrix} \begin{bmatrix} 1 & 0 & 0 & 0 \\ 0 & 0 & 1 & 0 \\ -3 & 3 & -2 & -1 \\ 2 & -2 & 1 & 1 \end{bmatrix} \begin{bmatrix} r(0) \\ r(1) \\ r'(0) \\ r'(1) \end{bmatrix} \qquad (0 \leqslant u \leqslant 1)$$

$$(5-3)$$

参数三次样条曲线具有以下性质：

① 唯一性：当数据点、边界条件和参数分别确定后，曲线唯一；

② 收敛性：若数据点来自于某曲线，则当数据不断增加时，所生成的曲线序列将收敛到被插曲线；

③ 计算稳定：某个数据点变化对曲线的影响将随着与该点的相隔段数的增加而迅速衰减。

但是参数三次样条曲线也存在诸多缺点，如无法对曲线进行局部修改；控制不够灵活，没有额外控制曲线形状的手段；无法对曲线的范围进行预估，无法预测修改参数对曲线造成的影响等。

参数样条曲线曲面此后经历了多次发展，1964 年，美国麻省理工学院的孔斯（Coons）针对弗格森双三次曲面片存在的不足之处进行了改进，提出了一种新的能够表述一般性曲面的数学方法，并于 1967 年对该方法进行完善，提出了孔斯双三次曲面片方法。样条函数是舍恩伯格（Schoenberg）于 1967 年提出的曲线曲面描述方法，该方法解决了分段参数曲线曲面之间连接难度大的问题。使用参数样条曲线曲面解决插值问题时，在构造整体上便于达到某种参数连续阶的差值曲线。

但是参数样条曲线依旧存在多种局限性，特别是无法对局部形状的自由度做出调整，因此难以对样条曲线曲面的整体形状做出预测，无法满足航空航天工业对曲线曲面的设计需求。

(3) Bezier 曲线曲面

1962 年，法国雷诺（Renault）汽车公司的 Bezier 提出了一种新的曲线曲面描述方法，即 Bezier 曲线。该方法通过控制多边形对曲线进行定义，并可以通过调整控制多边形的顶点对曲线进行快速修改。在该方法的基础上，雷诺公司于 1972 年设计了一种自由曲线曲面设计系统——UNISURF 系统。

Bezier 曲线的形状由控制多边形（又称特征多边形）控制，控制多边形的形状和对应曲线相近。多边形的顶点数量和曲线的次数有关，n 次 Bezier 曲线由 $n+1$ 个顶点构成的特征多边形来确定。

Bezier 曲线由特征多边形顶点的位置矢量和伯恩斯坦基函数的线性组合来表达

$$p(t) = \sum_{j=0}^{n} b_j B_{j,n}(t) \qquad (0 \leqslant t \leqslant 1) \qquad (5-4)$$

其中伯恩斯坦基函数定义为

$$B_{j,n}(t) = C_n^j t^j (1-t)^{n-j} \quad (j=0,1,2,\cdots,n) \tag{5-5}$$

伯恩斯坦基函数为 Bezier 曲线带来了诸多优良性质,如几何不变性和仿射不变性、对称性、凸包性、变差减少性等。此外 Bezier 曲线的首末端点即为控制多边形的首末顶点,并且在首末端点处分别与首末边线相切。

伯恩斯坦基多项式在很大程度上继承被逼函数的几何特性,而 Bezier 也继承了其良好的几何逼近性质,因此特别适合几何设计。Bezier 曲线曲面方法一经提出,就获得了各大飞机、汽车制造公司的重视,并得到了快速的发展和应用。许多公司纷纷在自己的设计系统中采用这种设计方法,如英国的剑桥大学计算机辅助设计研究中心基于 Bezier 方法开发了 DUCT 应用系统,法国的达索(Dassault)飞机公司研制推出的 CATIA 系统也使用了 Beizer 方法。可以说 Bezier 的发展和应用为 CAGD 技术的进一步发展奠定了坚实的基础。

但是,在复杂零件的几何设计中,仅使用单条 Bezier 曲线或者单张 Bezier 曲面是不能满足设计要求的,必须采用多段的方法。以曲线为例,即需要构造多段 Bezier 曲线,并且按照一定的连续条件,将这些曲线拼接成一条 Bezier 曲线,并确保拼接的曲线从整体上看是一条光滑的曲线。

Bezier 虽然具有诸多良好的性质,但是也有很多明显的缺点,如:

① 当控制多边形的顶点分布不均时,参数 u 在曲线上对应点的分布也不均匀;

② 曲线形状和控制多边形的形状差距较大;

③ 改变控制多边形的一个顶点会影响整条曲线;

④ 曲线的拼接难度较大,设计复杂形状的成本高。

(4) B 样条曲线曲面

1972 年德布尔(de Boor)提出了一种用于 B 样条计算的标准算法,极大简化了 B 样条的计算流程。1974 年,美国通用汽车公司的戈登(Gordon)和里森费尔德(Riesenfeld)对 B 样条理论进行进一步优化,剔除了 B 样条曲面,并将其应用于实际的形状描述中。

B 样条曲线是由 B 样条基函数和特征顶点线性组合而唯一确定的,其定义如下:设有一组节点序列 $\{t_i\}$,由其确定的 B 样条基函数 $N_{i,k}(t)$,有一顶点系列 $\{V_i\}$ 构成特征多边形,将 $N_{i,k}(t)$ 与 $\{V_i\}$ 线性组合,得到 k 次 $(k+1)$ 阶 B 样条曲线,其方程为

$$r(t) = \sum_{i=0}^{n} N_{i,k}(t) V_i \tag{5-6}$$

从 B 样条的定义可以看出,B 样条曲线和 Bezier 曲线类似,也是由基函数和控制多边形共同控制的,可以认为 B 样条曲线是对 Bezier 曲线的推广。因此 B 样条也继承了 Bezier 曲线变差减小性、几何不变形的性质。此外还具有以下优点:

① 局部性:k 阶 B 样条曲线上参数为 t 的一点 $r(t)$ 至多与 k 个控制顶点 V_i 有关,与其他控制顶点无关。移动该曲线的第 i 个控制顶点 V_i 至多影响到定义在区间(t_i,t_{i+k})上的曲线形状,对其余曲线段的形状没有影响。

② 参数连续性:B 样条曲线在每一段曲线内部都是无限次可微的,在节点的曲线段端点处 $k-r$ 次可微,即是 C^{k-r} 次。这里的 r 是节点的重复度。

③ 凸包性:B 样条曲线凸包定义在各曲线段特征顶点的图包的并集之内,相比于 Bezier 曲线,具有更强的凸包性。

按定义基函数的节点序列是否等距(均匀)可以将 B 样条曲线分为均匀 B 样条曲线和非均匀 B 样条曲线。按照节点序列中节点分布情况不同,又可以分为:均匀 B 样条曲线、准均匀 B 样条曲线、分段 Bezier 曲线和一般非均匀 B 样条曲线。由此可见 Bezier 曲线是 B 样条曲线的一种特殊情况。

因为 B 样条曲线在 Bezier 方法的基础上解决了局部控制问题,并且在参数连续性基础上解决了连接问题,使自由型曲线曲面形状的描述问题得到较好的解决。以上优势让 B 样条方法具有了设计自由型曲线曲面的强大功能,B 样条方法已经是广为流行的形状数学描述的主流方法之一。

但是虽然 B 样条能够较好地解决自由型曲线曲面形状的描述问题,但是却无法解析圆锥曲线等初等几何曲线,只能给出近似解,因此不能满足大部分机械产品设计的要求。这也就意味着仍有更优的方法能够代替 B 样条方法。

(5) B 样条方法的发展与 NURBS 标准形式

为了解决 B 样条方法无法表示圆锥曲线和初等解析曲面的问题,福利斯特(Forrest)首先用有理 Bezier 形式表达了圆锥界限,但是这种表述方法和使用 B 样条方法表述的自由型曲线曲面不相容,导致曲线设计的系统变得十分复杂。

有理 B 样条方法最早由美国锡拉丘兹大学的福斯普利尔(Versprille)提出,此后经过长时间的改进与优化,非有理与有理 Bezier 曲线曲面和非有理 B 样条曲线曲面都最终可被非均匀有理 B 样条(Non-Uniform Rational B-Spline,NURBS)方法进行统一表示。因此 NURBS 方法也被称为 NURBS 标准形式。

20 世纪 80 年代,美国将 NURBS 方法列入美国图形交换规范(IGES)中,正式作为国家的统一标准。1991 年,国际标准化组织(International Standardization Organization,ISO)颁布了"关于工业产品数据交换"的统一国际标准 STEP(Standard for The Exchange of Product model data),其中将 NURBS 作为定义工业产品几何形状的唯一标准数学方法。我国于 1993 年起采用 IGES 作为国家标准。

目前主流的 CAD/CAM 软件均使用 NURBS 标准形式,如 CATIA、UG、Pro/Engineer、SolidWorks 等。在实际应用过程中,工业软件的开发与升级也推动了 NURBS 理论的不断完善。

当然 NURBS 依旧存在着缺陷,因为无论是哪种曲面构造方法,曲面都是由曲线构造生成的,而 NURBS 曲线内部和之间的参数连续性与几何连续性对构造曲面的几何连续性有着直接而深刻的影响。这就导致在曲面构造时,如果权因子设置不合适,就有可能导致曲面结构的崩坏。但是正因为存在缺陷,NURBS 仍旧有着广阔的发展前景,依旧是一个值得深入研究的领域。

5.2　B样条曲线原理与可视化编程实验

5.2.1　实验基本情况

(1) 面向人群

B样条曲线原理旨在简单介绍B样条曲线的基本理论、基本概念及其基本性质。在理解掌握B样条曲线基本原理的基础上,基于C++语言和Qt可视化开发工具进行可视化编程实验。其面向人群为飞行器设计与制造相关专业在校大学生,或者开设计算机辅助几何设计相关实验的高校教师,以及对飞机数字化设计和计算机辅助几何设计感兴趣的爱好者。

(2) 建议学时

B样条曲线原理建议总学时8学时,其中B样条曲线原理基础知识建议4学时,B样条曲线可视化编程实验建议4学时。

(3) 实验条件

安装Qt Creator并配置Qt环境的计算机。

(4) 实验目的

B样条曲面原理学习的目的是让同学们掌握以下内容:

① 对B样条曲线的数学形式具有概念性的把握,掌握B样条曲线的基本概念及其基本性质;

② 掌握B样条的递推定义,理解de Boor-Cox递推公式;

③ 掌握B样条基函数性质,并掌握B样条曲线与基函数和控制顶点之间的关系;

④ 基于理论知识编写控制程序,利用Qt可视化开发工具,实现生成、显示平面均匀B样条。

5.2.2　B样条曲线原理

(1) B样条曲线相关基础术语

在了解B样条曲线的原理之前,首先需要了解在学习过程中用到的一些专业术语,明确专业术语的概念及其区别。这有助于更好地学习B样条的基础知识,并对之后的可视化编程实验有很大的帮助。

① 节点(Knot):参数轴上的分割点。等距分割的节点被称为均匀节点,非等距分割的节点被称作非均匀节点。

② 结点(Data Point):曲线段之间的连接点,又称型值点。

③ 均匀B样条基函数:由参数轴上等距分割所构成。

④ 非均匀B样条基函数:由参数轴上非等距分割所构成。

⑤ 均匀B样条曲线:采用均匀B样条基函数构造的曲线,每一段曲线的方程相同。

⑥ 非均匀 B 样条曲线：采用均匀 B 样条基函数构造的曲线，每段曲线的方程不同。

（2）B 样条曲线的定义

B 样条曲线的定义式和 Bezier 曲线的定义式形式相同，也是基函数和特征多边形顶点乘积的累加和：

$$r_i(u) = \sum_{j=0}^{n} N_{j,n+1}(u) V_{i+j} \tag{5-7}$$

式中：V_i 为控制多边形顶点，$N_{j,n+1}$ 为 B 样条基函数。将其写为 $N_{i,k}(u)$ 的形式，即被称为 k 次规范的 B 样条基函数，其中的各项即为规范 B 样条，简称 B 样条。它是由一个非递减参数 u 的序列所决定的 k 次分段多项式，即 k 次多项式样条。其中参数 u 被称为节点矢量。

例如假设曲线为 3 次曲线，共有 7 个控制顶点（$n=6$，P_0，P_1，$\cdots$，P_6），节点矢量为 $U = \{u_0, u_1, \cdots, u_{10}\}$。最终曲线为：

$$p(u) = N_{0,3}(t) P_0 + N_{1,3}(t) P_1 + \cdots + N_{6,3}(t) P_6 \tag{5-8}$$

实际上节点矢量的数量由控制顶点数量和曲线的次数共同决定，假设曲线的次数为 k，控制顶点个数为 $n+1$，则节点矢量的个数为 $n+k+2$。

规范 B 样条具有多种等价定义，其中 de Boor 和 Cox 的递推定义由于其在计算上的便捷性，在提出之后得到了广泛的应用，可以说 de Boor-Cox 递推公式的出现是 B 样条理论的重要进展之一。

（3）B 样条基函数的递推构造

在区间 $[a, b]$ 上，取分割 $a = t_0 < t_1 < \cdots < t_n = b$ 为节点矢量，由该节点矢量决定的 k 次分段多项式称为 k 次 B 样条基函数。

该基函数可由下列 de Boor-Cox 递推公式给出：

$$\begin{cases} N_{i,0}(u) = \begin{cases} 1, & u_i < u < u_{i+1} \\ 0, & 其他 \end{cases} \\ N_{i,k}(u) = \dfrac{u - u_i}{u_{i+k} - u_i} N_{i,k-1}(u) + \dfrac{u_{i+k+1} - u}{u_{i+k+1} - u_{i+1}} N_{i+1,k-1}(u) \\ 规定 \dfrac{0}{0} = 0 \end{cases} \tag{5-9}$$

式中：i 为节点序号，k 为基函数次数。

该递推公式表明，欲确定第 i 个 k 次 B 样条基 $N_{i,k}(u)$，需要用到 $u, u_{i+1}, \cdots, u_{i+k+1}$ 共 $k+2$ 个节点。因此将区间 $[u_i, u_{i+k+1}]$ 称为 $N_{i,k}(u)$ 的支撑区间，即 $N_{i,k}(u)$ 仅在这个区间里的值不为零。该递推公式的几何意义可以归结为移位、升阶和线性组合。

按照递推公式，当 $k=0$ 时，零次 B 样条可以直接由递推公式得出

$$N_{i,0}(t) = \begin{cases} 1, & t_i < t < t_{i+1} \\ 0, & 其他 \end{cases} \tag{5-10}$$

在参数区间 $[a,b]$ 上,它只在 $[u_i \leqslant u \leqslant u_{i+1}]$ 区间上不为零,在其他子区间上均为零。因此也被称为平台函数。

通过一次递归运算,可以得到一次(二阶)B样条

$$N_{i,1}(t) = \begin{cases} \dfrac{u-u_i}{u_{i+1}-u_i}, & u_i \leqslant u \leqslant u_{i+1} \\[3mm] \dfrac{u_{i+2}-u}{u_{i+2}-u_{i+1}}, & u_{i+1} \leqslant u \leqslant u_{i+2} \end{cases} \qquad (5-11)$$

$N_{i,1}(u)$ 只在 $[u_i,u_{i+1}]$ 和 $[u_{i+1},u_{i+2}]$ 上非零。且各段均为参数 u 的一次多项式,根据函数形状,也被称作山形函数。

由此递归公式,高阶的 B 样条基函数均可以通过低阶 B 样条基函数计算得到,在此就不再一一列举。

(4) B 样条基函数的性质

B 样条基函数具有以下性质:

① 递归性:满足 de Boor-Cox 递推公式。

② 规范性:满足 $\sum_{i=0}^{k} N_{i,k}(u) \equiv 1$。

③ 局部支撑性:B 样条基函数具有非负性,只在 $[u_i,u_{i+k+1}]$ 子区间上有值,在其他子区间的值为零。随着次数 k 的增高,B 样条基函数非零的跨度增加,而基函数的最大值则相应减小。

④ 可微性和参数连续性:B 样条基函数为分段 k 次多项式,在节点处 kr 次可微,r 为节点重复度,在节点区间内部是无限次可微的。

第 i 个 k 次 B 样条 $N_{i,k}(u)$ 具有支撑区间 $[u_i,u_{i+k+1}]$,即 k 次 B 样条的支撑区间包含 $k+1$ 个节点区间。因此在参数 u 轴上任意一点 $u^* \in [u_i,u_{i+1}]$ 处,至多有 $k+1$ 个非 0 的 k 次 B 样条 $N_{i,k}(u)$,其他 k 次 B 样条基函数的值在该处为 0。

定义在非 0 节点区间 $u \in [u_i,u_{i+1}]$ 上的 k 次 B 样条曲线段,由 $k+1$ 个控制顶点 $d_{i-k}, d_{i-k+1}, \cdots, d_i$,及相应的 B 样条基函数决定,与其他顶点无关。增加和减少一个控制顶点,样条曲线相应增加和减少一曲线段。因此移动第 i 个控制点 d_i 将至多影响定义在区间 $[u_i,u_{i+k}]$ 上那部分曲线,对其他部分曲线不会产生影响,即 B 样条曲线的局部性。

B 样条基函数的性质决定了 B 样条曲线的性质,而 B 样条基函数的局部性对于初学者而言是较为重要的概念,能否理解这些性质背后的数学逻辑也直接影响对之后可视化编程实验的理解。

(5) B 样条曲线的确定

定义一条 B 样条曲线需要具有以下条件:

① 基函数次数 k;

② $n+1$ 个控制顶点,$\boldsymbol{P}_0, \boldsymbol{P}_1, \cdots, \boldsymbol{P}_n$;

③ 节点矢量 $U = \{\boldsymbol{u}_0, \boldsymbol{u}_1, \cdots, \boldsymbol{u}_m\}$,其中 $m = n+k+1$。

最终曲线的定义域为 $u \in [u_k, u_{n+1}]$，若曲线没有重节点，则曲线共包含 $n-k+1$ 段。

5.2.3　B 样条曲线可视化编程实验

(1) 实验内容

使用 Qt 编写图形界面，使用 C++语言编写生成、显示平面的 B 样条曲线程序，程序需要具有以下功能：

① 用鼠标输入控制顶点，并能够调整控制点的位置，在屏幕上用图形符号显示控制点，并绘制出控制多边形，点数不预先给定；

② 输入曲线次数 $0 \leqslant k \leqslant 10$，通过下拉菜单的方式选择曲线次数；

③ 程序能够自动生成均匀的节点矢量；

④ 选择合适的参数步长，使用 de Boor-Cox 递归方法获得 B 样条曲线，在对应的定义域内生成一条肉眼所见光滑的 B 样条曲线；

⑤ 将 B 样条曲线和控制点显示在图形界面对应的区域内。

(2) 操作过程

1) 绘制图形界面并配置头文件

首先要绘制图形界面，并对头文件进行配置，Qt 为创建图形界面提供了大量的预设库函数，但这些函数需要通过创建头文件进行调用。而图形界面中不同选项的正常工作也需要通过在头文件中创建槽函数来实现。

Qt 的可视化编程程序 Qt Creater 可以在利用可视化功能创建界面的同时生成部分对应的头文件信息，但是该信息并不完整，需要根据实际的程序需求进行修改调整。调用对应的库函数，定义所需的程序名和参数。

在 B 样条曲线的生成程序中，需要定义以下程序：①节点列表生成程序；②控制点生成程序；③递推算法函数；④鼠标点击、移动、松开程序；⑤判断鼠标位置是否有控制点程序；⑥曲线显示程序。以及以下变量：曲线参数、控制点、节点、曲线上的点、节点个数。

图 5-1 展示了一个标准的 B 样条曲线图形界面范例，界面包括选择参数和控制曲线生成的功能区，以及显示曲线形状的显示区。

实验中可以根据自己的喜好调整图形界面的排版布局，但是需要确保图形界面包括所有的功能按键，并且不同的按键之间不相互冲突，不遮挡 B 样条曲线的展示。

2) 编写 B 样条绘制函数

编写 B 样条绘制函数的主干部分，实现利用鼠标输入控制顶点，以及形成编写 B 样条绘制函数控制多边形的功能。

首先对 UI 界面以及头文件中定义的部分输入参数进行初始化，默认程序运行后绘制 1 次 B 样条曲线，并显示控制点信息。

调用 Qt 函数库中的 mousePressEvent 函数实现利用鼠标输入控制点的功能。该函数可以获取鼠标的工作状态，将其与该函数库中的状态进行比对后，即可判断鼠标是

图 5 - 1　图形界面样例

否单击、移动或松开。

将鼠标单击左键的动作与创建控制点绑定。利用判断函数实现移动控制点的功能,每次单击鼠标后遍历已有的控制点,如果鼠标在控制点的限定范围内,则认为在进行移动控制点的操作,将被移动点的坐标替换为新的坐标;否则判定为创建控制点的操作,按顺序记录控制点的坐标。此外 mousePressEvent 函数也可以调整鼠标的显示模式,以区分当前执行的操作。

鼠标控制输入程序可以参考如下伪代码:

① 判断鼠标 mousePressEvent 的类型,如果为左键点击,则执行②;

② 判断点击处是否已有控制点,如果有则执行③,如果没有则执行④;

③ 更新已有的控制点,并重新绘制控制多边形;

④ 建立新的控制点,并更新控制点数量。

控制多边形绘制,使用 QPen 库函数,定义画笔 ctrlPen2(可以自由命名),对画笔的参数进行定义后,按照控制点的先后顺序,依次绘制控制点,并按照先后顺序,将前后两个控制点作为线段的端点,绘制之间的线段,组成控制多边形,如图 5 - 2 所示。

3) 生成参数节点矢量

节点是用于对参数轴进行分割的点,作为生成 B 样条的一个中间参数,并不会直接显示在曲线中,其与曲线之间的关系也并不直观可见。

节点的数量受控制点数量和待生成曲线的次数共同决定,节点可以是均匀分布的,也可以是按照一定规律非均匀分布的,此处使用难度较低的均匀分布方法。

在生成节点之前首先需要对存储节点的数组进行初始化,确保之前生成的节点不会干扰新的节点,并计算所需节点的数量。之后在 0~1 之间均匀地生成参数节点矢量。节点生成的伪代码如下所示:

① 初始化节点列表;

② 生成节点数量,节点数量 N＝曲线次数＋控制结点数量(注:此处 N 为脚标,实际节点个数为 $N＋1$);

③ 从 0 到 N,等间隔生成节点,依次插入节点列表中。

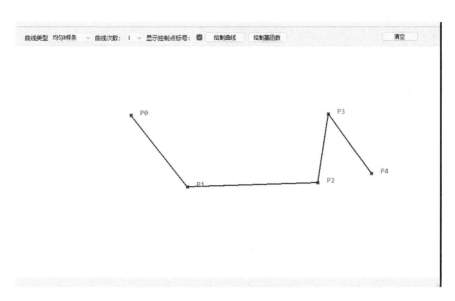

图 5 - 2　程序显示的控制多边形

4）利用 de Boor-Cox 递推公式生成 B 样条基函数

该步骤是生成 B 样条曲线的核心步骤,需要根据 de Boor-Cox 递归算法,利用此前生成的节点来生成 B 样条的基函数。递归的核心就是通过不断降低次数,最终在 0 次时输出 0 或者 1 的二元值。

该递归算法的伪代码如下所示:

① 初始化变量。

② 进入递归,当递归步骤中曲线次数 $K=0$ 时,定义域外基函数值为 0,定义域内基函数值为 1;递归结束,判断 K 值,如果 $K=0$,则执行③,如果 $K\neq0$,则执行④。

③ 判断当前点是否在定义域内,如果在,则返回 1;如果不在,则返回 0,并结束递归。

④ 判断当前点是否在定义域内,如果不在,则直接返回 0;如果在,则执行递推公式⑤。

⑤ 利用 de Boor-Cox 公式计算当前值。

5）基于之前生成的基函数,利用 B 样条的定义公式生成曲线上的点

利用生成的基函数,以及使用鼠标绘制的控制点,生成实际需要显示的 B 样条上的坐标点。同样使用数组存储 B 样条曲线上点的坐标,在生成坐标前需要对数组进行初始化,而生成坐标点的步长可以手动确定,步长越短,则生成的曲线越平滑。

曲线生成的伪代码如下所示:

① 初始化曲线点存储数组;

② 初始化中间值 $i=$ 曲线次数,执行 for 循环,当 $i<$ 控制点数量时,i 依次增加,循环内执行③;

③ 设置步长 t,令 t 在定义域内依次增加,执行 for 循环,循环内执行④,当 t 超出

定义域后停止循环,循环停止后执行⑤;

　　④ 计算当前点的位置坐标;

　　⑤ 将曲线上的点依次用线段链接,显示出最终的曲线,如图 5-3 所示。

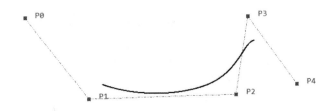

图 5-3　最终的实验结果

第 **6** 章

逆向工程数模重构及增材制造实验

6.1 背景介绍

6.1.1 逆向工程数模重构技术

逆向工程(Reverse Engineering,RE)是一种对已有产品的设计过程复现的技术。通过对目标产品的分析和研究,得到该产品的功能特点、技术规格、组织框架以及制造流程等设计要素,从而理解其原始设计思路并在此基础上再设计,以制作出外观、功能相近但存在差异的产品,该技术也常被称为反求工程或反向工程。逆向工程最早起源于商业及军事领域,针对一些难以获取必要生产信息的硬件设备,研究人员直接利用拆解等手段对成品进行分析,从而理解产品的运行原理和设计思路。

逆向工程的概念是相对于传统的产品设计流程即所谓的正向工程(Forward Engineering)而提出的。正向工程是指产品设计人员根据市场的需求,提前对产品的外部形状、功能特性和部分参数等进行规划;再利用三维 CAD 软件得到其三维数字化模型;然后对三维数字化模型进行 CAE 分析和快速成形,以便于细节修改和功能完善;最后测试完成便进入批量生产制造。广义的逆向工程是指针对已有产品,消化吸收其内在的产品设计、制造和管理等各方面技术的一系列分析方法、手段和技术的综合。其研究对象主要是实物、影像和软件。狭义的逆向工程是指运用三维测量仪器对产品进行数据采集,根据所采集的数据通过逆向建模技术重构出产品的三维几何形状,并在此基础上进行创新设计和生产加工的过程。逆向工程与传统的正向工程的不同之处在于,两者的设计起点不同,设计要求和设计自由度也不相同。

(1) 逆向工程数模重构技术的意义

① 简化产品的设计环节,缩短产品开发周期,加快产品迭代速度;

② 降低研发投入和风险;

③ 加快产品的外形设计,有利于系列化产品更新;

④ 适合单件、小批量的零件制造,特别是模具的制造,可分为直接制模法与间接制模法。

(2) 逆向工程数模重构技术的发展现状

目前,逆向工程数模重构技术主要由数据测量、数据处理、三维重建、模型评价四个部分组成。

测量是逆向工程数模重构的第一步。测量最早通过仿制的加工工具完成,但其得到的成品质量较差。后来,人们发明了接触式设备和非接触设备,能够更高精度地完成测量任务。

数据处理和三维重建、模型评价主要由计算机软件辅助完成。

美国 EDS 公司曾开发出一款名为 Imageware 的逆向工程软件,该软件一经推广,就在电气、车辆、航空航天等领域得到了广泛应用。Imageware 应用简单,功能强大,采用 NURBS 技术,有着很高的精度。此外,软件对硬件要求低,可运行于各种系统和平台。Imageware 软件主要产品有 Surfacer、Verdict、Build it、RPM、View,能够满足曲面生成、数据对比、制造性评价、生成快速成型数据、三维报告等众多逆向工程需求。

美国 Raindrop 公司也曾开发出一款名为 Geomagic Studio 的逆向工程和三维检测软件。该软件既能够从点云数据中创建高精度网格和多边形模型,还能自动转换为 NURBS 曲面,使其成为仅次于 Imageware 的第二大逆向工程软件。Geomagic Studio 包含 Wrap、Decimate、Qualify、Shape、Capture 五大模块,能够实现点云数据自动转换为多边形、将多边形转换为 NURBS 曲面、曲面分析、多边形数目快速减少、输出多种格式文件等功能。

(3) 逆向工程技术的未来发展趋势

逆向工程的研究受关注度不断提升。目前,在数据处理、曲面片拟合、几何特征识别、商业专业软件和坐标测量机等方面的研发已取得较大成果。但实际应用中,全过程还需进行大量人机交互工作,操作人员的经验与素质直接关系到产品质量,且自动重建曲面光顺性也很难得到保证。为了解决上述问题,今后的逆向工程技术应主要向如下几方面努力:

① 更高效、灵活的测量系统:针对愈发复杂的点云数据,发展实时测量、自动拼合技术,开发高精度、灵活性和柔性化的专门测量设备,实现高效、高精度的产品三维数字化过程,并在此基础上能够实现自动测量和自动路径规划等功能。

② 更简单通用的数据预处理算法:由于研究人员的分析思路不同,其所开发的点云数据预处理算法往往存在很大差异,算法构建过程缺乏统一的标准,算法的通用性和精度、速度参差不齐。一种能够适应任何数据对象的点云拓扑关系算法亟待开发。

③ 更高精度的曲面拟合:在对实体模型几何形状进行反求的过程中,对数据点集进行分块和曲面拟合是最为关键的步骤。由于点云数据精度参差不齐,软件自动识别拟合出来的曲面往往存在奇异值、拼接不齐等问题,需要大量的人工修复。因此,能够控制曲面的光顺性和进行光滑拼接的强鲁棒性算法亟待开发。

④ 集成度更高的逆向工程技术:增强逆向工程软件在点云数据采集、通用化预处

理、特征提取、曲面重建等技术上的集成性,提高逆向工程的自动化程度和通用程度,开发集成逆向工程各环节于一体的逆向工程系统。

(4) CATIA 软件的逆向数模重构功能

CATIA 软件作为一款应用广泛、功能强大的 CAD 软件,其中也集成有逆向数模重构的功能。CATIA 具有快速曲面重建(QSR)、数字化外形编辑器(DSE)以及创成式外形设计模块(GSD)等强大的逆向开发工具。利用这些工具,用户可以轻松实现点云数据读写、曲面重构等操作。

6.1.2　增材制造技术

增材制造(Additive Manufacturing,AM)又称 3D 打印,是融合了计算机辅助设计、材料加工与成型技术,以数字模型文件为基础,通过软件与数控系统将专用的金属材料、非金属材料以及医用生物材料,按照挤压、烧结、熔融、光固化、喷射等方式逐层堆积,制造出实体物品的制造技术。相对于传统的、对原材料去除——切削、组装的加工模式不同,是一种"自下而上"通过材料累加,从无到有的制造方法。这能够摆脱过去传统制造方式所受到的约束,实现更加复杂结构件的制造。

(1) 增材制造技术的意义

1) 增材制造助力"中国制造 2025"

《国家增材制造产业发展推进计划(2015—2016 年)》于 2015 年初由国家三部委联合发布,计划明确了重点发展以特种金属为主的增材制造专用材料和包括激光熔融沉积(FDM)、激光选区烧结(SLS)等工艺的增材制造设备,从而推动传统制造业发展,抢占未来高端制造技术高地。此外,增材制造被《中国制造 2025》列为发展智能制造技术与设备、推动制造业变革的重点领域。"十三五"规划发展纲要也明确提出将增材制造产业列为重点发展对象。如今,发展增材制造已经成为国家战略,是推动中国制造 2025 的引擎之一。

2) 增材制造助力产业转型升级

增材制造作为新一代的制造技术,能够有效推动生产环节创新升级。目前,制造业面临着产能过剩,创新能力不足等发展瓶颈。通过增材制造技术在各个领域的广泛应用,能够有效带动制造业全链条的革新,并逐渐形成增材制造技术产业集群,成为制造经济发展的新动力。

3) 增材制造助力产品创新

对于个性化、复杂化、多样化的产品,增材制造能根据定制化要求快速完成制造过程,还能够通过设计方案优化,进一步扩展产品的功能和经济价值,让产品设计摆脱传统制造技术的束缚,拥有更大的创新设计空间。

4) 增材制造助力全新制造模式

有着快速完成定制化制造任务能力的增材制造技术能够驱动集散制造型模式。从网络平台接收到的制造订单可以根据需求和加工特点分散至各个生产点进行加工,实现定制化生产和灵活生产,充分挖掘制造业资源,实现设计制造过程端到端的全面变革。

（2）增材制造技术的发展现状

1）国外发展现状

随着制造业的发展，增材制造技术愈发受到欧美发达国家社会各界的重视，政府纷纷制定增材制造技术的发展战略。2012年3月，美国白宫宣布了振兴美国制造的新措施，并提出将投资10亿美元用于美国制造体系改革。其中，新举措将增材制造技术列为了三大技术之一，拟从材料、设备、标准三个方面推动高效低成本小批量的数字制造发展。在此之后的2012年8月，美国成立了增材制造创新研究所。

英国也将增材制造技术视为制造业发展重点。从2011年起，政府对于研发增材制造技术的资金投入不断增加。此外，包括诺丁汉大学、曼彻斯特大学在内的多所知名高校均相继成立增材制造研究中心。

除英美以外，其他发达国家也不曾减慢推动增材制造技术发展的脚步。德国为推动增材制造技术在航空航天领域的结构轻量化应用，成立了增材制造研究中心。法国、西班牙、澳大利亚、日本等多国都出台相应政策，促进增材制造技术发展，成立专门的增材制造研究中心，大力推荐该技术在各领域的应用。

2）国内发展现状

我国在电子电气领域的增材制造技术应用成果显著，开发出了一种立体电路技术。该技术有别于传统二维平面型印制线路板的方法，采用加法工艺代替传统蚀刻铜箔形成金属导线的减法工艺，通过在产品表面先进行激光镭射，再用药水浸泡沉积，使制造过程更加绿色环保。

在大型关键结构件制造方面，西北工业大学凝固技术国家重点实验室开发出一系列激光熔覆成型与修复的装备，可用于大型零件，特别是难拆卸零件的原位修复和再制造。利用该技术立体成型制造的大型钛合金零件成功应用于C919飞机上。无独有偶，商飞采用激光立体成型技术解决民用飞机的大型复杂薄壁钛合金结构件的制造难题。利用激光成型等增材制造技术制造的大型复杂零件，有着更小的最大变形量、更短的生产周期、更低的生产成本。

在高强度金属材料增材制造方面，北京航空航天大学经过长期的研究，开发出超高强度钢和钛合金等大型整体关键构件的激光成型的关键技术，实现了从工艺路线到制造装备和应用的完整技术突破，解决了过去激光成型大型整体金属构件变形大与内部缺陷严重、开裂多等难点，实现了结构质量控制以及无损检验方法。利用该技术制造的飞机构件有着赶超钛合金模锻件的综合力学性能。目前，通过该工艺方法已成功研制出的钛合金及超高强度钢等高性能关键整体构件是我国飞机装备史上结构最复杂、尺寸最大并已被应用于大型客机C919等多型重点型号飞机的研制生产中。

在光固化成型（SLA）技术上，西安交通大学开展了长期的研究。在1997年，西安交通大学成功研制出国内第一台光固化快速成型机。此外，在陶瓷零件制造的研究中，西安交通大学研制了一种光固化快速成型工艺，该技术将硅溶胶的水基陶瓷浆料作为结构材料，能够快速制造光子晶体等复杂陶瓷零件。

（3）我国增材制造技术的未来发展趋势

1）增材制造原材料的自主研发

增材制造原材料是产业发展的基础，目前，我国增材制造原料大量依赖进口，急需解决原料自主研发生产问题，如此才能保证增材制造产业快速、健康发展。对于增材制造可用金属、非金属和医用材料，需要解决生产技术和设备问题，扶持打印材料生产企业发展，降低对于增材制造原材料的进口依赖。对于自主研发的增材制造材料，需要提高打印材料的性能，并着力解决 7 系铝合金等材料无法打印的技术难题，扩展材料的可用范围。此外，还需进一步开发新材料、新方法，让打印材料具有更多样化的性能特征，并制定打印原料的行业规范和质量评估标准。

2）推动 3D 打印硬件系统研发

针对车辆、船舶、航空航天、武器装备、生物医疗等领域在制造上面临的突出问题，需构建多元化的 3D 打印系统，并大力推动制造装备系统的研制，为各领域应用提供有力的国产化增材制造装备。此外，还需结合传统制造业拓展新的产业模式，实现优势互补，跻身国际增材制造技术一流水平行列。

3）突破增材制造关联技术

增材制造赋予了我们对产品快速设计并优化迭代的能力。对此，应同步发展结构拓扑优化技术、轻量化技术、逆向工程技术等产品优化相关技术，从而充分发挥增材制造技术特点，完成制造环节对设计环节的反馈，从而实现产品结构优化和性能提升。

4）构建数据库和服务平台

收集增材制造各环节的数据，建立起从材料到设备再到工艺过程的信息库，以便研究人员进行分析，从而更好发掘和改善技术链中存在的缺陷。为充分发挥增材制造定制化、小批量化的技术优势，应搭建起"互联网＋"增材制造综合服务平台，对产业链中各环节资源进行整合，为企业和用户提供更加灵活、高效的增材制造服务。

（4）3D 打印切片软件 Cura

Cura 是荷兰 3D 打印公司 Ultimaker 推出的一款开源切片软件，该软件包功能丰富，能够满足大部分 3D 打印需求，且有着极快的切片速度。软件分为模型切片与打印机控制两大部分，操作界面简明详尽，易于上手，且可根据不同打印机和打印材料，对物体进行调整和设置，功能强大，是开源切片软件的行业标杆。

目前，国内外 3D 打印方案制造商所提供的切片软件，如 Creality Cura、Silc 3r、Prusa Slicer 等，大都是在 Cura 基础上针对自己生成的打印机配置、功能进行的二次开发。

6.2　逆向工程数模重构实验与增材制造实验

6.2.1　实验基本情况

（1）面向人群

逆向工程数模重构与增材制造实验旨在通过实验让读者进行实际操作，切身体会逆向工程的部分环节,加深对逆向工程数模重构与增材制造技术的认识。实验主要面向人群为机械工程、自动化、飞机制造等相关专业在校大学生,或者开设逆向工程实验的高校教师,以及对逆向工程数模重构及增材制造技术感兴趣的爱好者。

(2) 建议学时

本实验分为基于 CATIA 软件的逆向数模重构实验和基于 Creality Cura 的增材制造实验两部分。本实验建议总学时 4 学时,其中,逆向数模重构实验建议 3 学时,增材制造实验建议 1 学时。

(3) 实验条件

安装 CATIA V5 R20 和 Crealiy Cura 的计算机一台。

(4) 实验目的

逆向工程数模重构与增材制造实验的目的是让同学们掌握以下内容:

① 熟悉 CATIA 的数字化外形编辑器、快速曲面重建、创成式外形设计模块等功能模块的基本操作,并熟练掌握利用点云数据逆向建模的技巧;

② 掌握将 STL 模型通过切片软件转换为 3D 打印机所需的打印控制 G 代码的基本操作,并熟练掌握切片软件上各项 3D 打印参数设置。

6.2.2 基于 CATIA 软件的逆向数模重构实验

(1) 实验内容

如图 6-1 所示,基于瓶子的点云数据按照实验流程和规范完成瓶子三维模型的重构。

(2) 操作过程

① 建立交线。新建一个 Part 文档,命名为 Bottle;切换到"数字化外形编辑器"模块中,导入点云功能 ,将文件 Cloud Point. asc 文件导入系统中,如图 6-2(a)所示。

② 用建立网格面功能 ,在点云上建立网格面,在对话框中设置 Neighborhood 为 11 mm,并将网格面命名为"网格面",如图 6-2(b)所示。

图 6-1 基于点云数据重构后的瓶子三维模型

③ 切换到"快速曲面重建"模块中。

④ 用平面交线功能 ,选择"网格面",在对话框中单击 按钮,将 XZ 平面作为平面截面,在 Number 文本框中输入 1,在几何显示区中指针 上右击,选择 Edit 命令,在弹出的 Tuner 对话框中,在第二个文本框中输入 0,也就是平面截面的起点 Y 坐标为 0,如图 6-2(c)所示。在 Tuner 对话框中单击 Close 按钮,在 Planar Section 对话框中单击 Apply 按钮生成交线,单击 OK 按钮完成。将生成的交线命名为"Scan. 1"。

⑤ 用等斜率分割功能 ,选择"网格面",在对话框中单击 按钮,将指南针方向定位为 X 轴方向,Angle 文本框中输入 0,选中 Scans 复选框,如图 6-2(d)所示,将生成的交线命名为 Scan. 2。

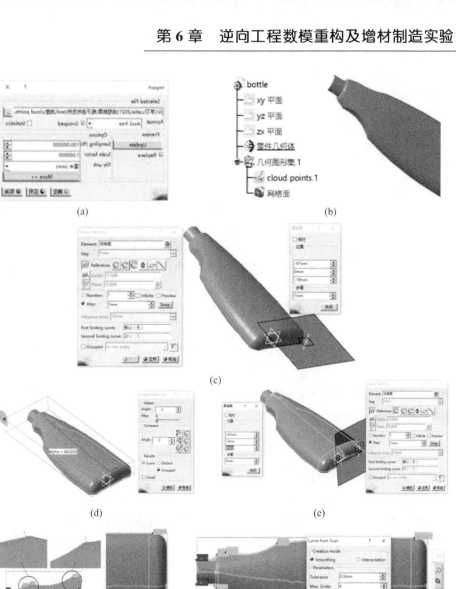

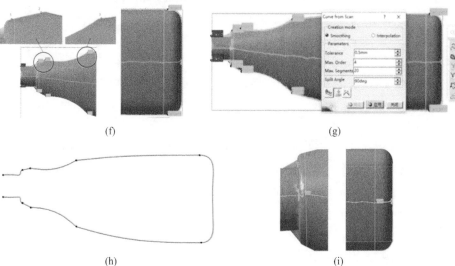

图 6 - 2　点云数据轮廓线提取步骤

⑥ 用平面交线功能🔲,选择"网格面",在对话框中单击🔲网格面按钮,将 XY 平面作为平面截面,在 Number 文本框中输入 1,在几何显示区中指针🔲上右击,选择 Edit 命令,在弹出的 Tuner 对话框中,在第三个文本框中输入 205,也就是平面截面的起点 Z 坐标为 205。在 Tuner 对话框中单击 Close 命令,在 Planar Section 对话框中单击 Apply 按钮生成交线,单击 OK 按钮完成。将生成的交线命名为 Scan. 3。按照同样的方法,将平面截面的起点 Z 坐标设置为 0,将生成的交线命名为 Scan. 4。完成后的交线如图 6-2(e)所示。

⑦ 建立曲线。选择 Insert→🔲命令,插入一个名为 Curves 的几何图形集。用交线曲线功能🔲,由 Scan. 1 建立曲线。用鼠标在瓶口建立如图 6-2(f)左所示的 6 个断点,上下两侧各 3 个断点,其中 Scan. 3 左侧一个断点,在扣手两侧的圆角后各增加一个断点。在瓶底建立如图 6-2(f)右所示的断点,并施加相切约束(鼠标在 Point 上右击,可以将点连续改变为切线连续)。增加断点后如图 6-2(g)所示。确认后生成的曲线如图 6-2(h)所示,共 9 条曲线。

⑧ 用交线曲线功能🔲,由 Scan. 2 建立曲线。在 Point 上右击,选择 Remove all Points 命令,将其中所有断点删除。在瓶口建立一个断点,在瓶底也建立一个断点,如图 6-2(i)、图 6-3(a)所示。在对话框中设置 Tolerance=1 mm,生成一系列曲线,将设置两个断点之间的曲线保留,其他曲线删除或隐藏。

⑨ 用交线曲线功能🔲,由 Scan. 3、4 建立曲线,如图 6-3(b)所示。

⑩ 将所有交线隐藏,上面建立的所有曲线如图 6-3(c)所示。

⑪ 用曲线分割功能🔲,将如图 6-3(d)所示标红的曲线进行分割,不选图中红圈标识的线段(若选中会出现两个断点,如图 6-3(e)左所示),设置 Max distance 为 2 mm。然后再把剩余的两个线段用曲线分割功能,设置 Max distance 为 0.2 mm,如图 6-3(f)右所示。

⑫ 切换到"创成式曲面设计"模块中。用曲线桥接功能🔲,将扣手两侧的曲线桥接起来,注意桥接方向,如图 6-3(g)所示。同理完成另一侧曲线桥接。

⑬ 建立曲面。选择 Insert→🔲,插入一个名为 Surface 的几何图形集。用合并功能🔲,将瓶子侧边的 3 段曲线合并在一起,如图 6-3(h)所示。用同样的方法合成另一侧的 3 段曲线。

⑭ 切换到"创成式曲面设计"模块中。用拉伸曲面功能🔲,将 13)中合并生成的两条曲线分别沿 Y 轴进行拉伸,顶部曲线沿 X 轴方向拉伸,如图 6-3(i)所示,分别生成曲面"侧面切面 1"、"侧面切面 2"和"顶面切面"。

⑮ 切换到"快速曲面重建"模块中。用点云的局部编辑功能🔲,将如图 6-3(j)所示的网格面局部显示。

⑯ 用曲面拟合功能🔲,以前步骤所示的边界约束条件,建立拟合曲面。选择边界条件时,注意这里是选择曲面的边线作为边界(注意:需要隐藏与曲面边界重合的其他线条),边界边约束选切线连续。生成拟合曲面如图 6-3(k)所示。

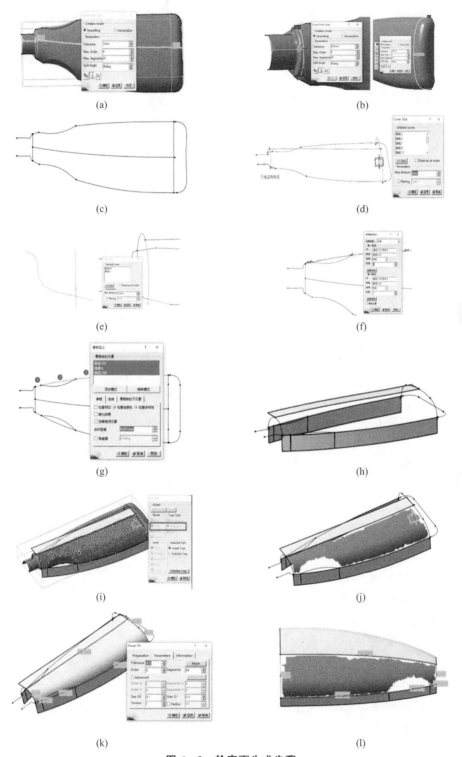

图 6-3　轮廓面生成步骤

⑰ 用同样的方法,用局部编辑功能██显示另一侧的点云,用曲面拟合功能██以前一步已完成曲面和另一侧垂直曲面的边为选择边界(注意:选择曲面边界时,隐藏与它重合的其他线条),相切连续,与两侧边界点连续,形成封闭轮廓,完成另一侧曲面拟合,如图 6 - 3(l)所示。

⑱ 用点云的局部编辑功能██,在对话框中单击 Activate Aii 按钮,将网格面全部显示出来,并将瓶口网格局部显示出来,如图 6 - 4(a)所示。

⑲ 用基本曲面重建功能██,重建瓶口的圆柱面。设置参数如图 6 - 4(b)所示,单击圆柱面,将圆柱面向瓶子方向拉伸合适长度,如图 6 - 4(c)所示。

⑳ 用点云局部编辑功能██,在对话框中单击 Activate Aii 按钮,将网格面全部显示出来,并将瓶口端部平面网格局部显示出来(注:右击鼠标可改变笔刷大小,按住 Shift 键可删除笔刷选择),如图 6 - 4(d)所示。用基本曲面重建功能██,选中 Plane,设置 Axial 为(0,0,1),将瓶口端部网格重建为平面,并调整平面到合适大小,如图 6 - 4(e)所示。

㉑ 用点云的局部编辑功能██,在对话框中单击 Activate All 按钮,将网格面全部显示出来,并将瓶口底部平面网格局部显示出来,用基本曲面重建功能██,选中 Plane,设置 Axial 为(0,0,1),将瓶口底部网格重建为平面,并调整平面到合适大小,如图 6 - 4(f)所示。

㉒ 用点云局部编辑功能██,在对话框中单击 Activate All 按钮,将网格全部显示出来,并将瓶子扣手部分的网格面局部显示出来,如图 6 - 4(g)所示。

㉓ 用等曲率分割功能██侦测扣手部分曲率半径,判断是否为一个圆弧面(注意:判断时用点云的完整面片,或面片中的 influent radius 值与完整面片中相同),如图 6 - 4(h)所示。用基本曲面重建功能██,选中 Cylinder,设置轴线为(0,1,0),将扣手部分的网格拟合成圆柱曲面,如图 6 - 4(i)所示。双击曲面,将圆柱面拉伸超出顶部曲面,并按照同样方法拟合出另一侧曲面。

㉔ 切换到"创成式曲面设计"模块中。用连接检查器██检查两曲面连接情况,如图 6 - 5(a)所示,若质量好,则用合并功能██合并两侧顶面,如图 6 - 5(b)所示;若连接质量不佳,可用修复功能██合并两侧曲面,如图 6 - 5(c)所示。

㉕ 用提取边线功能██,将顶面两侧边线(红圈标识)分别提取出来,如图 6 - 5(d)所示。

㉖ 为防止曲面生成偏差造成的缺陷,分别用"曲率连续"边界条件,延伸顶面两侧边线一定距离,如图 6 - 5(e)所示。

㉗ 再用提取边线功能██,将顶面的顶部和底面的边线分别提取出来,如图 6 - 5(f)所示。

㉘ 用外插拉伸功能██,用前一步骤中提取出来的边线,将顶部曲面延伸超过顶部和底部的平面,如图 6 - 5(g)所示。

㉙ 用互相分割功能██,将生成的一系列曲面进行互相分割,形成如图 6 - 5(h)所示曲面。

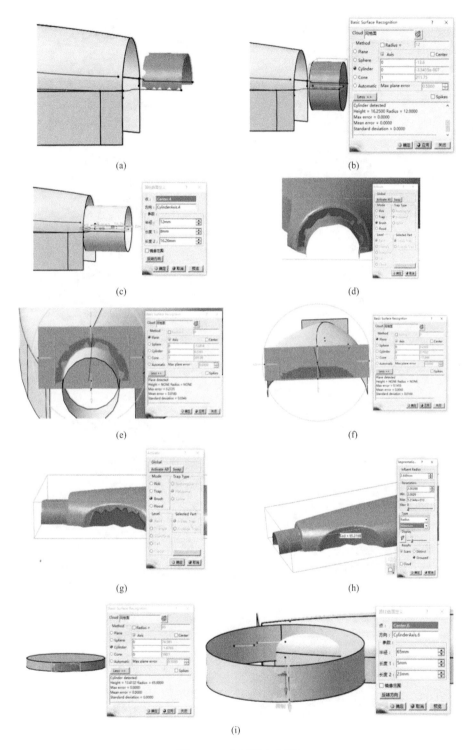

图 6 - 4　曲面拟合步骤

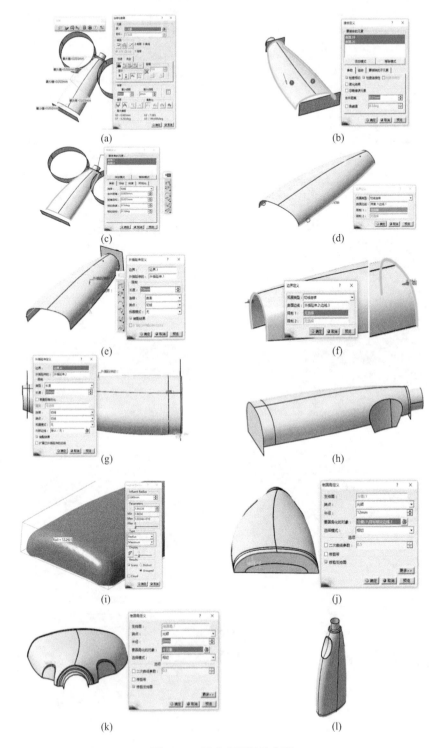

图 6 - 5　创成曲面设计步骤

㉚ 同理用平面 ZX plane 分割上面生成的曲面。

㉛ 用点云局部编辑功能█,在对话框中单击 Activate All 按钮,将网格面全部显示出来。

㉜ 切换到"快速曲面重建"模块,用等曲率分割功能█,选择 Radius,选择 Maximum,在底部的圆角上单击,显示该部位的圆角半径,如图 6 – 5(i)所示。

㉝ 切换到"创成式曲面设计"模块,用边线圆角功能█,在底部生成半径为 12 mm 的半径,如图 6 – 5(j)所示。

㉞ 用边线圆角功能█,将其他边线倒成半径为 2 mm 的圆角,如图 6 – 5(k)所示。

㉟ 用对称功能█,将曲面以 ZX plane 生成对称部分,并用合并功能█,将两部分曲面合并。最终瓶子逆向数模重构结果如图 6 – 5(l)所示。

6.2.3　基于 Creality Cura 软件的增材制造实验

(1) 实验要求
① 熟练掌握 3D 打印切片软件的使用;
② 了解 3D 打印切片常用设置的功能作用。

(2) 实验内容
将 6.2.2 小节实验重构的瓶子三维模型以合适比例通过切片软件生成 3D 打印 G 代码。

(3) 操作步骤
① 打开 Creality Cura 软件,单击打开文件按钮█,导入逆向数模重构模型,如图 6 – 6(a)所示。

② 由于打印机尺寸的限制以及为节约打印时间,提高打印成功率,适当将模型比例缩小,单击导入的模型,在窗口左侧单击"缩放",设置比例为 50%,如图 6 – 6(b)所示。

③ 为提高打印效率和成功率,一般情况下应该让打印模型高度尽可能低,即平铺模。旋转操作:单击左侧旋转按钮█,窗口显示出三旋转轴的圆圈,如图 6 – 6(c)所示。单击红色圆圈拖动,将瓶子旋转 90°放平,如图 6 – 6(d)所示。松开鼠标,模型会自动放置于打印平台上。

④ 在窗口左上角选择对应的打印机型,这里以 Ender – 3 V2 为例。打印材料选择为默认的 PLA。勾选"生成支撑选项",打印温度设置为 210 ℃,其他打印设置保持默认,如图 6 – 6(e)所示。

⑤ 单击右下角的"切片"按钮,开始切片。计算完成后,可以单击"预览"查看切片情况,如图 6 – 6(f)所示。拖动红框内区域,可以显示打印中间过程,即不同层的路径,如图 6 – 6(g)所示。

⑥ 确认切片无误后,单击"保存到文件"按钮,将切片生成的 G 代码保存至 SD 卡中,将 SD 卡插入对应的打印机,并在打印机上选中对应 G 代码文件即可开始打印。实际打印过程如图 6 – 6(h)所示,打印完成实物如图 6 – 6(i)所示。

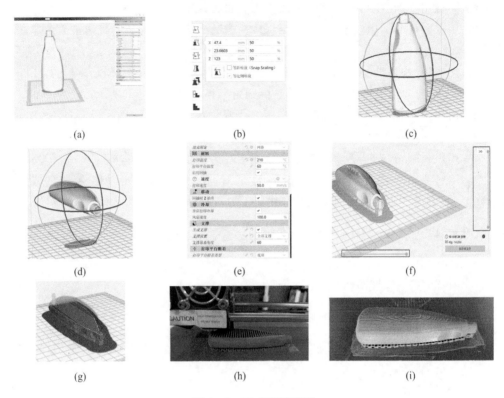

图 6 - 6　3D 打印步骤图

第 **7** 章

面向增强现实数字化装配技术的物体位姿注册编程实验

7.1 背景介绍

7.1.1 概 述

　　增强现实技术是一种在真实世界的图像上叠加相应的虚拟图像的新型技术。图像叠加位置的实现需要在世界坐标系中实时地计算并更新摄像机的位置信息。它完美地将图像、声音文字等虚拟信息实时地增强到真实信息中。增强现实系统在航空维修和航天制造领域有着出色的性能。在飞机设计领域,利用增强现实技术,设计者可以实时进行设计信息与真实信息的实际对比,在现实世界中校验自己设计思路的有效性,科学有效地提高了设计、规划的效率。为了实现现实世界与虚拟对象的无缝融合,需要解决真实场景与虚拟对象的合成一致性问题,涉及的核心技术是 3D 配准技术。所以学习物体位姿注册的实验尤为重要。本章将结合飞机装配辅助方法的发展过程,简单介绍增强现实技术在飞机装配中应用的发展背景和增强现实的三维注册技术的理论研究现状。最后,通过物体位姿的注册编程实验,让同学们了解增强现实技术物体位姿注册的相关流程。

7.1.2 增强现实技术在飞机装配中应用的时代背景

　　飞机装配作为飞机制造过程中十分重要的一环受到广泛的重视。飞机作为结构最为复杂的工业产品之一,它的装配过程占据了全生产流程的很大一部分。因此提高飞机装配环节的工作效率就意味着提高整个产品周期的效率,同时可以大大降低成本。所以飞机装配效率的提高、辅助装配方法的研发与应用具有重要意义。

　　飞机装配需严格按照装配大纲文件进行。前期工人通过图纸中的二维轮廓进行装配。这种方法不方便,效率极低,容易出错。随着数字化技术的发展,装配指导从图纸信息转化为 MES、PDM 等系统中的电子信息呈现。虽然有一定的进步和发展,但没有改变二维信息传递效率低的本质。3D仿真软件的出现,极大地改变了工人获取装配指导信息的方式。技术人员可通过演示动画的方式使装配工人学习了解装配过程,并以此作为指导。与文本阅读相比,这种方法更加直观;但这种方式的呈现缺少现实的感觉,无法对细节进行更有效的处理,无法使工人获得更多的信息,仍具有二维屏幕的局限性。

随着虚拟现实技术的发展,虚拟装配技术逐渐得到发展和应用。通过虚拟技术,工艺人员可以在计算机模拟的全三维虚拟空间中进行装配工艺的虚拟演示,有效提高了对装配工人的指导效果。这种仿真比现实的指导方法更加直观且高效。然而虚拟现实技术的弊端在于不包含真实世界的信息,如果想达到完全仿真现实环境的效果,则需要大量的仿真运算与前期的设计工作,这无疑是对性能的极大浪费,与虚拟现实技术高效的本质不符。同时,即使计算机算力不断提高,在如今想达到对全环境进行仿真的同时还处理复杂的装配工艺,也是难以实现的。

因此,我们急需一种不需要大量环境渲染,能通过真实信息与虚拟信息的拼接实现沉浸式装配操作演示的方法。在此背景下,与虚拟装配技术相似的具有更强的临场感的现实增强技术进入了研究人员的视野。

世界上第一次增强现实技术在飞机制造中的应用是20世纪90年代初美国波音公司实现的,他们将增强现实技术应用到了电源线的布线装配过程中。为此他们建立了一套基于光学透视头盔的增强现实系统,通过在现实装配环境中叠加线路路径信息,有效地帮助装配工人提高了线路装配的效率。其研究结果是引人注目的。同时,在航空产品的设计和制造领域,增强现实技术同样有着深远的影响。使用增强现实技术在现实环境中对虚拟图像进行构思、设计将更为容易,对航空制造的发展起到了极大的促进作用。

7.1.3　增强现实的三维注册技术的理论研究现状

增强现实的关键技术在于如何将真实世界与虚拟信息的位置相匹配,即如何更好地将二者相结合。为实现这一目的,需要应用到三维的配准技术。该技术主要通过确定世界坐标系与摄像机坐标系的相对位姿来计算虚拟信息相对于真实信息的坐标变换参数,并利用参数完成虚拟信息在屏幕上的三维配准。

由于获取相机姿态的方式不同,增强现实的三维配准大致可分为三种:基于硬件传感器的注册方法、基于二维标识的注册方法和基于自然特征的注册方法。

(1) 基于硬件传感器的注册方法

基于硬件传感器的注册方法是使用陀螺仪、重力加速度计等可以直接获取摄像机相对世界坐标系位姿的硬件设备,完成三维配准的注册。这种方法不需要进行图像处理、特征匹配等复杂的运算处理过程,具有计算量小、实现方法简便等特点。但是,此类注册方法严重受限于硬件的处理能力,如果出现环境干扰因素过大的情况,将严重影响配准的有效性。同时误差会随着运算被不断的积累放大,最终导致系统的鲁棒性失效。所以该方法主要适用于特征简单的三维配准环境。

（2）基于二维标识的注册方法

基于二维标识的注册方法是通过识别场景中预先放置设定的标识来实现的。利用相关的图形处理技术，在摄像头扫描到相关标识时，将标识的轮廓特征进行提取识别，并以此来确定摄像头相对于真实世界的位姿，从而实现配准，达到物体注册的目的。目前相关方法最知名的是日本 Hirokazu Kato 团队与华盛顿大学人机界面技术实验室合作的 AR 工具包系统。该方法所应用到的图像处理技术相对成熟，可应用于类似飞机装配这种相对固定的环境当中。传统的二维标识设计以黑白矩形构成，但由于飞机装配中装配环境复杂，结构线条多以及局部遮挡等问题导致传统标识难以运算处理，不容易与装配过程相关联。针对这一问题，Leonid Naimark 等人提出了圆形标识，标识由以白点为中心的三层圆环嵌套而成，具有很高的编码自由度，但容易因为遮挡而导致图形识别错误。Daniel Wagner 等人提出了一种具有独立设计的分割标记，它由两个独立的条形码组成。因为其内部不参与图形识别，所以具有一定抗遮挡能力，但由于不规则的形状导致角点不容易被快速定位。Asahi Suzuki 等人提出了一种使用交叉比识别圆柱表面的标识识别方法，这种方法的问题在于难以提供更高的编码自由度，容易出现因为有限的交比参数而导致交比匹配失败的情况。韩鹏飞等人提出了一种可以应对遮挡情况和多标识注册的 L-Split 标识注册方法，该方法与飞机装配环境非常匹配。

L-Split 标识的结构如图 7-1 所示，每个标识包含 4 个 L 形的子标识模块，每个 L 形的外围由黑色边框标识，分别包含了相应的标识信息。其中每个 L 形中包含 7 个信息代码，有 6 个是信息的储存码，另一个为校验代码（L3 中的代码均为信息码，其信息码为前 3 个信息码的代数和，用于整体标识的校验），这些信息码以颜色信息承载，目前被设计为黑白二进制形式。校验码的逻辑为，如果信息代码中白色矩形的数量是偶数，则校验和代码设置为 1 也就是黑色；如果数量为奇数，则校验和代码设置为 0 也就是白色。标识的信息由信息码 L0、L1、L2 组合得到。L3 信息码用于数据验证或恢复。

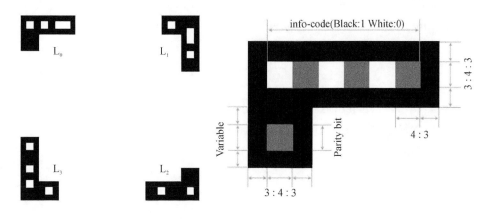

图 7-1　L-Split 标识的结构

(3) 基于自然特征的注册方法

基于自然特征的注册方法是描述和提取目标物体的轮廓或几何特征,如点、线、纹理等,不需要标记。算法对摄像头的成像信息进行提取后,与预留信息进行匹配,进而计算出投影平面在三维空间中的转换关系,以此实现摄像头位姿的判断而完成物体的配准注册。该方法自由、灵活,且具有较高的识别精度,具有很好的发展前景。但是,该方法相比于前两种方法计算量过大,难以保证识别的鲁棒性,相关研究一直是该算法领域的研究热点。目前国内外的研究中,习惯于使用局部特征的提取识别方法,例如在离线状态对目标物体进行多角度的图像扫描,通过 SIFT、SURF 等特征对标不同位姿与图像特征投影的关系,以此建立该目标函数的投影信息匹配库。在实际应用时,通过现有库的匹配关系评估摄像机的三维位姿从而完成匹配注册。该方法目前难以应用于飞机的装配过程中,其原因是,一方面特征的提取匹配计算量过大,该算法的实现需要足够充分的特征匹配的库信息,这需要前期大量的准备工作和巨大的储存空间;另一方面,由于飞机中部件常采用黄色或绿色颜色标识,缺少具有足够特征信息的纹理,难以实现该方法的提取与匹配注册。此外,一些学者还提出了运用几何特征进行配准的方法,该方法使用常见的简单特征进行目标物体的识别,而不需要提前建立复杂的特征库。这种方法是在脱机状态下,提取总结一定的几何特征,然后使用配准时提取的相关特征与预设特征进行对比来确定摄像机的三维位姿。这种算法的问题在于,一旦环境复杂,处理特征多样,使用相近特征用于匹配容易出现搜索空间过大的情况,无法维持算法的鲁棒性。综上所述,在飞机装配环境下应主要应用线条和轮廓特征来构建实体与投影之间的几何关系,以约束的空间进行特征的搜索,最终实现物体的配准注册。

7.1.4　OpenCV 开源库介绍

本章使用 OpenCV 图像处理库实现配准注册过程中的相关运算。该开源库在1999 由 Intel 公司基于 BSD 许可证建立,是跨平台的视觉信息集成开源库,可以在如Windows、Linux、Android、IOS 等多种常用的操作系统上使用。本章涉及的主要方法如下:

本章涉及的 OpenCV 函数

灰度转换:cv::cvtColor(src,dst,CV_BGR2GRAY);

HSV 空间转换:cv::cvtColor(src,dst,CV_BGR2HSV);

自适应阈值化:cv::adaptiveThreshold();

膨胀:cv::dilate();

腐蚀:cv::erode();

高斯平滑:cv::GaussianBlur();

边缘检测:cv::Canny();

轮廓提取:cv::findContours();

多边形逼近:cv::approxPolyDP();

判断轮廓是否为凸：cv∷isContourConvex()；

轮廓面积：cv∷contourArea()；

轮廓的矩：cv∷moments()；

亚像素角点提取：cv∷cornerSubPix()；

直线条提取：cv∷line_descriptor∷BinaryDescriptor∷createBinaryDescriptor()；

HSV 颜色识别：cv∷inRange()；

绘制轮廓：cv∷drawContours()；

7.2　物体位姿注册编程实验

7.2.1　实验基本情况

(1) 面向人群

物体位姿注册编程实验旨在通过介绍几种不同方法的注册编程算法，让读者了解基于增强现实的面向飞机装配的物体位姿注册流程。其面向人群为飞行器设计与制造相关专业在校大学生，或者开设飞机数字化设计实验的高校教师，以及对飞机数字化设计感兴趣的爱好者。

(2) 建议学时

物体位姿注册编程实验建议总学时 8 学时。其中，基于 L‑Split Marker 算法的二维标识编程实验建议 2 学时，基于线条特征的零部件无标识注册编程实验建议 3 学时，基于轮廓特征的零部件无标识注册建议 3 学时。

(3) 实验条件

一个可以调用 OpenCV 开源库的 C++编译环境。

(4) 实验目的

物体位姿注册编程实验的目的是让同学们了解以下内容：

① 了解物体位姿注册的基本思路和注册编程的流程；

② 了解物体位姿注册运用在飞机装配过程中不同的选用方法及其优缺点；

③ 了解各种物体位姿注册过程中可能遇到的问题和相应的解决思路。

7.2.2　基于 L‑Split Marker 算法的二维标识编程实验

(1) 实验内容

熟悉基于 L‑Split Marker 算法的二维标识注册的编程思路：

① 要求了解 L‑Split 标识的结构，能够设计一款带有信息的 L‑Split 标识；

② 要求能够调用 OpenCV 库函数精准提取图像中的标识信息；

③ 尝试对多标识场景进行有效的识别注册。

（2）操作过程

1）设计一款 L – Split 标识并事先放入指定的场景中,用于标定要注册的物体,方便摄像机的识别注册。L – Split 标识的设计结构在 7.1.3 小节有详细说明。对标定 L – Split 标识的物体进行拍摄可以作为位姿注册的输入图像。

2）提取轮廓。在得到输入图像后,使用 OpenCV 库中的灰度转换函数 cv::cvt-Color(src,dst,CV_BGR2GRAY)先对其进行灰度转换得到灰度图像,然后利用自适应阈值化函数 cv::adaptiveThreshold()将其转换为二值图像,继而利用 find Contour 方法提取出图像中的所有轮廓。计算每个提取轮廓的面积,如果面积小于某一预设阈值,则认为其干涉轮廓,予以剔除。提取轮廓实例如图 7 – 2 所示。

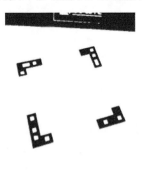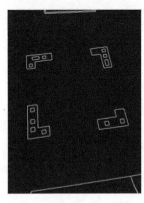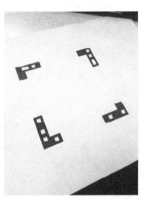

图 7 – 2　提取轮廓的实例图

3）对于所选剖面,我们利用 L 形的几何特征进一步搜索识别中可能为 L 形区域的候选剖面。L 形轮廓主要的提取算法如下:

① 使用多边形的轮廓逼近方法计算轮廓中角点的数量。如果计算得出角点数量为 6 个,则进入下一步并标识每个角点的坐标值用于后续计算;如果角点数量不为 6,则排除该轮廓。

② 判断轮廓形状是否是凹的多边形。如果确认多边形为凹的,则进入下一步;反之删除该轮廓。

③ 计算多边形相对的边是否为平行的,或近似平行的,如果是则判定为 L 形轮廓。

如图 7 – 3 所示,从轮廓左上角开始定义角点名称,6 个角点按顺时针方向定义为 $C_0 \sim C_5$,那么显然可得 $C_0C_1 // C_2C_3 // C_4C_5$ 且 $C_1C_2 // C_3C_4 // C_5C_0$。我们假设得到的 6 个角点为 $E_0 \sim E_5$,分别计算 $E_0 \sim E_5$ 中相邻两点间的线段斜率,并判断 $E_0E_1 // E_2E_3 // E_4E_5$ 且 $E_1E_2 // E_3E_4 // E_5E_0$ 是否近似成立,即可判断是否为 L 形轮廓。

4）提取信息码信息。提取信息方法如图 7 – 3 所示,单应性变换 L – part 上的 C_0、C_1、C_2、C_6 角点所围成的 L 形长边矩形信息块并进行投影变形消除处理,结果如图 7 – 3 所示,通过位置坐标分别提取中心像素点的二进制灰度值来作为信息码的值,并进行储存。

5）提取校验码信息。直接提取 C_4C_6 与 C_3C_5 交点处的像素灰度值,然后对比信息码完成校验过程。

6）对遮挡代码进行恢复并进行注册。L-Split 标识的设计允许一个 L 形区域被遮挡进行注册。因为 L_3 中的信息码被定义为 $L_0 \sim L_2$ 中信息码的代数和，所以任意三个 L 形区域均可求得 $L_0 \sim L_2$ 的信息，并用于进行注册。注册效果如图 7-4 所示。

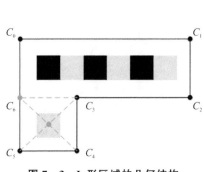

图 7-3　L 形区域的几何结构

图 7-4　注册效果示例

7）多标识符识别算法。在实践中，多个标识符通常出现在同一个场景中。因此，基于相邻区域匹配的多标识符识别算法描述如下：

① 使用步骤 1）～3）中的轮廓提取算法，提取并输入图像中所有的 L 形子标识；

② 利用交叉对比在射影前后不变的性质对每个 L 形进行计算，得出其在标识中的位置；

③ 构建 4 个类组 $Tank_0 \sim Tank_3$，按照上一步计算出的位置信息将所有的 L 子标识形状进行分类并放置到类组中；

④ 计算每个类组储存的数量，并计算储存数量最多的类组，将该类组定义为 $Tank_m$；

⑤ 对 $Tank_m$ 中的所有 L 分别进行 ⑥～⑨ 的计算；

⑥ 自定义一个空的标识，并将其储存在新的标识中；

⑦ 分别计算与 $Tank_m$ 相邻的两个类组 $Tank_{m+1}$、$Tank_{m-1}$，如果存在相邻的 L 标识形状，则一并储存到新的标识中；

⑧ 同样地，利用检索到的 L 形，继续检索是否存在与最后的类组相邻的 L 形，如果存在则将其放置在识别信息中；

⑨ 最后如果新建立的空标识中存储了超过 3 个 L 标识，则判定新的标识为有意义的标识。

根据此算法得到的多标识识别效果如图 7-5 所示。

图 7-5　多标识识别注册效果示例

7.2.3 基于线条特征的零部件无标识注册编程实验

(1) 实验内容

了解使用线条特征对无标识零件进行位姿注册的编程思路,完成利用线条注册模型流程。

① 要求学会将二值图像当作 ROI 蒙版"套用"在源输入图像上,以减少冗余线条的思路;

② 能够通过与 CAD 的线条对比得出摄像机的位姿信息;

③ 能够使用相关位姿信息对零件完成注册。

(2) 操作步骤

1) 对于输入的彩色信息图像文件(如图 7-6(a)所示),先复制一个副本。使用函数 cv::inRange()对彩色图像的副本进行 HSV 的颜色信息识别,并转化为 HSV 空间。HSV 空间可以利用每个像素的 H 通道值,使颜色比较和识别更加方便。对图像中的所有像素点进行通道的计算,并利用 1 和 0 标定不同大小的 H 值像素,这样就完成了彩色图像向二值图像的转变(如图 7-6(b)所示)。

2) 其中目标物体的 H 通道值可能会受光照和遮挡等因素影响而产生一定的波动,不利于目标区域的精确提取。所以为了使目标区域能够完全保留,或去除目标区域内的噪声,要对上一步中的二值图像使用膨胀函数 cv::dilate()和腐蚀函数 cv::erode()进行膨胀、腐蚀等形态学运算,运算结果如图 7-6(c)所示。

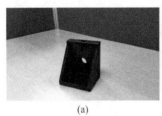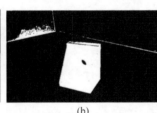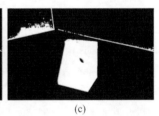

(a)   (b)   (c)

图 7-6 运算生成二值图像

3) 将上一步中处理得到的二值图像,以 ROI 掩码的形式作用到原始图像上,使用 LSD 线检测的方法只检测二值图像中与原图像对应的白色区域。这有效地减少了来自环境背景或其他非目标对象的冗余线条特征的数量。

4) 将经 LSD 线条检测出的所有线条与原 CAD 模型中的线条进行对比,便可计算出摄像机与重力方向的方位角 θ_z,配合摄像机自带的重力传感器获得的与 y 轴 x 轴的方位夹角,便可以计算出摄像机坐标系相对于世界坐标系的姿态 R。

5) 基于线条匹配的平移向量求解。同样将经 LSD 线条检测出的所有线条与原 CAD 模型中的线条进行对比,便可求解平移向量 T。下面为用随机配对并验证注册结果的方式对向量 t 进行求解的算法过程。最终完成基于线条的物体位姿注册,如图 7-7 所示。

① 分别从三维空间和二维图像中随机选取 3 条直线,建立所有可能的对应关系。

② 使用如下标准判断线条选取的有效性,如果满足则进行下一步,否则重新选取:

- 没有完全相同的线条形状;
- 线条在三维空间既不平行,也不相交于一点;
- 线条组合首次被选取。

③ 代入世界坐标系与摄像机坐标系的转换关系对 t 进行求解。

图 7 - 7　利用线条完成注册后的效果图

④ 利用 R 和 t 的坐标转换关系重新计算线条的成像位置,并使用实际检测到的线条进行验证。

⑤ 若验证的偏差值在允许阈值范围内,则注册成功,否则重复步骤①～⑤。

7.2.4　基于轮廓特征的零部件无标识注册

(1) 实验内容

学会使用轮廓特征对零部件进行无标识注册的编程逻辑,完成的轮廓提取效果如图 7 - 8 所示。

① 要求能够准确提取零件轮廓,去除噪声;

② 能够计算摄像机的位姿信息;

③ 利用已知的位姿信息完成注册。

(2) 操作步骤

1) 对输入的彩色图像进行轮廓提取。具体的提取算法如下:

① 使用函数将输入的图像由彩色转为灰度图像格式;

② 基于高斯滤波方法对图像进行去噪处理;

③ 基于 Canny 边缘检测算法在灰度格式的图像中提取边缘线条;

④ 通过 find Contours 法对所有轮廓进行提取;

⑤ 对轮廓面积进行计算,判断轮廓面积是否满足设定的阈值,满足则是有效的轮廓,否则为干扰轮廓进行排除。

2) 使用投影轮廓的轮廓质心初步估计目标物体相对于摄像头的位置参数 t。输入图像的质心在步骤 1)中已经计算得出,结合相机的内部转换参数计算得出相对于相机的质心坐标值 $C_c(x_c, y_c, z_f)$。利用图 7 - 9 所示公式进行计算可以得到平移参数 t。拥有平移坐标 t 的效果如图 7 - 10(a)所示。

3) 重力在相机坐标系中的分量,即坐标各轴与重力方向的夹角,由相机内置的传感器测量。然后,通过欧拉角的形式直接计算旋转矩阵中 $R_x R_y$ 的值。

4) 将 CAD 中的模型进行离屏渲染,并与上述步骤中提取的轮廓进行对比,进而求解完整的方位角(旋转矩阵 R)。基于轮廓匹配的方位角搜索算法如下:

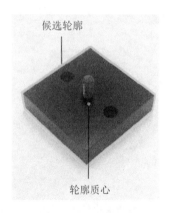

候选轮廓

轮廓质心

图 7 - 8　轮廓提取示例

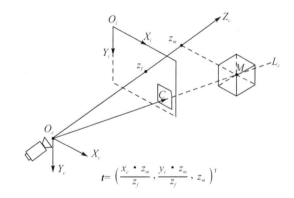

$$t = \left(\frac{x_c \cdot z_m}{z_f}, \frac{y_c \cdot z_m}{z_f}, z_m \right)^{\mathsf{T}}$$

图 7 - 9　利用投影区域轮廓质心预估平移参数

① 按特定规则选取旋转角 γ，结合步骤 3) 中的结果计算出旋转矩阵 $\boldsymbol{R}$ 的值；

② 利用 $\boldsymbol{R}$ 和步骤 3) 中得到的参数 t 构成坐标变换参数，在 OpenGL 环境中对目标的 CAD 模型进行离屏渲染；

③ 处理缓冲器中读取渲染后的图像，提取外部轮廓；

④ 将最后通过处理计算的轮廓与步骤 1) 中的轮廓进行对比，若相似度满足预先设定的阈值则运算成功，否则重新进入循环计算。

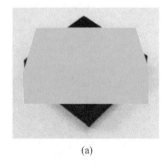

(a)

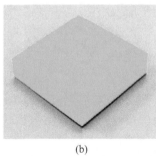

(b)

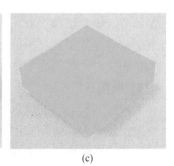

(c)

图 7 - 10　平移参数求解过程

5) 在有些情况下，步骤 2) 中预估的平移参数 t 会有所偏差，进而导致方位角的求解有偏差，效果如图 7 - 10(b) 所示。通过使用微分法计算投影区域面积并与在不同深度的投影面积进行比较，可以对平移参数 t 进行矫正，得到正确的平移参数 t。如图 7 - 10(c) 所示。

6) 利用上述所求的平移参数和方位角完成注册。注册结果如图 7 - 11 所示。

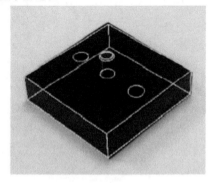

图 7 - 11　注册结果

第三篇　数字化仿真实验

第 8 章

ABAQUS 软件使用与静力损伤失效有限元分析实验

8.1 背景介绍

8.1.1 概　述

损伤失效有限元分析是以实现产品结构强度设计优化为目标,以数学模型为基础,以有限元分析软件为平台,对产品在特定载荷的作用下进行机械性能分析,得到失效时的极限载荷以及失效模式等,最终用以指导产品结构的优化改进。随着计算机技术的发展,计算机辅助设计被广泛应用于飞机设计。设计人员通过 CAD 完成产品建模,再通过有限元分析软件进行优化改进,缩短了设计周期和提高了设计质量。本章以 ABAQUS 有限元分析软件为分析平台,介绍 ABAQUS 软件的发展背景、有限元仿真技术的理论发展,以及 ABAQUS 软件的使用。最后,通过几个简单的柔性损伤失效有限元分析实验,让同学们掌握基于 ABAQUS 有限元仿真的简要流程。

8.1.2 ABAQUS 软件的发展背景

ABAQUS/Standard 是 ABAQUS 最早的产品,能够广泛求解各种线性和非线性问题,包括运动、静态、热作用等。ABAQUS 拥有有限元分析领域最广泛的材料模型,可以模拟绝大部分工程材料的各种行为。

ABAQUS 在 1991 年推出了 ABAQUS/Explicit。该模块是利用对时间变化的显式积分求解动力学方程来获得仿真结果,适用于瞬时发生的动态行为,如爆炸和冲击等。同时,该模块对于一些复杂行为的求解收敛也非常有效,比如模拟复合材料钻孔过程中钻头与零件接触发生改变的行为。而且 ABAQUS/Standard 和 ABAQUS/Explicit 是互通的,便于在仿真过程中选择合适的模块。

ABAQUS 在 1999 年推出了 ABAQUS/CAE。该模块是目前用户最熟悉、与之交互最直接的模块。从仿真模型建立、求解分析到结果显示和数据处理,用户都可以通过该模块实现。对于一些结构较为简单的模型,用户可以直接在该模块中建立模型并划分网格,仅靠 ABAQUS 就能实现对结构行为的模拟。然后由后台的分析模块进行求解,再通过可视化界面显示出仿真结果,还可以将数据导出绘制曲线,极大地方便了用户进行结构行为的仿真。

ABAQUS 软件因其强大的仿真能力,尤其是拥有针对复合材料的建模形式,能够满足多领域多方位的有限元仿真要求,有效取代了实际实验,从而被广大用户接受。可以说,ABAQUS 的发展,大大降低了在实际实验中所耗费的人力、物力、财力,并且能完成实际情况下难以完成的实验模拟,从而缩短了设计周期,降低了成本,提高了设计质量。

8.1.3　有限元的发展

(1) 发展历程

每一项技术的出现都来自于时代和人们的需求。20 世纪 40 年代,工业、制造业的兴起对产品结构设计的要求越来越高,而要制造出复杂而高质量的产品,对于结构的精密计算和强度分析是必不可少的,尤其是当时正蓬勃发展的航空领域。正是由于时代发展的需求,有限元分析得以出现和发展。

1943 年,柯朗发表的数学论文《平衡和振动问题的变分解法》和阿格瑞斯在工程学中取得的重大突破标志着有限元法的诞生。

有限元法早期(1944—1960 年),研究者们得出了有限元法的原始代数表达式,开始着手研究单元划分和单元类型选择,并取得了仿真求解收敛性上的重大突破。此后,有限元分析理论开始快速发展,尤其是在计算机出现以后,快速、高强度的计算任务得以突破,有限元的分析发展实现了飞跃,为后来有限元分析软件的出现奠定了理论和硬件基础。

有限元法完善阶段(1961 年至 20 世纪 90 年代)。在国外,研究者们建立了严格的数学和工程学基础,有限元分析的应用范围拓宽到了结构力学以外的领域,并且开发出了相应的有限元分析软件。在国内,我国的研究工作者为有限元分析的发展做出了很多贡献,但由于国外总体发展水平较高,尤其是国外有限元软件的涌入,打压了国内自主研发有限元软件的势头,国内有限元分析的发展逐渐与国外拉开距离。

(2) 发展趋势

1) 简单单一场向复杂耦合场的求解发展

有限元法一般用于如结构力学分析的单一场求解,而现实生产制造过程中,很多问题都是多场耦合作用的。如传统的复合材料热压固化成型模拟,该过程涉及温度和压力的作用,需要采用热力耦合来仿真求解。随着有限元分析的广泛应用,求解复杂耦合场问题的需求越来越大,特别是航空航天领域空气动力学以及流体力学领域的复杂问题求解。

2) 线性问题向非线性问题的求解发展

随着时代的发展,人们对工程设计的严谨性和安全性要求越来越高,因此不得不考虑结构的破坏失效等问题,而简单的线性理论无法解决此类非线性问题。比如复合材料失效中出现的纤维断裂、分层、裂纹扩展等,提升了仿真求解的收敛难度,需采用非线性分析求解。ABAQUS 拥有高效的非线性求解器,以及丰富的非线性材料库,用户还可以根据所需通过子程序自行定义材料属性,增强了仿真软件的实用性。

3) 软件的集成

随着 CAD、CAM 技术的发展,目前很多产品从设计、生产到客户使用都是通过系统化的软件集成实现的,不同部门之间的数据是互通的,便于产品数据的实时反馈和更新。有限元分析作为产品设计的关键一环,为产品结构的合理性提供参考,未来的趋势是与各大产品设计软件集成,成为产品设计制造中不可缺少的一部分。

8.1.4 ABAQUS 软件介绍

ABAQUS 是一套实用且功能强大的有限元软件,可以求解实际工程中遇到的各种问题,最主要的是可以求解非线性问题以及不同物理场问题,如静/动力学分析、热场分析、热电分析等。庞大的材料模型库可以满足模拟各种工程材料的需要。ABAQUS 应用简单,通过仿真建模流程的学习即可掌握简单的仿真分析,其材料定义与边界条件等的设定都浅显易懂且直观,便于新手入门。此外,ABAQUS 特有的分析步自相应增量提高了解的收敛性和精确度。在复合材料仿真领域,ABAQUS 为其提供了专门的材料库和属性定义,不仅可以灵活地调节铺层参数和材料方向,而且可以通过纤维增强复合材料的典型失效准则——Hashin 损伤准则来模拟材料损伤,满足了复合材料仿真的需求。正是由于这些优势博得了广大工程设计人员以及科技工作者对 ABAQUS 的青睐,使其在当今大量产品研究中都发挥着巨大的作用。

8.1.5 ABAQUS 的基本操作

(1) 单位的一致性

ABAQUS 没有严格的单位限制,但是统一单位有利于计算以及最后结果的单位确定。常用的国际单位制如表 8-1 所列,一般采用 SI(mm) 进行建模。

表 8-1 国际单位制

国际单位制	SI (m)	SI (mm)
长度	m	mm
力	N	N
质量	kg	t
时间	s	s
应力	Pa (N/m^2)	MPa (N/mm^2)
质量密度	kg/m^3	t/mm^3
加速度	m/s^2	mm/s^2

例如,材料为铝,采用 SI (m) 时,弹性模量为 $7\times10^{10}\,\text{N/m}^2$,密度为 $2.7\times10^3\,\text{kg/m}^3$,应力单位为 Pa;采用 SI (mm) 时,弹性模量为 $7\times10^4\,\text{N/mm}^2$,密度为 $2.7\times10^{-9}\,\text{t/mm}^3$,应力单位为 MPa。

(2) 仿真建模流程

仿真建模流程:部件(Part)→属性(Property)→装配(Assembly)→分析步(Step)

→相互作用(Interaction)→载荷(Load)→网格(Mesh)→作业(Job)→可视化(Visualization),一般仿真流程用不到优化(optimization)和草图(sketch)。该流程并非固定流程,为了便于建模用户可以进行适当调整。

1) 部件(Part)

关键步骤:

部件导入:部件并非一定在 ABAQUS 中建模生成,用户可以通过其他 CAD 软件建模,将模型导入 ABAQUS 中(一般以 stp 格式导入),再进行属性定义和网格划分;另外,针对较为复杂的结构,用户可以通过 Hypermesh 软件对结构进行网格划分,然后将划分好网格的部件以 inp 格式的文件导入 ABAQUS 中。

部件创建:简单的部件可以直接创建。图 8-1(a)显示了部件创建中的按钮说明。

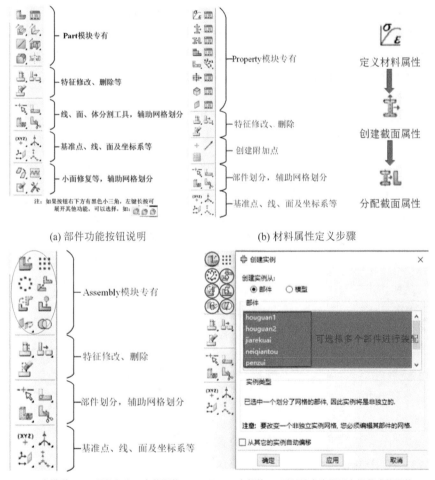

(a) 部件功能按钮说明　　　　　　(b) 材料属性定义步骤

(c) 部件装配说明

图 8-1　ABAQUS 常用功能说明

2) 属性（Property）

材料属性定义步骤如图 8 - 1(b)所示。

3) 装配（Assembly）

部件装配说明如图 8 - 1(c)所示，其中：1 和 2 分别是线性阵列和辐射阵列，用于对部件多个复制；3 和 4 分别是平移和旋转；5 是平移到，只能用于实体模型；6 是定位；7 为合并/剪切来生成新的部件，可以将多个部件合并成一个整体。

4) 分析步（Step）

分析步定义如图 8 - 2(a)所示。

关键点：

在"静力，通用"中，有几何非线性的开关选项。在进行大变形，或者塑性变形等非线性的仿真中，一般选择开启几何非线性，以提高收敛性和结果精确度。

在"增量"选项中，类型一般选自动，以自动调整增量，提高收敛性；初始增量步大小可尽量小，最小增量步一般小于 1×10^{-5}。若在仿真分析时结果不收敛，增量步大小也可能是使仿真不收敛的原因之一，可以适当调整增量步使结果收敛。

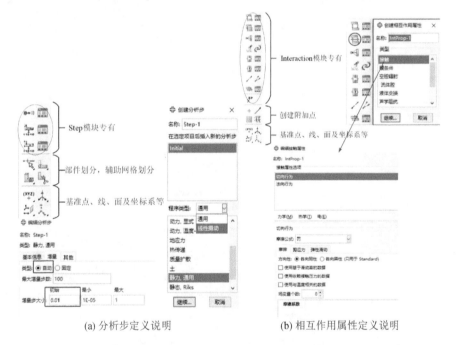

(a) 分析步定义说明　　　　　　(b) 相互作用属性定义说明

图 8 - 2　ABAQUS 分析步及相互作用属性定义说明

5) 相互作用（Interaction）

首先需要定义相互作用的属性，主要包括法向接触属性和切向摩擦属性，关键步骤如下：

定义接触属性：相互作用属性定义如图 8 - 2(b)所示。接触属性是两个接触面之间的物理参数，一般的静力分析中，通常只需定义"切向行为"和"法向行为"。"切向行为"一般为摩擦,通过摩擦公式"罚"输入摩擦系数来定义,计算摩擦会使收敛性下降,摩擦系数越大,就越难收敛;"法向行为"一般为硬接触。

创建相互作用:根据模拟的实际情况选择接触类型,一般选择"表面与表面接触",选择刚度较大、变形较小的面为主面。"自接触"用于同一部件中不同位置的相互接触。

关键点:

主面和从面:主面的选择遵从刚度大、变形小的原则;主从面选择时注意方向选择,通常以"棕色面"和"紫色面"作为区分。

ABAQUS 还具有自动查找接触对的功能,可以方便用户查找接触的位置,快速地创建接触。此外,在较简单的接触场合,可以直接使用"通用接触"定义接触相互作用,该功能可以自动识别接触对并定义接触作用。

常用的约束类型为绑定、刚体和耦合约束。绑定约束:绑定可以理解为两个面的无介质相互粘结,可以直接互相传递力、热等作用。刚体约束:可以使模型中某部分变为刚体,在仿真分析过程中相对位置固定,保持不变。耦合约束:在模型中某部分和参考点建立互联关系,使得该部分的位移、力等作用与参考点保持一致。

6) 载荷(Load)

载荷中常用的为创建载荷和创建边界条件。创建载荷用于对模型施加载荷,如集中力、弯矩、压强等,可以设置载荷施加的大小、位置和方向。创建边界条件用于对模型进行合理的约束,一般根据仿真模拟的实际工况创建边界条件,一般常用的为三个平移自由度和三个转动自由度的约束。

关键点:

施加的载荷以及边界条件的约束需要注意方向和大小,单位与材料属性定义一致,载荷和边界条件的设定与实际工况对应,以保证仿真的正确性。

要注意载荷和边界条件施加的位置,如在拉伸试验中,一般采用耦合约束将两端面与参考点互联,从而将载荷施加于参考点上;而对于刚体,尤其是在创建部件时创建的离散性刚体,一般将载荷和边界条件施加在刚体对应的参考点上。

边界条件约束不当是造成分析求解不收敛的常见原因之一,因此当求解不收敛时,应首先检查边界条件的设定是否正确。

7) 划分网格(Mesh)

网格划分流程如图 8-3(a)所示。首先根据部件的具体形状以及复杂程度,选择合适的单元形状,然后选择合适的技术(结构、扫掠、自底向上)和算法(中性轴算法、进阶算法)。对于简单的部件,一般采用扫掠和中性轴算法。确定了网格控制属性之后,对部件进行布种,种子疏密程度可根据模型合理调整,过密的网格会增大计算量,但会提高收敛性和计算精度,粗大的网格则相反。网格类型是有限元仿真中的重要属性,一般均质材料的静力分析为三维应力网格,而层合板复合材料若为连续壳则选择连续壳单元,若为壳则选择壳单元。在热传递分析中,网格类型为热传递。对于复杂部件,在ABAQUS 里无法划分精细复杂的网格,可以通过 Hypermesh 软件划分好网格后,再导入 ABAQUS 中。

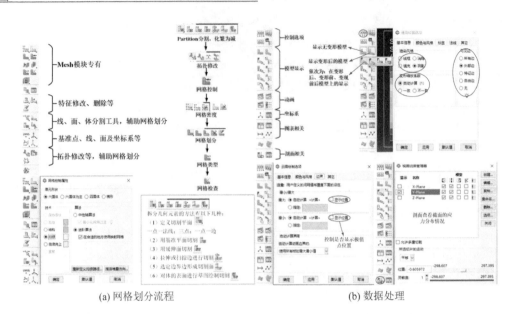

(a) 网格划分流程　　　　　　　　　　　　　(b) 数据处理

图 8 - 3　ABAQUS 网格划分流程及数据处理说明

关键点：

网格类型的选择与所进行的仿真分析类型与模型相匹配；网格疏密程度合理，符合收敛速度和精度的要求。对于不同区域，要求疏密程度不同，则需将部件分区，以不同密度的种子布种，对于复杂部件，最好的方法是采用 Hypermesh 对不同位置针对性地划分网格，保证网格质量。网格质量关系到分析的收敛性和结果的精度，应避免产生尖锐和较大凹角的网格。在曲率较大的部位，适当加密网格有利于收敛，提高计算精度。

在一些弹塑性变形的仿真中，如拉伸、压缩和弯曲等，若分析过程中部分网格产生扭曲变形或破坏，则应使用线性六面体单元以及修正的二次四面体单元；另外，可考虑对网格进行加密处理。

8）作业（Job）

选择相应的模型创建作业，若用到子程序，则需准确选择对应的子程序进行挂载。在内存和并行选项中，可以提高用于预处理和分析的最大内存比例，使用多个处理器和 GPGPU 对计算过程进行加速。计算的速度与计算机的性能有很大关系，而且复杂模型产生的数据会占据大部分内存，推荐使用性能较好，内存较大的计算机。创建完作业后提交作业进行分析，此时，可以通过"监控"选项查看目前正在运行的作业状况，运行日志、警告和错误等都会显示在监控窗口，运行出错时可以查看错误和警告提示排除问题。当显示"已完成"后，可以单击"结果"进入数据后处理模块，可以查看计算结果，如云图、绘制曲线等。

9）可视化（Visualization）

可视化用于显示计算结果并对结果进行后处理。可以根据场输出请求中选择输出的结果设置云图输出,如应力云图、位移云图、能量云图和各种损伤云图等。如图 8-3 (b)所示,可以通过绘图选项设置渲染风格和变形缩放系数等,还可以通过剖面查看截面的应力分布情况。

如图 8-3(b)所示可以对所需要的结果数据进行输出,可以选择输出变量和单元,可以绘制曲线,也可以输出原始数据,导入专业绘图软件绘制较为美观的曲线。

8.2　ABAQUS 静力损伤失效有限元分析实验

8.2.1　实验基本情况

(1) 面向人群

ABAQUS 静力损伤失效有限元分析实验旨在通过几个实验让读者了解 ABAQUS 软件的基本使用方法和损伤失效有限元分析的基本流程。其面向人群为采用有限元分析作为辅助结构设计工具的相关专业的在校大学生,或者是设置有限元仿真实验课程的高校教师,以及对有限元仿真分析感兴趣的爱好者。

(2) 建议学时

ABAQUS 静力损伤失效有限元分析实验建议总学时 3 学时。其中,拉伸试验损伤失效仿真分析实验建议 2 学时,三点弯曲 XFEM 裂纹扩展损伤失效仿真分析实验建议 1 学时。

(3) 实验条件

安装 ABAQUS 的计算机一台。

(4) 实验目的

ABAQUS 静力损伤失效有限元分析实验的目的是让同学们掌握以下内容:

① 熟悉 ABAQUS 仿真流程,包括从部件建立、属性定义到最后的结果显示;

② 掌握损伤失效属性定义方法,熟练掌握材料拉伸、弯曲等条件下的破坏模式仿真分析;

③ 掌握 ABAQUS 软件简单零件柔性损伤失效分析方法,并分析仿真结果的合理性,为复杂零件和复杂场的有限元分析打下坚实基础。

8.2.2　拉伸试验损伤失效仿真分析实验

(1) 实验内容

按照要求完成金属拉伸试验损伤失效的仿真分析,仿真结果如图 8-4 所示。

① 要求得出力-位移曲线;

② 要求输出试样破坏过程动画。

(2) 操作过程

① 新建模型 Model-1,在模块里选择部件,单击 按钮,然后绘制部件草图,生成部件 3D 模型,如图 8-5(a)所示。注意在形状里选择"实体",在类型里选择"旋转"。

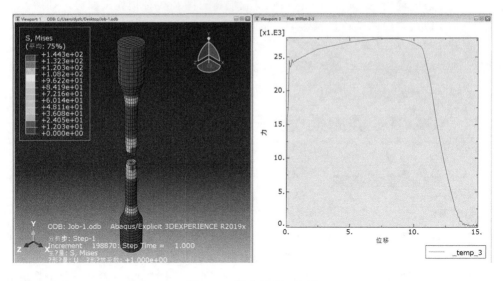

图 8-4　仿真结果示意图

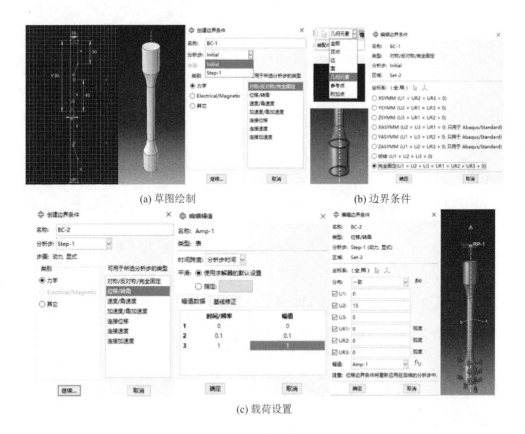

(a) 草图绘制　　　　　　　　　　　　(b) 边界条件

(c) 载荷设置

图 8-5　仿真模型建立过程

② 在左侧命令栏中找到轴 拆分几何元素:定义切割平面指令, 怎样指定平面? 一点及法线 三个点 垂直于边 选择一点及法线,创建分区,同样地,在部件圆弧段和中间段也进行相同的操作,由此把部件分成五个部分。这样做的目的是便于后续边界条件设定和网格的划分。

③ 进入属性模块,单击 建立材料属性,定义了柔性损伤、密度、弹性、塑性。

④ 单击 命令创建截面,选择均质,再单击 指派截面,即给部件赋予刚才我们定义的材料属性,框选整个部件,选择我们定义的 SteelSection 截面,赋予部件材料属性后,部件会变成绿色。

⑤ 进入装配模块,单击 ,选择部件 Specimen。由于我们这里只有一个部件,所以不需要设置部件与部件之间的位置关系。实例类型为非独立。

⑥ 进入分析步模块,单击 按钮,创建分析步。程序类型为通用,选择动力,显示,几何非线性设置为开,质量缩放选择使用下面的缩放定义,单击创建,按系数缩放: 1000,目标时间增量步:5×10^{-7}。

单击 编辑场输出请求,点选状态/场/用户/时间里的 ☑STATUS, 状态 (某些失效和塑性模型: VUMAT) 选项。

⑦ 单击上方菜单中的工具,选择集,单击创建,命名为 RP,然后点选部件上方的参考点 RP-1 创建集。单击 创建历程输出请求,点选位移中的 U2 和作用力中的 RF2。

⑧ 进入相互作用模块,首先单击 创建基准点上端面圆心,向上(Y 方向)偏移 20,然后单击 创建参考点,选择刚才创建的附加点作为参考点,目的是便于后续加载。单击 创建约束,选择耦合的,选择刚才的参考点 RP-1,选择约束区域类型: 表面 结点区域 表面,选择上端面和夹持圆柱面。

⑨ 进入载荷(Load)模块,单击 创建边界条件,分析步选择 Initial,类型选择对称/反对称/完全固定,单击界面上方菜单中选择类别——几何元素;然后选择部件下端夹持部分,选择完全固定,如图 8-5(b)所示。单击 创建边界条件,分析步选择 Step-1, 类型选择位移/转角,选择 RP-1 为作用带点,U2 设定位移为 15,固定其他自由度,单击 创建位移随时间变化的表,幅值选择刚才创建的表 Amp-1,如图 8-5(c) 所示。

⑩ 进入网格(Mesh)模块,单击 指派网格控制属性,单元形状选择六面体,技术选择扫掠,算法选择中性轴算法。单击 种子部件,近似全局尺寸设置为 3(可根据具体部件调整),单击 划分网格。单击 指派单元类型,单元库选择 Explicit,族选择三维应力,单元删除选择是,最大下降指定为 0.98。

进入作业(Job)模块,单击 创建作业,并勾选使用多个处理器,然后单击提交。作业运行完成后,单击结果,进入可视化模块;单击 可以看到仿真结果,如图 8-6 所示; 单击 可查看动画,并进行动画设置;单击 创建 XY 数据,选择 ODB 历程变量输出, 选择 Reaction force,Spatial displacement,单击绘制,绘制出位移/力-时间曲线。

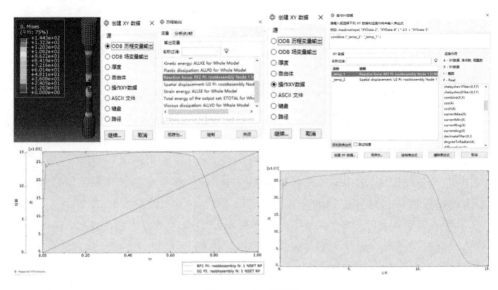

图 8 - 6　仿真结果

⑪ 再次单击██，选择操作 XY 数据，先在右侧操作符中选择 combine(X,X)，然后依次双击_temp_2 和_temp_1，得到表达式 combine ("_temp_2", "_temp_1"，然后单击绘制表达式，得到力-位移曲线。

8.2.3　三点弯曲 XFEM 裂纹扩展损伤失效仿真分析实验

(1) 实验内容

按照 ABAQUS 仿真流程完成如图 8 - 7 所示的三点弯曲 XFEM 裂纹扩展损伤失效仿真分析：

① 掌握 XFEM 裂纹创建和配置方法；

② 掌握多部件之间的装配关系和相互作用关系设定；

③ 当运行出错时，学会从监控中分析警告和错误，从而加以修正，完成仿真。

(2) 操作步骤

① 首先新建模型 Model - 1，然后在模块里选择部件，单击██ 按钮，创建部件 beam，然后绘制部件草图，生成部件 3D 模型。注意在形状里选择实体，在类型里选择拉伸，深度为 15。

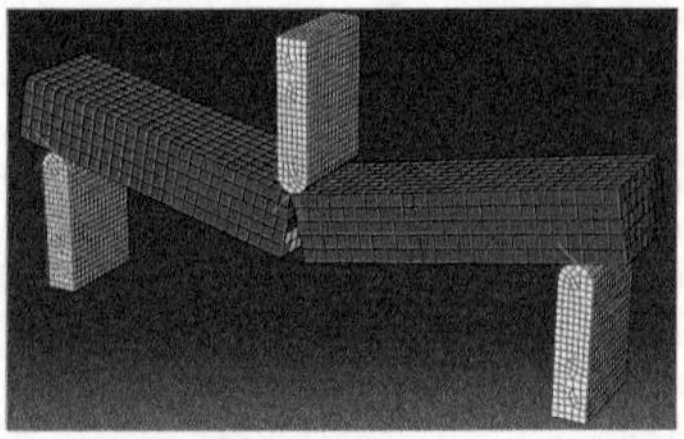

② 在左侧命令栏中，单击██ 拆分面：草图指令，绘制如图 8 - 8 所示草图。然后单击██ 拆分几何元素：拉伸/扫掠边，点选部件上表面所绘制的一条线，单击完成，██ 怎样扫掠？ ██ 沿方向拉伸 ██ 沿某条边扫掠 选择沿某条边扫掠，扫掠方向选择垂直于上表面的边线，创建分区，如图 8 - 8 所示。同样地，在部件上表面其他两条绘制直线也进行相同的操作，由

图 8 - 7　三点弯曲 XFEM 裂纹扩展损伤失效仿真

此把部件分成四个部分。这样做的目的是便于后续边界条件设定和网格的划分。

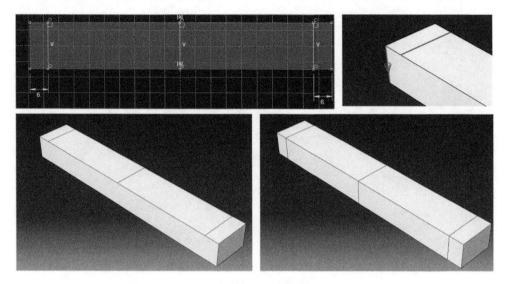

图 8 - 8　创建分区

③ 创建部件 crack,单击 按钮,注意在形状里选择壳,在类型里选择拉伸。

④ 创建部件 Load,单击 按钮,注意在形状里选择实体,在类型里选择离散刚性,基本特征类型里选择拉伸,深度为 15。然后单击 创建壳:来自实体,选择部件,单击完成。创建参考点 RP:单击上方菜单中工具→参考点,选择部件 Load 下端点。

⑤ 进入属性模块,单击 建立材料属性,定义了弹性、Maxps 损伤,子选项中选择损伤演化,相关参数如图 8 - 9(a)所示。

⑥ 单击 命令创建截面,选择实体,均质,再单击 指派截面,选择部件 beam,即给部件 beam 赋予刚才我们定义的材料属性,赋予部件材料属性后,部件会变成绿色。

进入装配模块,单击 ,选择所有部件。重复单击 ,选择 Load 部件,因为三点弯曲需要三个 Load 部件。实例类型为非独立。单击 平移实例,选择视口中的 crack 部件,单击完成,选择 crack 部件下端一顶点,再选择 beam 实例中间截面对应的下端顶点,此时已经将 crack 部件平移,用来模拟初始裂纹。选择一个 Load 实例,按照同样的方法将其装配到 beam 实例的上表面中间。单击 ,选择另外两个 load 实例,选择 z 方向任意一根轴,旋转 180°。然后按照平移实例同样的方法将两者分别装配到 beam 实例下表面左边和右边。

⑦ 进入分析步模块,单击 按钮,创建分析步。程序类型为通用,选择静力,通用→几何非线性设置为开,自动稳定选择指定耗散能分数,数值默认,增量中最大增量步数为 100000000,增量步的初始值为 0.1,最小值为 1×10^{-9},最大值为 1。

⑧ 单击 编辑场输出请求,点选破坏/断裂里的 ☑ PHILSM, 层次集值 phi 和 ☑ PSILSM, 磅级 选项, 再点选状态/场/用户/时间里的 ☑ STATUS, 状态 (某些失效和塑性模型: VUMAT)。选择菜单中的其他→通用求解控制→编辑→

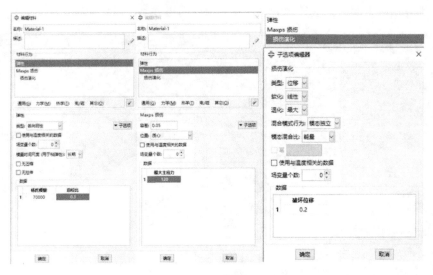

(a) 材料属性

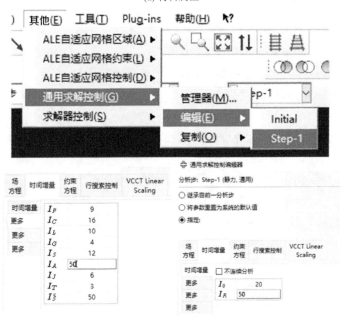

(b) 通用求解器编辑

图 8 - 9　材料属性及通用求解器编辑

Step - 1,然后单击继续。点选指定,将时间增量 I_0 改为 20,I_R 改为 50,第一个更多中的 I_A 改为 50,如图 8 - 9(b)所示。

⑨ 进入相互作用模块,首先单击 创建相互作用,分析步为 Initial,选择通用接触,如图 8 - 10 所示。单击 创建相互作用属性,选择接触,接触选项选择切向行为和法向行为,切向行为摩擦公式为罚,摩擦系数为 0.15;法向行为参数默认,然后将全局

指派属性选择刚才创建的 IntProp - 1,如图 8 - 10 所示。

图 8 - 10　相互作用及边界条件

⑩ 创建裂纹,在图 8 - 10 所示菜单中,依次选择特殊设置,裂纹,创建,选择

XFEM,选择视口中 beam 实例,勾选裂纹位置,单击 ，选择 crack 实例(单击图 8 - 10 所示菜单中的 ，选择 Part/Model instances,选择 crack - 1,单击替换,视口中显示 crack 实例)。创建裂纹后,单击 恢复所有实例。

⑪ 创建裂纹扩展:单击 ，选择 XFEM 裂纹生长,单击继续,单击确定即可。

⑫ 进入载荷(Load)模块,单击 创建边界条件,分析步选择 Initial,类型选择位移/转角,点选上面部件 Load 中的 RP,固定除 U2 以外的其他自由度。单击 管理器,单击左移,单击传递,单击编辑,勾选 U2,设定为 -10;单击创建,创建第二个边界条件,选择对称/反对称/完全固定,点选下面两个部件 Load 中的 RP,选择完全固定,如图 8 - 10 所示。

⑬ 进入网格(Mesh)模块,选择部件 beam,单击 种子部件,近似全局尺寸设置为 2(可根据具体部件调整),单击 划分网格。单击 指派单元类型,设定族为三维应力。切换到部件 Load,单击 种子部件,近似全局尺寸设置为 1(可根据具体部件调整),单击 划分网格。单击 指派单元类型,设定族为离散刚体单元。

⑭ 进入作业(Job)模块,单击 创建作业,并行勾选使用多个处理器,然后单击提交。

⑮ 作业运行完成后,单击结果,进入可视化模块。单击 可以看到仿真结果,如图 8 - 11 所示。单击 可查看动画,并进行动画设置。

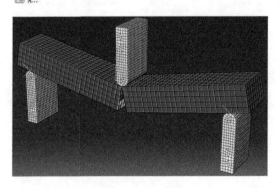

图 8 - 11 仿真结果

第**9**章

连续纤维复合材料固化成型
有限元仿真实验

9.1 背景介绍

9.1.1 概　述

　　ABAQUS 是一款功能强大的仿真分析软件,包含多种单元库和材料模型库,可以模拟计算金属、复合材料、土壤岩石等材料的应力分析、热传导分析、电学分析等工程问题。本章将以连续纤维复合材料的固化模拟为实验内容,通过多个实验帮助学生理解并初步掌握 ABAQUS 模拟过程。

9.1.2 有限元仿真技术在连续纤维复合材料仿真中应用的时代背景

　　在早期飞机中,复合材料仅用于飞机的起落架、门、方向舵、整流罩和其他部件,然后逐渐应用于次要承重部件,如水平尾翼、水平和垂直稳定器。进入 21 世纪以来,复合材料在民用飞机上的应用比例迅速增加。2007 年,波音 B787 飞机下线,其使用的复合材料比例达到 50%,应用部位覆盖飞机机身等大型主要承重部件。同期,空客 A350 复合材料消耗率达到 52%。复合材料在飞机上的应用将空客 A350 的燃油消耗率降低到同类飞机的 80%。国内大型飞机使用的复合材料的比例也大幅增大。已下线的 C919 大型客机使用的复合材料比例达到 12%,正在开发的 CR929 宽体客机使用的复合材料比例超过 50%。复合材料的应用部件也将扩展到机身和机翼等主要承重结构上。

　　飞机上复合材料用量的不断增加对复合材料的成本、周期和表面成型质量提出了更高的要求。在复合材料构件的成型过程中,由于外部固化工艺条件和内部材料的各向异性,构件发生固化变形,导致构件的制造表面与设计表面之间出现偏差,引发构件的强制装配,甚至内部分层或断线,这会影响部件的使用寿命。为了减少构件的凝固变形,传统上往往通过经验成型工艺和工装进行迭代优化。该方法周期长,成本高,不能用于复杂曲面结构的校正。

在这种背景下,有限元的概念逐渐出现并得到发展。有限元法又称有限单元法,是一种解决工程问题的常用方法。有限元法适用性好,计算效率高,在工程分析中得到了广泛的应用,已成为实现数字化设计和制造的重要手段。有限元法的基本思想是将解区域离散为一组以某种方式相互连接的有限元组合。由于元素的几何形状多样,因此可以较好地模拟一些含有复杂几何体的工程问题。有限元法的特点之一是假设每个单元的近似函数,进而获得解域中的未知场函数,因此在应用有限元方法分析问题时,复杂的连续问题会转换成离散的有限自由度问题。求解每个单元的离散解之后,可以通过插值算法求解每个单元的场函数近似解,进而得到整体模型的近似解。并且随着网格单元尺寸的减小、数量的增加或插值算法精度的提高,计算出的解的精度不断提高,在所有单元满足收敛要求后,近似解收敛到精确解。

9.1.3 连续纤维复合材料固化工艺的仿真方法

(1) 复合材料的固化过程

一般的树脂基复合材料零件在成型的过程中,树脂的状态会随着零件固化成型的进程而逐渐变化,一般会经历五个阶段:

① 凝胶前阶段:此阶段的树脂粘度小,处于可流动状态。在外部施压的条件下,复合材料铺层之间的空气被挤出,树脂流动并压实。随着温度的逐渐升高,树脂逐渐发生固化交联反应,粘度逐渐增加,当达到树脂的凝胶点之后,树脂将不再流动,复合材料的厚度和形状逐渐稳定。此阶段的液态树脂和纤维之间的应力传递很微弱,因此温度变化对复合材料零件的内应力和变形影响很小,但模具和复合材料之间的压力作用很明显。

② 凝胶阶段:此阶段的树脂处于橡胶态。此阶段外部施加的温度高于树脂的玻璃态转变温度,在高温环境下树脂的固化反应强烈,固化速度明显变快。虽然树脂在高温环境中具有较强的粘弹性,但较短的松弛时间会使其模量迅速变成平衡状态。树脂的热膨胀和化学收缩变形发生在这个阶段,由于处于橡胶态的树脂模量远小于玻璃状态下的树脂模量,因此其引起的内部应力较小,但会严重影响复合材料的固化变形。

③ 玻璃化转变阶段:此阶段树脂主要处于粘弹性状态。在此阶段复合材料的固化仍然强烈,树脂的分子链会出现扩散和位移,树脂的化学收缩变形仍然明显。

④ 玻璃化后的保温阶段:此阶段的树脂处于玻璃态。随着复合材料固化程度的加剧,复合材料逐渐变硬变脆,树脂的分子链运动减弱。由于此时的固化速率减缓,化学收缩对内部应力的影响逐渐减小。

⑤ 冷却阶段:此阶段树脂仍处于玻璃态。随着温度的下降,复合材料的固化反应结束,由于模具和复合材料零件的热膨胀系数不匹配导致内部残余应力增加,发生回弹变形。

(2) 复合材料固化仿真的发展现状

在复合材料零件的成型过程中,为了减小复合材料构件的内部应力和固化变形,提高构件的外形精度,需要对固化工艺进行优化分析。传统的方法有两种:第一种是结合生产经验调整复合材料零件的成型工艺参数,以最小化固化温度场和固化程度场的不均匀性,从而提高零件的精度;第二种是对模具型面进行多次的型面补偿,以控制变形程度。这类传统的试错方法效率很低,特别是对于一些复杂的复合材料零件的成型,会极大地增加人力物力成本。而且树脂基复合材料的成型过程是一种热力耦合的过程,并伴随着多种物理和化学反应,包括树脂固化交联反应、树脂流动、树脂相变、复合材料的固化收缩等。影响复合材料零件固化变形的原因有很多,只靠一些实验测试来定义复合材料的固化规律很难准确地控制固化成型过程,无法从根本上解决精度问题。因此利用仿真技术建立一个准确的复合材料固化预测模型,这对复合材料零件的现代化制造十分重要。

随着有限元技术的快速发展,复合材料零件的固化变形仿真模型得以准确、高效、快速地建立起来,填补了传统上这一领域的空白。近年来,大量学者研究了复合材料零件的固化仿真预测,并且提出了一系列的研究方法,从一维线弹性模型发展到复杂的三维线弹性模型。目前主流的有限元软件有 ANSYS、ABAQUS 等,应用这些软件可以有效分析复合材料零件固化过程中的各种物理和化学变化,并进行复杂的耦合计算。

根据复合材料零件的固化变形机理,零件的固化行为可分为四个部分:热传递、树脂的固化交联、树脂流动和零件的固化变形。每个部分都可以用相应的数学模型来表达,而上述软件就是通过求解这些数学模型来模拟成型过程的多物理场耦合。根据目前的研究现状,傅里叶热传导方程能够较好地描述复合材料零件成型过程中的热传递;固化动力学的数学表述通常采用唯象动力学模型;零件的固化变形与复合材料的应力应变紧密相关,因此这部分主要采用复合材料的本构方程进行描述。这些数学模型的科学性和准确性直接影响仿真结果。

复合材料成型过程中的热传递和应力应变等反应之间存在着复杂的耦合关系,难以完全准确地模拟固化过程。为了实现多个场之间的精确高效的相互耦合计算,有学者提出了一种由子模块集成的复合模型。这种方法将复合材料的固化过程分解为一系列的独立单元,建立每个单元的模型,即子模块。子模块之间的相互耦合通过相互传递时变解的方法来实现。复合材料零件固化成型的过程可分为四个子模块,分别为热传递模块、树脂的固化交联模块、树脂流动模块和零件的固化变形模块。热传递模块主要计算复合材料的温度场,固化交联模块主要分析树脂的固化行为,树脂流动模块主要计算树脂的流动以及复合材料预浸料厚度的变化,固化变形模块主要计算复合材料在固化过程中所产生的内部应力和固化变形。在复合材料零件的实际成型工艺中,这四个模块相互耦合,彼此关联,目前主流的复合材料固化仿真研究基本上是围绕着这些子模块进行的。

复合材料固化成型工艺的仿真受到多种因素的相互耦合作用,而且与计算规模同样关系密切。目前应用较广的复合材料固化仿真模型主要是宏观上的计算分析,在复合材料的宏观模型中,纤维和树脂的具体区域被模糊,代之以采用微观力学方法计算某个区域内的平均性能,计算结果通常采用平均值;然后将复合材料的区域性能参数代入仿真模型,计算复合材料的固化行为。但是由于仿真分析中采用了区域平均性能,计算结果往往会存在一定的误差。

复合材料固化成型仿真的理想模型是在细观力学的基础上建立的分析模型。在细观力学建模中，复合材料内部的纤维和树脂被分别计算，通过在模型中输入相应的材料性能，就可以直接求解宏观上复合材料的应力和变形情况。但是细观力学模型的建立更为复杂，计算成本高昂，目前国际上对于此方面的研究还不够成熟。

9.2　基于 ABAQUS 的连续纤维复合材料固化仿真实验

9.2.1　实验基本情况

(1) 面向人群

基于 ABAQUS 的连续纤维复合材料固化仿真实验旨在通过几个实验让读者了解 ABAQUS 软件的基本使用方法和连续纤维复合材料固化仿真建模的基本流程。其面向人群为相关专业在校大学生，或者开设相关实验课程的高校教师，以及对连续纤维复合材料固化仿真感兴趣的爱好者。

(2) 建议学时

基于 ABAQUS 的连续纤维复合材料固化仿真实验建议总学时 6 学时。其中，复合材料固化变形仿真实验建议 4 学时，复合材料回弹变形仿真实验建议 2 学时。

(3) 实验条件

安装 ABAQUS 的计算机一台。

(4) 实验目的

本实验的目的是让同学们掌握以下内容：

① 熟悉 ABAQUS 软件的基础操作，并熟练掌握利用内置模块建立仿真模型的方法；

② 掌握连续纤维复合材料建模方法，学会设置相互作用、力、热等基础条件。

9.2.2　复合材料固化变形仿真实验

复合材料零件在固化成型过程中会受到模具的压力、热传递不均匀、树脂化学收缩变形等因素的影响，造成复合材料零件发生固化变形，极大地制约了复合材料的广泛应用，尤其是在一些精度要求较高的领域。研究人员采用有限元的分析方法对复合材料的内部应力和固化变形进行分析，从而了解复合材料固化的客观规律，研究相关缺陷产生的诱因，最终达到预测固化变形并有效控制固化变形。本小节将以一复合材料自由曲面零件为例，应用 ABAQUS 建立固化仿真模型，分析零件的固化变形，并得出固化变形的可视化结论。

(1) 实验内容

按照相关建模方法完成以下仿真模型的建立和求解：

① 根据几何模型，完成复合材料属性的赋予；

② 设置仿真模型的相互作用、载荷等；

③ 根据模型分析类型划分网格。

(2) 操作过程

① 如图 9-1 所示为复合材料固化变形仿真实验应用的自由曲面复合材料零件的几何模型，包括上下模具、自由曲面零件以及泡沫夹芯。

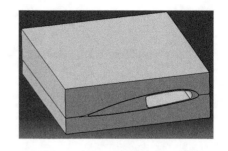

② 将装配体导入 hypermesh 软件进行网格绘制，然后选择 Import solver deck（导入解算器组），再选择 import geometry（导入几何体）。

图 9-1　自由曲面零件几何模型

③ 新建几何体，把原始几何体复制到新建几何体中，右击特征树里的 component，选 create，弹出 create component 对话框以后修改名字并勾选 same as，选 part，修改 color。

④ 以自由曲面零件的网格划分为例，双击新零件的名称，在下边栏里找到 organize 对模型进行复制，选 surfs，displayed，dest component，选择 part（新几何体名称），单击 copy 后单击 return 返回。

⑤ 2D 网格划分，选择 automesh，左边栏图标隐藏几何点，选择网格类型为四边形网格（quads），单击 surfs 下的 Displayed（零件体变为浅灰色），然后单击 mesh 生成 2D 网格。

⑥ 对于如模具的实体几何体，需要在 2D 网格的基础上划分 3D 网格，新建 up-2D component，单击 create，再单击 delete 或者 F2，在第二页找到 solid 再单击图中的零件删除 solid，单击 delete entity，边线由实体的粗实线变为面的细实线即为删除实体成功，单击 return 返回主界面。新建 up-3D，3D-tetramesh 用于生成 3D 网格，选择 elems→displayed（选中全部面网格）→split Quads into trias（将四边形网格切分为三角形）→mesh to current component，在左边特征树里右击 up-3D component 并将其设为 current component，使其变为黑色高亮显示，单击 mesh 生成 3D 网格，查看左下角状态栏，选择 tool-mask-element→shift 框选并单击中键隐藏网格，可以看到为体单元网格，选择 unmask all→return。

⑦ 将划分好的网格以 inp 格式导出 hypermesh，并导入 ABAQUS，依次单击文件→导入→部件，文件过滤里选择.inp 文件，选择需要导入的样件后进行导入。

⑧ 进入属性模块，定义材料属性。如图 9-2 所示，创建材料名称，分别设置复合材料、泡沫夹芯以及 invar 钢材料的材料属性。其中由于复合材料属于各向异性材料，并且材料属性随着固化过程会发生非线性变化，因此此处应用了用户子程序详细定义了复合材料属性。

⑨ 单击创建截面🗐，分别建立模具和夹芯的截面。

⑩ 单击🗐，拾取模具全部网格，将模具的截面属性赋予模具，完成模具的材料赋予。

图 9 - 2   材料属性的定义和赋予

⑪ 同理完成上模具以及夹芯的截面赋予。

⑫ 单击 ▣,创建复合层,分别定义复合材料的铺层数为 4、铺层角度为 [0°,0°,45°, 0°],材料选择 fc,厚度均为 0.31 mm,完成复合材料自由曲面零件的材料属性赋予,如图 9 - 2 所示。

⑬ 单击 ▣,将所有构件导入装配模块,由于几何模型的位置关系没有发生变化,因此不需要调整导入后的位置坐标。

⑭ 复合材料的固化过程是一个温度-压力耦合的过程,数据计算量较大,因此这里选择顺序耦合形式,先建立热传导模型计算每个节点在不同时刻的温度信息,再建立应力应变模型,将温度节点信息导入应力应变模型中,在减小计算量的同时有效保证计算精度。单击 ▣ 创建分析步,分析步类型为热传递,总时间 21 415 s,最大增量步为 100。

⑮ 单击 ▣,创建场输出,将模型中的节点温度输出到计算结果,为后续的应力应变计算提供数据。

⑯ 创建模型的相互作用属性,单击 ▣,类型为接触,选项中分别设定 0.35 的摩擦系数以及热传导属性,如图 9 - 3 所示。

⑰ 单击 ▣,选择表面与表面接触,建立接触面之间的相互关系;主表面选择两个接触面之间不易变形的一面,即模具一侧,从表面选择复合材料表面,选择只为调整到删除过盈,接触作用属性选择上一步所建立的相互作用属性,如图 9 - 3 所示。按照此方法将模具与复合材料之间、模具与模具之间的接触面均定义为接触关系。

⑱ 单击 ▣,创建复合材料与夹芯之间的绑定关系,主表面选择复合材料表面,从表面选择夹芯表面。

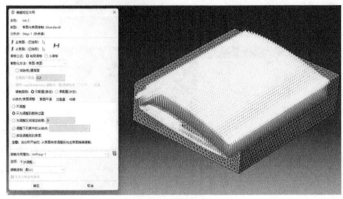

图 9-3　创建相互作用属性

⑲ 切换到载荷模块,单击▣,创建边界条件,依次选择力学、对称/反对称/完全固定,将模具下表面完全固定。

⑳ 单击上方菜单栏中的工具,选择幅值,创建表,将温度曲线数据输入到幅值表中。随后单击▣,创建边界条件,选择其他、温度,拾取所有网格,在幅值一栏选择所创建的温度信息表,如图 9-4(a)所示。

㉑ 切换到网格模块,单击▣,指派单元类型,设定复合材料壳为 DS4 网格类型,其余实体构件设定为 DC3D4 类型。

㉒ 切换到作业模块,单击▣,创建新作业并提交。

㉓ 计算完成后,切换到可视化模块,单击▣可以查看各节点的温度分布图。

㉔ 建立新模型,即应力应变模型,重复上述模型导入、网格划分以及材料赋予,并导入装配模块。

㉕ 切换到分析步模块,单击▣创建静力通用分析步,设定总时间为 21 415 s,类型为自动即可。

㉖ 单击▣,创建场输出,分别将应力 S、应变 E 以及平移和转动 U 输出到计算结果中。

㉗ 单击▣,创建历程输出,将总能量 ALLEN 输出到计算结果之中

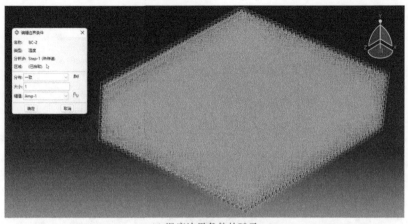

(a) 温度边界条件的赋予

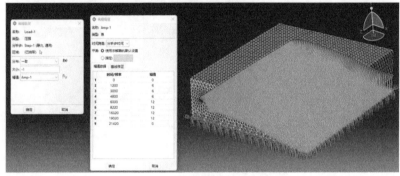

(b) 压力载荷的赋予

图 9 - 4　载荷施加

㉘ 切换到相互作用模块,参照步骤 16)～18)完成装配体中相互作用条件的建立。

㉙ 切换到载荷模块,单击▣图标创建固化过程的压力载荷,压力载荷施加在上模具的内表面,压力曲线通过幅值表的形式给出,由于力的方向的原因,大小为-1,如图 9 - 4(b)所示。

㉚ 参照步骤 19)固定模具的下表面。

㉛ 单击▣,创建预定义场,将热传导模型的计算结果中的 ODB 文件导入模型中。

㉜ 切换到网格模块,分别赋予复合材料网格为 S4R,其他实体零件网格为 C3D4,几何阶次为二次。

㉝ 切换到作业模块,单击▣创建作业,提交作业,计算应力应变模型的仿真结果。

㉞ 计算完成后,切换到可视化模块,查看计算结果,图 9 - 5 分别为应力分布云图以及变形分布云图。

通过热传导模型以及应力应变模型的顺序耦合,得到了复合材料固化过程中的应力应变变化趋势以及分布云图,可以看到复合材料的固化变形对零件的精度产生了比

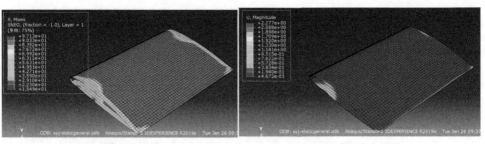

(a) 应力分布云图 　　　　　　　　　　　　　　(b) 变形分布云图

图 9-5　应力应变模型分析结果

较大的影响。通过以上步骤的学习,读者可以理解复合材料固化仿真模型的基本建立思路,为学习提供参考。

9.2.3　复合材料回弹变形仿真实验

复合材料零件在固化完成脱模之后会发生残余应力的释放过程,零件会进一步发生变形,称之为复合材料的变形回弹,这部分的变形也会对复合材料零件的精度产生重大影响。本实验参考了复合材料的固化变形仿真模型,并在此基础上分析了该模型的变形回弹过程。

(1) 实验内容

按照相关建模方法完成以下模型的建立和求解:

① 完成对已有模型求解结果的调用;

② 设置仿真模型的相互作用、载荷等。

(2) 操作步骤

① 建立新模型,命名为变形回弹模型。

② 参考 9.2.2 小节步骤①~⑬,导入复合材料壳零件以及夹芯零件,划分网格,赋予材料属性,导入装配模块。由于回弹过程发生在脱模之后,因此在此模型中去除模具,只留下复合材料零件以及夹芯。

③ 切换到“分析步”模块,单击 ⚊◦⚊ 创建静力通用分析步,设定总时间为 10 000 s,其余参数保持默认参数即可。

④ 单击 🗒 图标,创建场输出,输出参数参考 9.2.2 小节步骤㉖。

⑤ 单击 🗒 图标,创建历程输出,将“能量”一栏勾选上,其他参数保持默认参数即可。

⑥ 切换至相互作用模块,创建模型的相互作用属性,单击 🗒,类型为接触,具体参数设定可参考 9.2.2 小节步骤⑯;单击 🗒 图标,创建复合材料与夹芯之间的相互接触。相互作用类型为表面与表面接触,主表面选择复合材料一侧的接触面,从表面选择夹芯一侧的接触面,选择只为调整到删除过盈,其他保持默认设置即可,如图 9-6(a)所示。

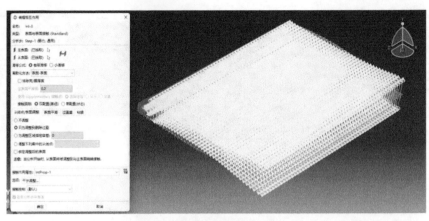

(a) 设定复合材料与芯模的表面与表面接触

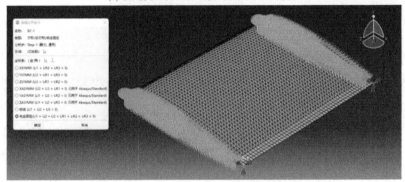

(b) 复合材料零件在回弹过程中的边界条件设置

图 9 - 6　相互作用与边界条件设置

⑦ 将复合材料壳零件与夹芯设定绑定关系,详细设置参数可参考 9.2.2 小节步骤 18)。

⑧ 切换至载荷模块,单击 图标,设置回弹模型中的边界条件。类型选择对称/反对称/完全固定,作用区域拾取零件以及夹芯的两侧,施加完全固定的边界条件,模拟复合材料零件在脱模后受到的夹具夹持作用,如图 9 - 6(b)所示。

⑨ 单击 图标,设置回弹仿真模型的预定义场,将应力应变仿真的计算结果导入回弹模型中。预定义场类型选择初始状态,作业名为应力应变仿真模型,这里为 syj-staticgeneral,分析步和帧选择最后,示例拾取复合材料零件以及夹芯。

⑩ 切换至网格模块,这里需要赋予网格以相应的形式,具体的网格类型可以参考 9.2.2 小节步骤㉑。

⑪ 切换至作业模块,创建新作业并提交,等待复合材料变形回弹的计算结果。

⑫ 待计算完成之后,可以切换至可视化模块中查看分析结果,如图 9 - 7 分别为最终得到的变形回弹后的应力分布云图以及变形分布云图。

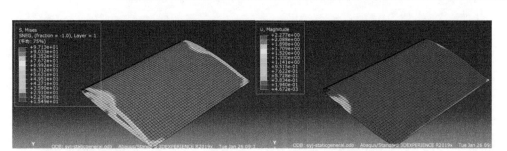

(a) 应力分布云图　　　　　　　　　　(b) 变形分布云图

图 9 - 7　变形回弹仿真模型的分析结果

　　通过对复合材料回弹变形仿真模型的分析,能够得到复合材料零件在脱模后的变形情况。这对于复合材料零件的工艺改进或成型模具的型面优化有着很大的参考价值,能够直接助力复合材料零件的高精度成型。

　　本章从建模开始,以一复合材料自由曲面构件为例,详细讲解了复合材料固化变形以及回弹变形的仿真模型建立方法,能够帮助读者更好地理解建模流程,并且熟悉ABAQUS 的使用技巧。

第 **10** 章

纤维增强复合材料层合板建模及失效仿真实验

10.1 背景介绍

10.1.1 概 述

　　纤维增强复合材料在航空航天、汽车等领域的应用越来越广泛,推动了复合材料仿真技术的发展。复合材料层合板建模和失效仿真是以实现产品结构强度设计优化为目标,以经典层合板理论为基础,以有限元分析软件为平台,对复合材料产品在特定载荷的作用下进行机械性能分析,得到失效时的极限载荷以及失效模式等,最终用以指导产品结构的优化改进。随着计算机技术的发展,计算机辅助设计被广泛应用于飞机设计。设计人员通过 CAD 完成产品建模,再通过有限元分析软件进行优化改进,缩短了设计周期和提高了设计质量。本章以 ABAQUS 有限元分析软件为分析平台,介绍 ABAQUS 软件针对复合材料的建模方法和分析技术。最后,通过几个简单的纤维增强复合材料层合板建模及失效仿真实验,让同学们掌握基于 ABAQUS 对纤维增强复合材料进行有限元仿真分析的简要流程。

10.1.2 ABAQUS 中复合材料的建模技术

　　ABAQUS 内部设置了专用复合材料设计模块 plyup,利用此模块可完成任意形状和尺寸的铺层结构设计;可以直接创建复合层,设置层数,并对每一层的应用范围、材料、厚度、坐标系、方向等进行设置;最重要的是可以通过定义局部坐标系来设计材料方向,合理构建复合材料的结构。对铺层比较复杂的结构件,ABAQUS 为检查提供了一种非常便捷的方法,可在铺层方向上将各层分开显示,清晰明了,这正是数字化设计所具有的主要优势。此外,在属性设置中,有针对复合材料的各向异性材料设置,还有相应的损伤分析准则。

　　一般而言,复合材料仿真建模都以理想的情况进行,而实际加工过程中,由于人员

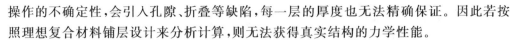

操作的不确定性,会引入孔隙、折叠等缺陷,每一层的厚度也无法精确保证。因此若按照理想复合材料铺层设计来分析计算,则无法获得真实结构的力学性能。

Composite Modeler for ABAQUS/CAE(CMA)确保在建模初始阶段就能考虑铺层的工艺性能,保证了复合材料铺层的可制造性;根据实际生产情况对铺层进行调整,从而避免以后因修改或重新设计所带来的费用。该模块提供了从三维模型到实际构件之间的直接转换功能以及对材料参数进行优化等多种分析工具,从而产生制造数据,保证最后制造的零件符合分析模型。CMA 是 ABAQUS/CAE 对复合材料强大仿真能力的补充与拓展,并且可与 ABAQUS/CAE 完美结合,通过该模块可对复杂复合材料结构进行分析及优化设计。另外,以其直接融入其他环节的能力,使整个企业在设计和制造上达到紧密衔接。当前,CMA 所获得的空间内纤维方向及铺层厚度的连续变化可以直接为非线性隐式算法及显式求解器提供参考,达到真实进行仿真计算的目的;从而生成各单元上的铺层角度,对模拟及实际纤维结构进行真实的响应,这些特点保证了在计算上可以实现空前真实。此外,CMA 还将复合材料结构分析、设计与制作完美地融为一体。通过 CMA,可实现仿真分析与结构设计的数据联通,例如:可将 ABAQUS/CAE 创建的模型直接导入 CATIA 中进行详细设计,也可将 CATIA CPD 中设计的复合材料零件模型导入到 ABAQUS/CAE 中进行铺层设计与仿真。通过准确直接的数据互通,方便了设计过程中的多次修改,提高了设计效率,缩短了研发周期。

10.1.3　ABAQUS 中复合材料的分析技术

(1) 纤维增强复合材料的渐进损伤(Hashin 损伤理论)

Hashin 损伤失效理论是 ABAQUS 中模拟纤维增强复合材料损伤失效的理论,模拟材料在载荷的作用下刚度逐渐退化从而失去承载能力的过程,考虑了五种不同的失效模式:纤维受拉损伤、纤维压缩损伤、基体拉伸损伤、基体压缩损伤和剪切损伤。图 10 - 1 为复合材料受载失效示意图。

(2) 失效理论

ABAQUS 中的复合材料失效准则主要有以下五种:

① MSTRS:最大应力理论失效准则;

② TSAIH:Tsai - Hil 理论失效准则;

③ TSAIW:Tsai - Wu 理论失效准则;

④ AZZIT:Azzi - Tsai - Hl 理论失效准则;

⑤ MSTRIN:最大应变理论失效准则。

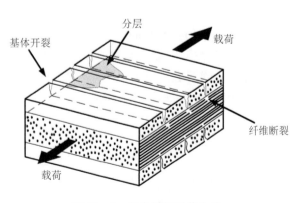

图 10 - 1　复合材料受载失效

（3）ABAQUS对复合材料分层破坏的仿真

复合材料通常由层层铺贴而成，尤其是纤维增强树脂基复合材料，常规的制备方法就是通过预浸料铺贴，再固化成型。这也导致复合材料在层铺贴方向的性能不如其他方向，若存在孔隙、干斑等缺陷，则在承载时极易发生分层，导致零件承载能力下降甚至失效。因此，对于复合材料分层失效的仿真分析显得至关重要，可根据仿真结果调节工艺过程，降低分层发生的可能，提高复合材料的力学性能。ABAQUS中对复合材料分层失效的仿真有两种形式：VCCT（虚拟裂纹闭合技术）和Cohesive技术。

1）虚拟裂纹闭合技术

ABAQUS通过将VCCT内嵌于ABAQUS/Standard中，实现了复合材料开裂和分层的模拟。VCCT以线弹性断裂力学为理论基础，通过对不同形态裂纹尖端能量释放率进行计算，并将其与复合材料层内开裂临界能量释放率进行对比，从而计算出层内的裂纹扩展情况。它的优点是：VCCT和ABAQUS已有单元是完全匹配的，材料和求解功能是相容的，仅需要对裂纹所存在的界面进行定义，不需要对裂纹扩展方向进行定义。采用VCCT既可以判定复合材料的强度极限，也可应用于飞机结构所用的复合材料的失效模式判定。

2）Cohesive技术

Cohesive技术是模拟复合材料的分层破坏和粘接失效的另一种方式。使用牵引-分离接触行为来进行胶接仿真，是一种容易实现而又有效的方法。这种方法与用粘单元来模拟牵引分离本构行为，其作用基本相同。这种模型不仅考虑了纤维和基体之间界面层的影响，还充分考虑了粘结强度随温度变化而变化的因素。这种方法不需要特地定义单元，而且可能粘接的两个分离表面可以随着相互接触而自行形成绑定。因此，这种方法能够很好地处理接触问题中所涉及到的界面断裂、应力集中等复杂现象。该方法最初的目的是模拟可忽略接触面厚度的现象。由于接触过程中存在着摩擦、粘弹性变形以及接触应力等非线性因素，使得这种假设条件在实际应用中受到了很大限制。在分析中，它必须被界定为表面交互这一特性，且对粘性表面、损伤具有交互的性质，而非材料性质。在粘性问题中，接触区域内存在着复杂的几何形状和运动状态，这些都使得对粘性结构进行有限元仿真变得非常困难。粘性表面在运动学和粘单元上存在差异，默认情况下，粘性接触面初始刚度将被自动计算出来。

（4）ABAQUS中其他复合材料分析功能

1）复合材料后屈曲行为的仿真模拟

ABAQUS/Standard中Buckling和Riks分析步能够有效地模拟屈曲行为。

2）低周疲劳分析

ABAQUS中的低周疲劳准则可以模拟界面处的渐进分层扩展情况。该准则只能用于低周疲劳分析，并且使用直接的循环方法（＊DIRECT CYCLIC,FATIGUE）。低周疲劳分析采用直接循环步骤直接获取结构的稳定循环响应。循环步骤通过傅里叶级数（Fourier series）近似和非线性材料的时间积分的组合来实现，利用修改后的Newton method，得到了一个稳定循环结果。可以控制傅里叶级数条件、迭代次数和循环过程中的时间增量,从而提高分析结果精度。

3) 断裂分析(XFEM)

扩展有限元法 XFEM 是美国西北大学 Belytschko 教授于 1999 年提出的一种求解不连续力学问题的数值方法,继承了常规有限元法所具有的全部优点。模拟界面上裂纹长大,在复杂流体这样的不连续问题中,效果尤为显著,近年来,发展迅速,用途广泛。与传统有限元法的基本区别是网格独立于结构内部的几何或物理界面,克服了在裂纹尖端等高应力和变形集中区域进行高密度网格剖分的困难,消除了模拟裂纹扩展时网格剖分的必要。

扩展有限元法是迄今为止求解裂纹扩展问题最有效的数值方法,ABAQUS 不失时机地将 XFEM 商业化到求解器中,不仅分析模型的创建简单,而且功能强大。基于 XFEM 方法,可以通过最大主应力准则 MAXPS 或最大主应变准则 MAXPE 的损伤初始化以及基于能量的损伤演化,进行复合材料的断裂分析;同时,还可以结合 VCCT 或 Cohesive 技术考虑层间开裂分析。

此外,损伤演化准则还可以基于线弹性断裂力学中的 VCCT 技术进行复合材料的断裂模拟。结合 Direct Cycle 分析技术,还可以进行复合材料的疲劳断裂模拟。

(5) 纤维缠绕复合材料

在航空航天、汽车以及石油化工行业,纤维缠绕技术已经成为制造高比刚度复合材料零件的主要方法。由于纤维丝在缠绕过程中的走向不断变化,精确模拟分析纤维缠绕复合材料零件的性能一直是个难题。为了解决这一难题,SIMULIA 的研发人员开发了基于 ABAQUS 的扩展功能,实际解决了空间中不同纤维方向的建模问题。

通过基于 ABAQUS 的纤维缠绕建模模块（WCM）,用户可以创建具有结构形状详细规范和缠绕设计参数的模型,用于沿光纤方向的应力和应变的后处理;可以使用连续体或壳单元创建轴对称或三维模型;可以通过用户定义的界面快速定义缠绕形状、几何形状和网格创建。WCM 模块允许用户定义椭圆、球体、测地线形状或从表格创建独立的点。也可以从现有零件创建缠绕矩阵的几何模型。WCM Modeler 可以选择生成全局或部分模型、对称或不对称压力容器形状。在容器的几何形状和方位允许的条件下,例如其几何形状是对称的,WCM 会自动创建对称几何模型,并在对称表面上生成适合边界条件的网格,从而减小模型的尺寸。

如果压力容器设计有两个不同的穹顶形末端(即非对称结构),则首先创建两个独立的穹顶,然后将其与圆柱部分合并,从而生成了一个非对称压力容器的整体模型。此模块解决了螺旋铺层接近穹顶的转折点时的厚度增加问题。通过插件自动划分有限元网格,用户可设置沿厚度方向的种子数以及穹顶轮廓线上的单元数。

10.1.4　ABAQUS 软件平台的统一性

ABAQUS 可以实现复合材料零件的静、动力学分析,以及线性分析和非线性分析,不需要借助其他有限元分析软件,避免了数据的额外互通,简化了仿真操作,降低了时间成本。例如,如果要对复合材料部件进行稳定性分析、分层开裂分析、热固耦合分析和冲击分析等,需要同时用到隐式和显式求解器。如果为了不同类型的分析购买不同的软件,则会造成财力的浪费。此外,多个仿真软件之间的数据兼容性可能存在问题,而且数据互传繁琐,还需要用户学习不同的软件,不便于仿真的实现。同时会使仿真分析流程变得复杂,增加时间成本,降低了工作效率。使用 ABAQUS 分析平台,所有不同类型的问题及其建模,分析和结果的后处理都在同一个有限元分析平台下完成。无需重复创建模型,也无需在不同软件之间传输模型。此外,所有工程师和技术人员都在同一个环境中工作,这有利于技术交流。

10.2 纤维增强复合材料层合板建模及失效仿真实验

10.2.1 实验基本情况

(1) 面向人群

纤维增强复合材料层合板建模及失效仿真实验旨在通过几个实验让读者熟悉采用 ABAQUS 软件对纤维增强复合材料层合板的简单建模方法和失效有限元分析的基本流程。其面向人群为采用有限元分析作为复合材料辅助结构设计工具的相关专业的在校大学生,或者开设复合材料有限元仿真实验课程的高校教师,以及对复合材料有限元仿真分析感兴趣的爱好者。

(2) 建议学时

纤维增强复合材料层合板建模及失效仿真实验建议总学时 3 学时。其中,纤维增强复合材料层合板的静力学仿真实验建议 1 学时,三维连续壳带孔复合材料层合板的拉伸失效仿真实验建议 2 学时。

(3) 实验条件

安装 ABAQUS 的计算机一台。

(4) 实验目的

纤维增强复合材料层合板建模及失效仿真实验的的是让同学们掌握以下内容:

① 熟悉采用 ABAQUS 建立简单复合材料层合板的仿真流程,包括从部件建立、属性定义,到最后运行结果;

② 掌握典型的纤维增强复合材料失效准则及损伤失效属性定义方法,熟练掌握材料拉伸、弯曲等条件下的破坏模式仿真分析;

③ 掌握 ABAQUS 软件简单复合材料层合板的建模方法,并分析仿真结果的合理性,为复杂零件和复杂场的有限元分析打下坚实基础。

10.2.2 纤维增强复合材料层合板的静力学仿真实验

(1) 实验内容

按照要求完成纤维增强复合材料层合板的静力学仿真分析:

① 要求掌握复合材料层合板常规壳的建模方法；

② 要求输出应力、位移云图。

模型尺寸：300 mm×300 mm，共六层，每层厚 0.3 mm，铺层方向 $0°/45°/-45°/-45°/45°/0°$。

材料参数：

E_1/MPa	$E_2=E_3/MPa$	$G_{12}=G_{13}/MPa$	G_{23}/MPa	$v_{12}=v_{13}$	v_{23}
138 000	9 500	5 200	1 450	0.28	0.40

(2) 操作过程

① 新建模型 Model-1，然后在模块里选择"部件"，单击 ![button] 按钮，然后绘制部件草图，生成壳部件。注意在形状里选择"壳"，在类型里选择"平面"。

② 进入属性模块，单击 ![button] 建立材料属性，定义了弹性，注意类型选择工程常数，然后将表格中的材料参数填入。

③ 单击 ![button] 命令创建复合层，层数为 6，选择常规壳，双击区域，框选前面建立的壳部件，选择材料，厚度设为 0.3，旋转角依次输入 $0°/45°/-45°/-45°/45°/0°$，如图 10-2 所示。

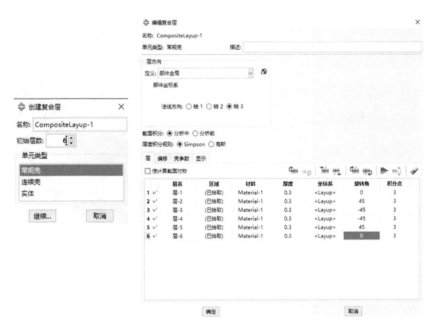

图 10-2　创建复合层

④ 单击图 10-2 所示菜单中的 ![icon] 查询信息命令，单击层堆叠绘图，然后单击壳部件，即可查看材料铺层方向。

⑤ 进入装配模块，单击 ![button]，选择部件 Part-1，由于我们这里只有一个部件，所以不需要设置部件与部件之间的位置关系。实例类型为非独立。

⑥ 进入分析步模块,单击 按钮,创建分析步。程序类型为通用,选择静力,通用,其他参数默认。

⑦ 进入载荷(Load)模块,单击 创建边界条件,分析步选择 Initial,类型选择对称/反对称/完全固定,选择部件左边线,选择完全固定。单击 创建载荷,选择压强,点选壳表面,颜色选择棕色 选择壳的一侧或内部面: 棕色 紫色 ,即作用方向为由屏幕向里。分布设为一致,大小设为 10,如图 10-3 所示。

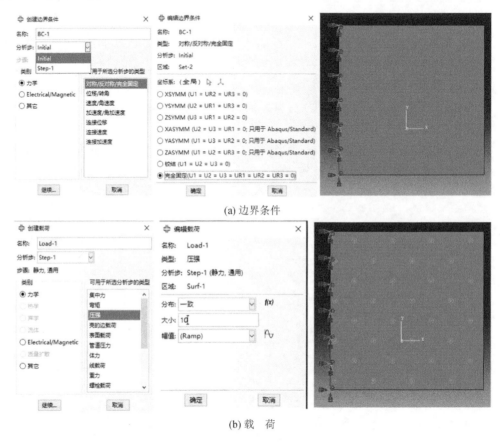

(a) 边界条件

(b) 载 荷

图 10-3 边界条件及载荷设置

⑧ 进入网格(Mesh)模块,单击 种子部件,近似全局尺寸设置为 3(可根据具体部件调整),单击 划分网格。单击 指派单元类型,单元库选择 Standard,族选择壳(通常默认即可,只需确认是否正确)。

⑨ 进入作业(Job)模块,单击 创建作业,并行勾选使用多个处理器,然后单击提交。

⑩ 作业运行完成后,单击结果,进入可视化模块,单击 可以看到仿真结果,如图 10-4 所示。可以在如图 10-4 所示菜单中选择不同的输出结果,常用的有:S 为应力,U 为位移。

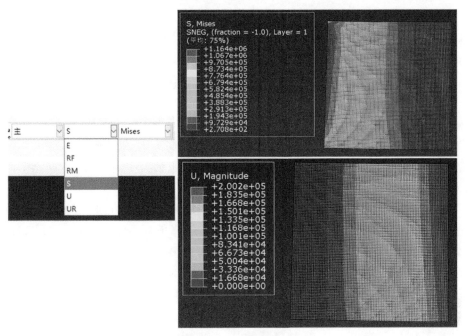

图 10 - 4　仿真结果

10.2.3　三维连续壳带孔复合材料层合板的拉伸失效仿真实验

(1) 实验内容

按照 ABAQUS 仿真流程完成带孔复合材料层合板的拉伸失效仿真分析：

① 掌握复合材料层合板连续壳建模方法；

② 掌握 Hashin 损伤定义方法；

③ 输出仿真结果。

(2) 部件尺寸

部件尺寸如下：

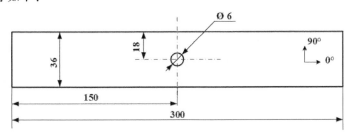

(3) 材料参数

材料参数如下：

E_1/MPa	E_2/MPa	$G_{12}=G_{13}$/MPa	G_{23}/MPa	v_{12}
138 000	9 040	4 710	4 000	0.307

(4) 操作步骤

① 新建模型 Model-1,然后在模块里选择部件,单击 按钮,然后绘制部件草图,生成部件,如图 10-5(a)所示。注意在形状里选择实体,在类型里选择拉伸。单击 对部件进行拆分,目的是便于后续划分网格,提升网格质量。

② 进入属性模块,单击 建立材料属性,定义了弹性,注意类型选择单层板,然后将表格中的材料参数填入。然后;定义纤维增强复合物损伤为"Hashin 损伤",相关强度数值如图 10-5(b)所示。最后选择子选项中的损伤演化,相关数值如图 10-5(b)所示。所用到的参数均通过针对某一复合材料的单层板的力学实验获得。另外,定义了"质量密度"为 2.7×10^{-9}。

③ 单击 命令"创建复合层",层数为 8,选择常规壳。层方向定义中选择坐标系,单击 创建坐标系,选择直角坐标系,按照指示创建坐标系。然后单击 选择坐标系,在视口中选择刚才创建的坐标系。双击区域,框选前面建立的壳部件,选择材料,厚度设为 1(相对厚度,比例分配),旋转角依次输入 $0°/90°/45°/-45°/-45°/45°/90°/0°$。

④ 单击图 10-5(b)所示菜单中的 查询信息命令,单击层堆叠绘图,然后单击壳部件,即可查看材料铺层方向。

⑤ 进入装配模块,单击 ,选择部件 Part-1,由于我们这里只有一个部件,所以不需要设置部件与部件之间的位置关系。实例类型为非独立。

⑥ 进入分析步模块,单击 按钮,创建分析步。程序类型为通用,选择动力,显式,时间长度为 0.001,其他默认。

⑦ 单击 创建场输出,作用域选择复合层接合部,输出变量先点选预选的默认值,然后在下面列表中增加选择破坏/断裂中的 ☑ SDEG, 刚度下降率 和 ☑ DMICRT, 损伤初始准则 ,体积/厚度/坐标 中的 ☑ EVF, 单元中的空/材料体积分数 (仅限于欧拉型) ,状态/场/用户/时间中的 ☑ STATUS, 状态 (某些失效和塑性模型: VUMAT) 。

⑧ 进入相互作用模块,单击 创建基准点:从一点偏移,点选右端面中点,x 正方向偏移 15,如图 10-6(a)所示;同样地,左端面中点向 x 负方向偏移 15,创建第二个基准点。然后单击 ,将两个基准点分别创建为 RP-1 和 RP-2,如图 10-6(a)所示。单击 "创建约束",选择"耦合"的,点选 RP-1→完成→选择表面,再点选部件右端面,完成创建,同样地将 RP-2 和左端面创建耦合约束。这样做的目的是便于后续载荷的施加。

⑨ 进入载荷(Load)模块,单击 创建边界条件,分析步选择 Initial,类型选择对称/反对称/完全固定,选择 RP-2,选择完全固定,如图 10-6(b)所示。单击 创建载荷,选择位移/转角,点选 RP-2,U1 设为 4,其他均为 0,单击 创建表 Amp-1,值如图 10-6(b)所示,幅值为 Amp-1。

⑩ 返回分析步(Step)模块,对 RP-1 创建集合,并设置载荷与位移的历程输出。在 10-6(b)所示菜单中找到工具→集→创建,点选 RP-2 创建名为 RP 的集。单击 创建历程输出,作用域选择集,选择 RP,输出变量选择位移/速度/加速度中的 U1,还有作用力/反作用力中的 RF1,目的是后续结果中输出力-位移曲线。

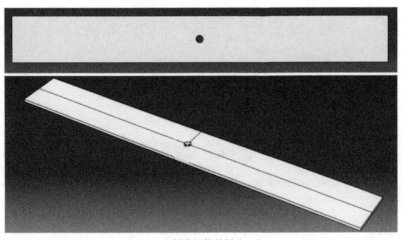

(a) 创建部件并拆分

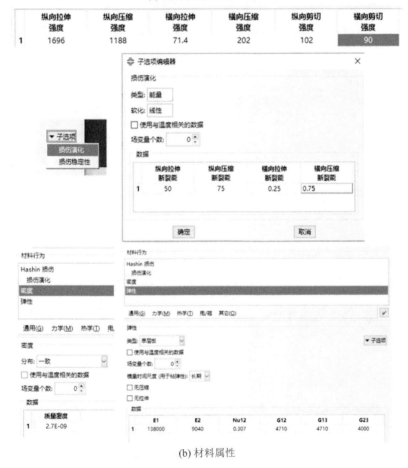

(b) 材料属性

图 10 - 5　样件建模及材料属性

⑪ 进入网格(Mesh)模块。单击 ▦ 指派网格控制属性,单元形状为六面体,技术为

扫掠,算法为中性轴算法。单击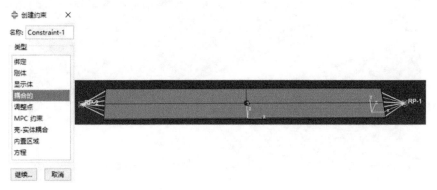种子部件,近似全局尺寸设置为1(可根据具体部件调整),单击划分网格。单击指派单元类型,单元库选择 Standard,族选择连续壳(通常默认即可,只需确认是否正确)。

(a) 创建参考点和约束

(b) 边界条件

图 10-6 边界条件设置

⑫ 进入作业(Job)模块,单击█创建作业,并行勾选使用多个处理器,然后单击提交。作业运行完成后,单击结果,进入可视化模块,单击█可以看到仿真结果。可以在图 10-6(b)所示菜单中选择不同输出结果,常用的有:S 为应力,U 为位移。单击█创建 XY 数据,选择 ODB 历程变量输出,选择 Reaction force,Spatial displacement,单击绘制,绘制出位移/力-时间曲线。再次单击█,选择操作 XY 数据,先在右侧操作符中选择 combine(X,X),然后依次双击_temp_2 和_temp_1,得到表达式 combine("_temp_2","_temp_1"),再单击绘制表达式,得到力-位移曲线,如图 10-7 所示。

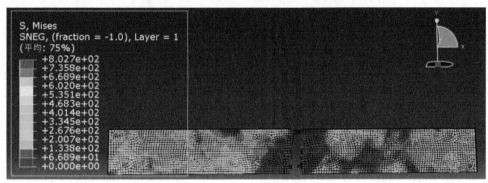

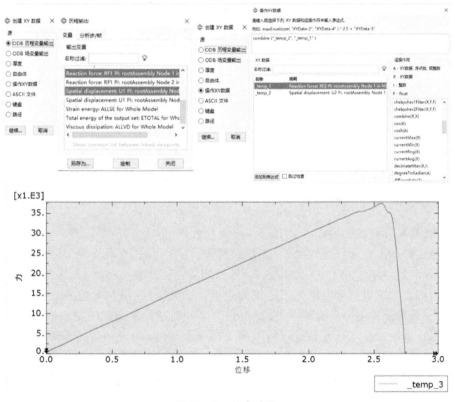

图 10-7　仿真结果

第 11 章

颗粒/短纤维增强复合材料建模及力学性能实验

11.1 背景介绍

11.1.1 概 述

ABAQUS 是一个功能强大的有限元分析软件,包含 ABAQUS/Standard 和 ABAQUS/Explicit 两个分析模块。ABAQUS/Standard 模块采用基于刚度的求解方法,非线性问题的求解只能通过迭代获得。ABAQUS/Explicit 模块采用基于显式积分的求解方法,这种方法不需要总切线刚度矩阵,因为它是显式正演模型的状态,所以不需要迭代和收敛准则。与所有的有限元分析软件一样,引用 ABAQUS 进行建模分析主要包括三个步骤:预处理、模拟和后处理。本章将以颗粒/短纤维增强复合材料为研究对象,结合仿真实验,帮助读者熟悉 ABAQUS 仿真建模过程和分析步骤。

11.1.2 有限元技术在颗粒/短纤维增强复合材料仿真方面的时代背景

复合材料具有比强度高、比刚度大、可设计性强、抗疲劳性能好、材料与结构的一致性,以及良好的阻尼和减振性能等,在航空航天、汽车工业、能源工程、风力发电和造船业中得到广泛应用。20 世纪 40 年代初,纤维增强树脂基复合材料,尤其是玻璃纤维环氧复合材料,在飞机结构中得到了广泛的应用,但其主要应用在飞机的非主体结构上。随着复合材料的逐渐发展,60 年代,英国和美国分别开发了碳纤维复合材料和硼纤维复合材料,进而掀起了复合材料在航空航天领域主体结构中应用的热潮。然而受限于复合材料高昂的成本,它们大多应用于军用飞机,例如 80 年代,美国隐形飞机 B-2 的机翼结构中复合材料零件的数量占比达到了 60%。近年来,为了降低客机的飞行成本,波音公司和空客公司都在积极使用复合材料来减轻机身质量。

虽然使用复合材料零件代替金属零件已成为飞机减重的重要技术,但复合材料零件也存在着一些不容忽视的缺陷。例如,复合材料的固化成型过程会产生固化变形,导致零件的外形误差较大,影响零件的装配效果。

随着计算机技术的发展,复合材料性能的模拟与预测技术也逐渐发展起来。在许多情况下,颗粒/短纤维增强复合材料的力学性能变化是一个非线性问题,因此使用该领域功能强大的 ABAQUS 进行模拟是主流趋势。当应用 ABAQUS 分析颗粒/短纤维增强复合材料的力学性能变化问题时,用户只需输入结构几何、材料性能、边界条件和荷载等。在非线性静力分析中,荷载被划分为具有相同增量的多个荷载步骤,并在每个荷载步骤中进行拟合计算,ABAQUS 软件可以智能地选择合适的增量步,并不断调整优化,从而提升仿真结果的准确性。

11.1.3　颗粒/短纤维增强复合材料的力学性能预测理论

(1) 颗粒/短纤维增强复合材料的力学性能的影响因素

复合材料力学性能受到多种因素影响,例如复合材料的界面性能以及复合材料的内部应力分布。复合材料的界面性能对整体零件的性能有很大影响,复合材料的界面是一种纳米级厚度的薄层,并不是纤维和树脂的接触贴合。例如,在复合材料中纤维和基体相互结合,由于树脂的固化反应和复合材料的内部应力,界面层位置的树脂结合可能与其他位置的树脂基体有差异。复合材料界面层的分子结构与两侧的组分不同,界面层的材料性质也不同于两侧,界面层更容易发生化学变化,因此界面层的材料属性对于整体零件的性能至关重要。因此想要更深层次地理解界面与材料性能的关系,必须深入了解复合材料界面的几何特征、分子链、界面缺陷等多种因素,进而达到开发新型高性能复合材料的目的。复合材料的内部残余应力是复合材料固化过程中必然产生的,残余应力的分布与材料组分、复合材料零件的几何结构和固化工艺密切相关。一般情况下,复合材料零件的成型工艺对残余应力的分布影响最大,因此通过分析残余应力的分布也可以反映成型工艺参数是否合适。残余应力的存在可能会影响复合材料的力学性能和结构稳定性,残余应力过大会导致复合材料零件发生开裂。因此在设计复合材料的固化工艺时,要尽可能减小内部的残余应力。

(2) 复合材料细观力学

目前对于复合材料力学分析的研究有两种方法,即传统的宏观力学方法和新兴的从微观角度入手的细观力学方法。从宏观角度看,复合材料的树脂相和纤维相被视为一个整体,不考虑复合材料内部纤维和树脂的相互作用,只考虑宏观上的平均性能。宏观力学分析方法广泛应用于计算复合材料的变形、应力分布和失效等,并取得了一系列的研究成果。但是这种方法无法表示复合材料微观结构对于材料性能的影响,无法清晰表示其损伤规律,难以对复合材料内部的破坏行为进行定量研究。为了解决这些问题,细观力学方法应运而生,并且随着研究的深入,这种方法越来越受到重视。

复合材料细观力学的核心是建立复合材料的微观模型,并将复合材料的微观特征与宏观的材料属性进行定量的联系,从而揭示复合材料零件产生应力应变或损伤时的内部变化规律和本质,为预测复合材料的固化变形和性能优化等提供理论依据和指导建议。对于传统的均质材料,可以通过相应的性能实验得出相应参数并得到客观规律。但是复合材料的微观结构复杂,不同的材料组分、多种多样的内部微观结构将导致复合材料的宏观性能难以计算,难以通过传统的性能测试方法准确计算不同材料组合的复合材料性能。

最早进行复合材料细观力学研究的是 Maxwell 和 Rayleigh,他们研究了含有球形杂质的复合材料的导电性能。随着有限元分析技术和计算机数值仿真技术的不断发展,细观力学分析方法也得到了进一步的研究。细观力学在复合材料的固化变形预测、弹塑性变形和复合材料损伤中起重要作用,下面分别对细观力学中的解析法、有限元法和代表体元模型法进行简要介绍。

1) 分析法

分析法以复合材料的细观结构中应力应变场的假设为基础,考虑了复合材料内部纤维和树脂之间的相互作用,依据增强相和基体的本构模型建立了复合材料的本构方程,可准确预测复合材料的弹塑性变形和内部破坏。目前预测复合材料的弹性性能是细观力学领域的研究重点之一,已有多种研究方法,包括 Eshelby 等效包含法、Mori - Tanaka 法、上下限法、自洽模型、广义自洽模型等。Eshelby 等效包含法主要用来分析含有椭球形夹杂的复合材料的弹性性能;Mori - Tanaka 方法提出了平均应力的概念,以表示复合材料内部不同组分的相互作用,计算了等效模量;上下限法结合变分法思想,研究了复合材料弹性性能的上下极限;自洽模型假设夹杂包含在无限的基体介质中,因此可以部分考虑不同夹杂之间的相互关系,但当夹杂的体积分数过大时,自洽模型的预测结果会出现较大误差;广义自洽模型是在自洽模型的基础上,在夹杂和介质之间添加了矩阵壳,有效克服了自洽模型的缺点。

2) 细观力学有限元法

细观力学有限元法结合了有限元分析和细观力学方法,其最大优势是通过计算复合材料微观尺度上的应力应变场来反映复合材料的宏观性能,并定量地分析复合材料微观性能和宏观性能之间的映射关系。随着细观力学理论的发展,细观力学有限元法越来越多地应用于计算复合材料的材料性能和内部损伤。

3) 代表体元模型法

代表体元模型法应用较广,它的核心是选取具有代表性的单元进行分析,建立代表元素的有限元仿真模型,施加边界条件和载荷,分析代表体元的应力应变情况以及材料损伤等,随后采用均匀化的思想将复合材料的微观结构和性能与复合材料的宏观属性进行对应。以微观尺度分析,复合材料的增强相和基体的分布通常呈现出一定的规律性和周期性,因此可以分离出含有有限个增强相的代表性体素。当代表体元受到外部载荷时会产生对应的应力应变场,由于复合材料可以表示为有限个代表体元的周期性排列,因此将代表体元的应力应变场进行叠加和平均化,即可反映复合材料在宏观上的性能。

11.2　ABAQUS 上机实验

11.2.1　实验基本情况

(1) 面向人群

ABAQUS 上机实验旨在通过几个实验让读者熟悉 ABAQUS 软件的基本使用方法和颗粒/短切纤维复合材料建模的基本流程。其面向人群为相关专业的在校大学生，或者是开设复合材料仿真实验课程的高校教师，以及对复合材料仿真分析感兴趣的爱好者。

(2) 建议学时

ABAQUS 上机实验建议总学时 6 学时。其中，复合材料单纤维建模实验建议 2 学时，颗粒/短纤维复合材料悬臂梁实验建议 2 学时，颗粒/短纤维复合材料桁架静力学仿真实验建议 2 学时。

(3) 实验条件

安装 ABAQUS 的计算机一台。

(4) 实验目的

ABAQUS 上机实验的目的是让同学们掌握以下内容：

① 熟悉 ABAQUS 草图设计、装配设计等内置工作台，熟练掌握利用内置工作台建立颗粒/短纤维复合材料仿真模型的技巧；

② 掌握 ABAQUS 软件网格划分方法，学会根据不同的分析类型，划分相应属性的网格；

③ 掌握 ABAQUS 软件的外部条件设置方法，并结合实验进行实际操作，为复杂复合材料仿真模型的建立打下基础。

11.2.2　复合材料单纤维建模实验

(1) 实验内容

按照相关模型数据完成单纤维微观模型的绘制和仿真分析：

① 要求务必遵守相关的制图规范；

② 要求图形尺寸清晰准确；

③ 合理规划网格；

④ 设置载荷与边界条件。

(2) 操作过程

① 打开 ABAQUS 软件，进入部件模块，单击 图标，创建新部件，绘制方块状基体几何模型，选择三维→可变形→实体→拉伸，单击继续。

② 进入草图绘制界面后，单击 图标，绘制边长为 21.1 的正方形，起始点选择原点，终点坐标选择(21.1,21.1)，单击完成。

③ 输入拉伸深度 21.1,单击确定,得到棱长 21.1 的正方体基体模型。

④ 单击 图标,建立单纤维圆柱体模型,参数选择如步骤(1),单击 图标,以原点为圆心绘制一个圆形,单击 图标输入半径为 8.5,单击确定。

⑤ 输入拉伸深度 21.1,生成单纤维圆柱模型。

⑥ 切换到装配模块,单击 图标,将上述两个模型导入实例。

⑦ 单击 图标,选中并平移单纤维模型,使其圆心所在的直线平移至正方体中心,起点坐标输入(0,0,0),终点坐标输入(10.55,10.55,0),单击确定。

⑧ 单击 图标,对实例进行布尔运算。输入部件名 union,分别选择几何→禁用→保持,单击继续,框选两个部件,得到新部件 union,如图 11-1 所示。

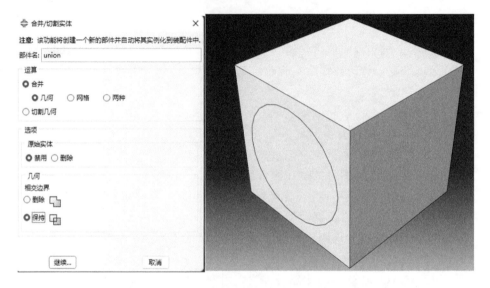

图 11-1   通过布尔运算得到单纤维/基体模型

⑨ 切换到属性模块,创建纤维和基体两种材料,并赋予到模型实例中。单击 图标,创建新材料,输入名称,选择力学选项中的弹性,分别输入杨氏模量值以及泊松比,两种材料的参数如图 11-2(a)所示。

⑩ 单击 图标,分别创建基体截面属性和纤维截面属性,以纤维截面为例,类别选择实体,类型为均质,材料选择之前所创建的 Fiber 材料,单击确定,同理设置基体截面属性。

⑪ 单击 图标,指派截面。将纤维模型和基体模型分别赋予截面属性,截面与模型需一一对应。

⑫ 基体和纤维的截面指派完成后,在右上方显示栏选择材料,可以看到基体和纤维被分别赋予了两种材料,如图 11-2(b)所示。

⑬ 切换到分析步模块,单击 图标,创建分析步。分析步类型选择"静力,通用",详细参数使用默认值即可。

⑭ 编辑场输出请求管理器,频率选择均匀时间间隔,间隔为 10,在输出变量中将体

(a) 分别创建基体材料和纤维材料

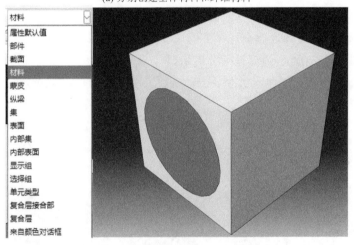

(b) 查看截面赋予结果

图 11 - 2　材料属性赋予

积/厚度/坐标中的积分点体积勾选,取消勾选接触。

⑮ 切换到载荷模块,单击 ▦ 图标,创建边界条件。边界条件类别选择力学→位移/转角,单击继续。将上方菜单栏中的可选模型选择面,选中模型的所有表面,单击确定。

⑯ 单击继续后,勾选 U1,单击 f(x),创建函数,函数表达式为 X,以模拟 $E_{xx}=1$ 的受力情况,分布选择创建的函数,如图 11 - 3 所示。

⑰ 单击 ▦ 图标,分别创建 $E_{yy}=0$,$E_{zz}=0$ 的边界条件。以 $E_{yy}=0$ 为例,类别选择力学中的位移/转角,单击继续,从右下角的集中选择之前的 Set - 1 即可,确定后分别

图 11 - 3　设置 $E_{xx} = 1$ 的受力情况

将 U2、U3 设置为 0，单击确定。

⑱ 切换到网格模块，对象选择部件，找到 union 部件。

⑲ 单击 图标，设置近似全局尺寸为 1.2，其他参数默认即可。

⑳ 单击 图标，确定，为部件划分网格。

㉑ 单击 图标，指派单元类型，全选 Set - 1、Set - 2，单击继续，将单元类型修改为 C3D8R。

㉒ 切换到作业模块，单击 图标，创建新作业，单击确定并提交，等待计算完成。

㉓ 计算完成后，单击结果跳转到可视化模块，单击 图标，可查看模型的应力分布云图，如图 11 - 4 所示。

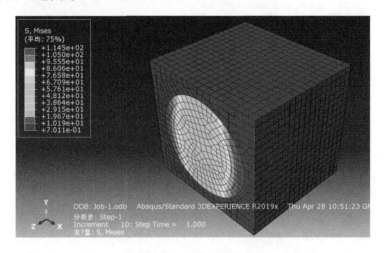

图 11 - 4　应力分布云图

从微观角度看，颗粒/短纤维复合材料中的增强体承受主要的应力，复合材料的变形主要是基体材料变形,纤维的添加比例、纤维与基体之间的界面结合性能以及基体性能对整体零件的力学性能有重要影响,而这可以通过下面的宏观力学仿真实验加以预测和验证。

11.2.3　颗粒/短纤维复合材料悬臂梁实验

(1) 实验内容

按照相关模型数据完成仿真模型的绘制和分析:

① 要求务必遵守相关的制图规范;

② 要求图形尺寸清晰准确;

③ 合理规划网格;

④ 设置载荷与边界条件。

(2) 操作过程

① 打开 ABAQUS 软件,进入部件模块,单击 图标,创建新部件,绘制方块状基体几何模型,选择三维→可变形→实体→拉伸,单击 图标,输入起始坐标位置(0,0)以及(0.2,0.2),绘制一个边长为 0.2 的正方形。

② 单击确定,拉伸深度为 3,生成方形梁部件。

③ 切换到属性模块,创建材料属性。单击 图标,创建新材料,颗粒/短纤维复合材料在宏观上可以近似为一种各向同性材料。输入名称,选择力学选项中的弹性,分别输入杨氏模量值以及泊松比。

④ 创建截面,单击 图标,类别选择实体,类型为均质,材料选择之前所创建的材料,单击确定。

⑤ 单击 图标,指派截面,完成悬臂梁材料属性的赋予。

⑥ 切换到装配模块,单击 图标,将悬臂梁导入实例。

⑦ 切换到分析步模块,单击 图标,创建静力通用分析步,打开几何非线性,将初始增量步和最大增量步大小修改为 0.01。

⑧ 编辑场输出请求管理器,勾选当前节点坐标,单击确定。

⑨ 切换到载荷模块,单击 图标,创建边界条件,选择对称/反对称/完全固定,勾选完全固定,将悬臂梁一端固定,如图 11-5(a)所示。

⑩ 转换到相互作用模块,单击 图标,在悬臂梁的另一端创建一个参考点。

⑪ 单击 图标,创建约束,约束类型选择耦合的,控制点选择 RP-1,控制面选择参考点所在平面,约束所有自由度,单击确定,如图 11-5(b)所示。

⑫ 切换到载荷模块,单击 图标,创建载荷边界条件。类型选择位移转角,设置 U2=-1,其他均为 0,区域选择参考点 RP-1。

⑬ 切换到网格模块,单击 图标,布局网格种子,调整近似全局尺寸为 0.05,单击确定。

⑭ 单击 图标,编辑网格单元类型,选择三维应力二次六面体网格。

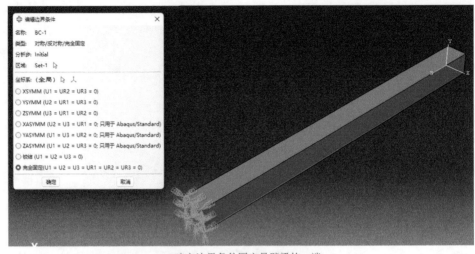

(a) 建立边界条件固定悬臂梁的一端

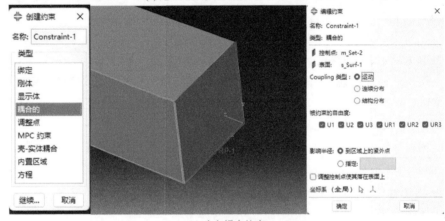

(b) 建立耦合约束

图 11 - 5　建立相互作用

⑮ 单击 图标划分网格。

⑯ 创建作业并提交,待计算完成后,切换到可视化模块,可查看相关仿真结果,如图 11 - 6 所示。

11.2.4　颗粒/短纤维复合材料桁架静力学仿真实验

(1) 实验内容

按照相关模型数据完成桁架模型的绘制和仿真分析:

① 要求务必遵守相关的制图规范;

② 要求图形尺寸清晰准确;

③ 合理规划网格;

④ 设置载荷与边界条件。

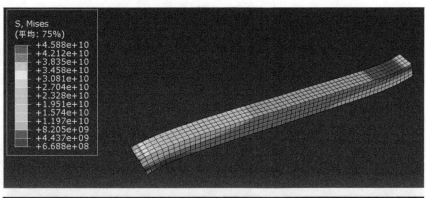

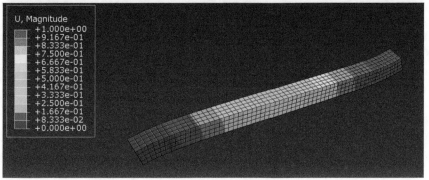

图 11-6　悬臂梁的应力分布云图及变形分布云图

（2）操作过程

① 打开 ABAQUS 软件，建立新模型，进入部件模块，单击 图标，创建新部件，建立二维可变形的线模型，尺寸约为 800。

② 进入草图页面后，单击 图标，在尺寸标记功能的辅助下，绘制如图 11-7 所示的桁架图。

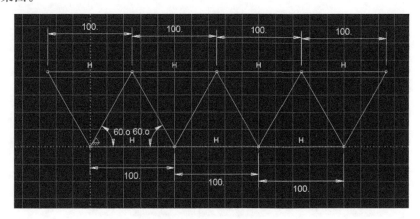

图 11-7　绘制桁架草图

③ 草图绘制完成后,单击完成,得到二维桁架部件。

④ 切换到属性模块,创建材料属性。单击 ![icon] 图标,创建新材料,将颗粒/短纤维复合材料近似为一种各向同性材料。选择力学选项中的弹性,分别输入杨氏模量值以及泊松比。

⑤ 创建截面,单击 ![icon] 图标,类别选择梁,类型为桁架,材料选择之前所创建的材料,横截面面积输入 100。

⑥ 指派截面,单击 ![icon] 图标,将截面赋予桁架部件,单击确定。

⑦ 切换到网格模块,为桁架模型绘制网格。单击 ![icon] 图标,选中桁架模型,方法选择按个数,单元数输入 1。

⑧ 单击 ![icon] 图标,指派桁架的网格单元类型。单元类型选择线性桁架单元,单击确定。

⑨ 单击 ![icon] 图标,网格划分完毕。

⑩ 切换到装配模块,将桁架部件导入实例。

⑪ 切换到分析步模块,单击 ![icon] 图标,建立"静力,通用"分析步。

⑫ 切换至载荷模块,单击 ![icon] 图标,创建位移/转角边界条件,拾取图 11-8(a)所示的两个点,固定 U1、U2 方向的位移。

⑬ 单击 ![icon] 图标,创建集中力载荷,拾取图 11-8(b)所示的参考点,施加向下的集中力。

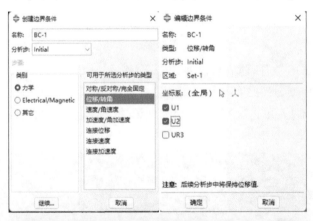

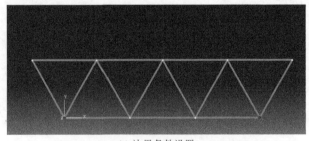

(a) 边界条件设置

图 11-8　边界条件及载荷设置

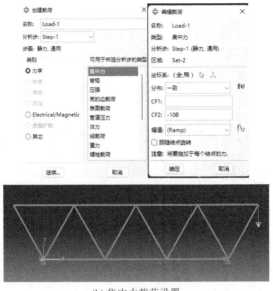

(b) 集中力载荷设置

图 11 - 8　边界条件及载荷设置(续)

⑭ 切换到作业模块,单击 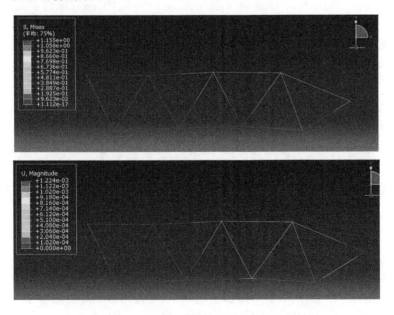 图标,创建新作业,并提交。计算完毕后,单击结果得到图 11 - 9 所示的仿真结果。

图 11 - 9　桁架的应力分布云图和变形分布云图

第 **12** 章

航空发动机复合材料风扇叶片固化成型仿真实验

12.1 背景介绍

12.1.1 概　述

在复合材料应用越来越多的今天,航空发动机上也开始使用复合材料。以树脂基为原料制作的航空发动机复合材料风扇叶片,具有重量轻、高比强度和高比刚度的特点,具有一定的发展前景。但复合材料固化成型过程中,使用热压罐固化预浸料法制作的叶片在高温高压的热压罐中成型时,不可避免地会出现应力残余和成型回弹的现象。较大的残余应力集中和回弹变形会导致航空发动机一系列严重的问题和故障,甚至会导致事故。所以,对叶片成型过程进行仿真,针对应力集中处和形变较大处进行工艺和叶片形状的改进,提高叶片的工艺水平,对航空工业的发展具有重要意义。

以宽弦风扇叶片为例,利用三维建模软件 SolidWorks(2020,Dassault Systemes)对其建立三维微缩模型,并以模型为样品建立模具三维模型。利用 HyperWorks(2021,Altair)划分有限元网格,利用 ABAQUS(2019,Dassault Systemes)进行复合材料叶片的固化成型仿真,得到成型过程中的应力集中和变形区域。

12.1.2 有限元仿真技术的发展

有限元方法(FEM)是一种数学建模方法,可应用于结构分析、热传递、流体流动、质量变换和电磁势能等多个领域。有限元方法的核心是通过空间维度上的离散化将一个大系统细分为更小、更简单的有限数量的单元,这种离散化方法是通过对分析对象绘制网格来实现的。采用有限元法计算边界值问题时,会产生一个代数方程组,通过对未知函数进行差值逼近,将这些简单方程组合起来,形成模拟整个问题的方程系统。最后通过微积分的计算方法求得最小的误差函数,从而获得方程系统的最佳数值解。

用有限元研究或分析一个现象,通常被称为有限元分析(Finite Element Analysis,

FEA),机械工程学科旗下的各种专业(如航空、生物机械和汽车行业)在进行产品的开发和设计时经常会应用有限元技术。目前常用的有限元软件功能强大,可以分析包括应力应变场、热、电磁、流体等多种问题。在结构分析问题中,有限元方法在材料性能的可视化方面可以提供很大帮助,同时达到减重和降低成本的目的。FEA 能够准确分析结构的应力应变场,并将材料变形和材料损伤可视化。有限元软件中提供了丰富的选项,可以调整仿真模型和计算的规模,以及所需要的计算精度和计算时间,适合大多数工程仿真应用。有限元分析软件可以改进产品设计,加速测试和开发,在许多工业应用中大大改善了产品的设计标准,优化了设计方法,缩短了产品从设计到生产的时间。总的来说,有限元方法可以加快产品设计、提高产品精度、减少硬件原型、降低成本和提高生产力。

12.1.3　复合材料风扇叶片的研究进展

对风扇和压缩机中复合材料叶片的探索已经有几十年的历史。第一台采用复合材料压缩机叶片的航空发动机是罗·罗(Rolls-Royce)公司的 RB108,用 GRP 材料制成。20 世纪 70 年代初,罗·罗公司将复合材料用于涡轮风扇发动机——RB211 - 22B 的宽弦风扇叶片,但由于抗鸟击能力不足,导致 RB211 发动机出现了一些问题。

1971 年,通用电气公司(GE)为 C5"银河"重型运输机的 TF39 发动机生产碳纤维叶片,但是也没有避免出现问题。90 年代中期,该公司用于波音 B777 的 GE90 - 76B 发动机采用了铺设多层预浸碳纤维薄层,使得复合材料叶片首次成功运用在商用飞机的航空发动机上。

目前商用的复合材料风扇叶片主要采用碳纤维树脂基复合材料(CFRP),例如通用电气公司的 GEnx、GE9X 发动机,CFM 公司的 LEAP 发动机,罗·罗公司的 Trent XWB 发动机等均应用了 CFRP 材料的风扇叶片。复合材料风扇叶片通常采用热压罐工艺或树脂传递模塑成型工艺进行制造。除了碳纤维树脂基复合材料外,其他材料的风扇叶片如陶瓷基复合材料的研发也一直在深入开展,与碳纤维树脂基复合材料风扇叶片相比,陶瓷基复合材料风扇叶片有更高的比强度与比刚度,耐冲击和抗冲蚀能力也更强。

在材料方面,树脂基体按照耐高温性能排列主要包括环氧树脂、双马来酰亚胺树脂和聚酰亚胺树脂等,并且使用了增韧的材料和工艺;碳纤维也从罗·罗公司的"HY-FIL"纤维到 Hercules 的 IMS 纤维实现了性能的增强。在叶片制造工艺方面,由美国宇航局资助,在加州长滩的麦道宇航公司(现在的波音公司)进行的研究和开发工作表明,通过使用小比例的缝合加固,可以实现层压聚合物复合材料的有效增韧。

国内对复合材料风扇叶片的研究也在展开。杨铮鑫、孙熙民、宋尊源等对硬涂层材料对复合材料风扇叶片的振动特性进行探究,发现在碳纤维增强复合材料风扇叶片上涂覆各向异性材料的硬涂层可以改变叶片的固有频率和振动响应特性。孙煜、刘强、黄峰等研究了基于 AF191 胶膜的钛合金/复合材料胶接工艺参数、不同结构复合材料与钛合金以及不同表面处理方式钛合金与复合材料胶接强度,得出了一些可以减少胶接缺陷的条件和方法。唐旭、张煜坤、陈勇等提出了一种复合材料风扇叶片高周疲劳薄弱点位置预测方法,根据复合材料 CLD(Constant Life Diagram)模型,采用薄弱点指标来预测叶片高周疲劳失效的位置。韦鑫、荆云娟、杨明杰等探讨了复合材料风扇叶片预制体制备技术研究现状和未来的发展趋势,提出了其今后的研发方向应当以复合材料的制造技术和 3D 打印技术为突破口。

12.2　基于 ABAQUS 的连续纤维复合材料固化仿真实验

12.2.1　实验基本情况

(1) 面向人群

复合材料风扇叶片固化成型仿真实验旨在通过 ABAQUS 仿真实验让读者熟悉 ABAQUS 软件的基本使用方法和复合材料建模的基本流程。其面向人群为相关专业在校大学生,或者开设相关实验课程的高校教师,以及对复合材料风扇叶片固化仿真感兴趣的爱好者。

(2) 建议学时

ABAQUS 复合材料风扇叶片固化成型仿真实验建议总学时 6 学时。

(3) 实验条件

安装 ABAQUS 的计算机一台。

(4) 实验目的

复合材料风扇叶片固化成型仿真实验的目的是让同学们掌握以下内容:

① 熟悉 ABAQUS 软件的基础操作,并熟练掌握利用内置模块建立复合材料风扇叶片模型;

② 学会设置相互作用、力、热等基础条件。

12.2.2　复合材料风扇叶片固化成型仿真实验

复合材料风扇叶片在成型过程中会受到模具的压力、热传递不均匀、树脂化学收缩变形等因素的影响,造成复合材料零件发生固化变形,极大地制约了复合材料风扇叶片的应用。研究人员采用有限元分析方法对复合材料的固化过程进行仿真分析,从而进一步厘清复合材料的固化变形规律,研究相关缺陷产生的诱因,最终达到预测固化变形并有效控制固化变形的目的。本小节将以一复合材料叶片为例,应用 ABAQUS 建立固化仿真模型,分析零件的固化变形,并得出固化变形的可视化结论。

(1) 实验内容

按照相关建模方法完成以下仿真模型的建立和求解:

① 根据几何模型,完成复合材料属性的赋予;

② 设置仿真模型的相互作用、载荷等;

③ 根据模型分析类型划分网格。

(2) 操作过程

① 叶片长 63.28 mm，叶根处厚 3.08 mm，叶片尖处厚 2.44 mm，扭转角 49.03°，采用"四段线"方法绘制叶片截面：前缘和尾缘用圆弧近似代替，压力面和吸力面用三点样条曲线近似代替，并在曲线接合处设置相切关系。

② 叶片前缘与尾缘轮廓，与叶片扭转角共同作用下，为一条复杂的空间曲线。将前缘和尾缘向两垂直平面进行投影，可以较容易地画出四条投影曲线。选取与投影平面垂直的第三平面，该平面与四条曲线有四个交点，即可在空间中定位前缘与尾缘的位置，并由此画出叶片截面。整个叶片由 23 条截面曲线放样而成，使用"放样凸台/基体"功能将 23 条截面曲线依次选择，可以得到叶片的三维建模，如图 12-1 所示。

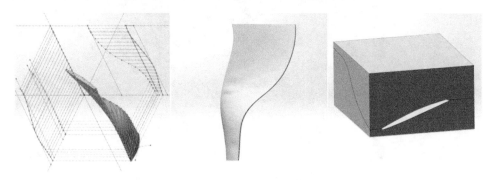

图 12-1　叶片及模具建模

③ 如图 12-1 所示，利用叶片的截面，可以对叶片的模具进行建模。

④ 依次单击菜单栏 → 文件 → 求解器接口 → ABAQUS/Standard 3D，选择 ABAQUS 的求解器接口，为下一步使用 ABAQUS 进行仿真做好对接。

⑤ 导入几何模型，选择需要导入的 3D 模型文件。常用的导入文件类型可以为 SolidWorks(＊.sldasm ＊.sldprt ＊.SLDASM ＊.SLDPRT)、STEP(＊.step ＊.stp)、Parasolid(＊.x_t ＊.x_b)、IGES(＊.iges ＊.igs)等。

⑥ 导入后观察导入质量，如果出现模型的面破损、重叠，曲线质量不佳，出现很多多余的线，可以考虑换文件类型导入。导入后，可以右击 Rename 重新命名。

⑦ 由 Geom 菜单下的 Quick Edit 命令，可以对模型的曲面和曲线进行分割操作，对自由边进行缝合，把边压缩成共享边。

⑧ 由于叶片由三面组成(上下端面和中间曲面)，涉及的面和线的数量不多。如果建模质量较高，导入完成后，没有面、线的变形和重叠，可以不用对模型进行修改而进行下一步操作。

⑨ 由 2D 菜单下的 Automesh 命令来对模型进行 2D 网格的划分，单击左上方的 Surfs，选择 Displayed，即选择全部的面选中后，模型会高亮显示。

⑩ Element Size 选择一个合适的数值，Mesh Type 选择 Mixed。单击 Mesh 后，会对当前模型的面进行网格划分，各个边会显示布种数量，可以手动调整数量以达到最好的网格效果。如果网格质量仍不理想，单击右侧的 Reject，改变 Elem Size 的数值，可以

按照新的数值重画网格,再继续手动调整。调整完成后,Return 返回到 2D 菜单。

⑪ 由 3D 菜单下的 Tetramsh 命令,依据 2D 网格对模型进行 3D 四面体网格的划分。单击 Fixed trias/Quads to tetra mesh,选择 Elems。单击 Elems,选择 Displayed,单击 Mesh,即可对模型划分 3D 网格。划分好 3D 网格后,需要将 2D 网格删除。

⑫ 网格划分完毕后将文件导出,保存文件类型应为 ABAQUS(＊.inp ＊.pes ＊.＊),导出设置默认即可。

⑬ 打开 Abaqus CAE,导入部件,将模型重命名为 Heattransfer,如图 12 - 2 所示。

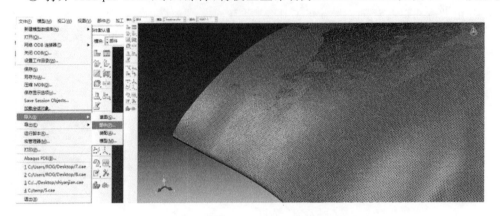

图 12 - 2 将网格文件导入 ABAQUS

⑭ 将两个部件的名称分别改为 Test 和 Mould,如果导入时提示部件包含不精确的几何,可以使用几何编辑 ✕,将部件转换为精确,并更新有效性。

⑮ 进入属性功能模块,创建复合材料属性,如表 12 - 1 所列。

表 12 - 1 复合材料属性

密 度		1.76E - 09	
弹性	弹性（工程常数）	E1	126 000
		E2	126 000
		E3	8 300
		Nu12	0.35
		Nu13	0.28
		Nu23	0.28
		G12	3 280
		G13	4 780
		G23	4780

续表 12 - 1

密　度		1.76E - 09	
膨胀	（正交）	alpha11	8.8E - 06
		alpha22	8.8E - 06
		alpha33	0.67E - 06
传导率	（各向同性）	10.45	
比热	（常体积）	7.9E + 08	

⑯ 创建材料完成后,单击创建截面 🔧,类别选择实体均质,材料选择刚创建完的 Composite materials,单击确定,完成截面的创建。单击指派截面 🔧,按住鼠标左键框选整个。

⑰ 在部件模块中选择 Test,单击指派材料方向 📐,选择堆叠方向为单元等参方向 2,单击确定。

⑱ 在部件模块中选择 Mould,单击创建材料 🔧,创建模具材料属性,如表 12 - 2 所列。

表 12 - 2　模具材料属性

密　度		8.10E - 09	
弹性	弹性（各向同性）	杨氏模量	125 000
		泊松比	0.22
塑性	塑性（各向同性）	屈服应力	塑性应变
		990	0
		1 113.6	0.08
		1 280.4	0.13
		1 444.4	0.21
		1 532.4	0.29
		1 580.4	0.37
		1 606	0.45
		1 660	1
膨胀	（各向同性）	1.60E - 06	
传导率	（各向同性）	11	
比热	（常体积）	5.15E + 08	

⑲ 重复完成创建截面、指派截面,截面名称改为 Mould。

⑳ 进入装配模块,单击创建实例 🔧,分别选择两个部件,创建到模型中。

㉑ 在环境栏的模块列表中选择分析步,单击工具箱中的创建分析步 ↦,弹出创建

分析步的窗口,将名称改为 Heattransfer,并选择类型为通用-热传递,单击确定,弹出编辑分析步窗口,修改基本信息页:描述为 Heattransfer,时间长度为 21 420;修改增量页:最大增量步数为 10 000,增量步初始为 2.142,最小为 0.2142,最大为 21 420,每载荷步允许的最大温度改变值为 120。

㉒ 单击工具箱区中的创建场输出▥,弹出创建场窗口,修改名称为 Nodetemp,分析步为 Heattransfer,单击继续,弹出编辑场输出请求窗口,输出变量选择热学下的NT,节点温度。

㉓ 在环境栏中模块列表选择相互作用,单击创建相互作用属性▥,弹出创建相互作用属性窗口,修改名称为 Mouldcontact,选择类型为接触,单击确定。弹出编辑接触属性窗口,创建如表 12-3 所列的接触属性。

表 12-3　接触属性

摩　擦	罚摩擦	摩擦系数	0.35
热传递	表	Conductance	Clearance
		40	0
		0	1

㉔ 单击工具箱区的创建相互作用▥,弹出创建相互作用窗口,修改名称为 Mould contact,选择类型为表面与表面接触(Standard),单击确定。提示区弹出为主表面选择区域,选择模具上与叶片接触的表面为主表面,将创建表面的名称改为 Mould surf,提示区弹出选择从表面类型,选择表面,弹出为从表面选择区域,选择叶片上相对的面为从表面,将创建表面的名称改为 Test Surf。弹出编辑相互作用窗口,在从结点/表面调整页选择只调整到删除过盈,下方接触作用属性选择 Mould contact。

㉕ 在环境栏的模块列表中选择载荷。在菜单栏的工具菜单中选择幅值,单击创建,弹出创建幅值窗口,修改名称为 Temp,选择类型为表,单击确定。弹出编辑幅值窗口,选择时间跨度为总时间,幅值数据如图 12-3 所示。

㉖ 单击工具箱区中的创建边界条件▥,弹出创建边界条件窗口,类型选择温度,单击继续,提示区弹出选择要施加边界条件的区域,选择整个部件,单击完成。弹出编辑边界条件窗口,大小为 1,幅值选择 Temp。

㉗ 创建新的边界条件,类别选择力学,类型选择对称/反对称/完全固定,单击继续。提示区弹出选择要施加边界条件的区域,选择模具和叶片的一个端面。弹出编辑边界条件窗口,选择完全固定(U1=U2=U3=UR1=UR2=UR3=0),单击确定。

㉘ 由环境栏的模块列表选择网格,对象选择为部件。在工具箱区单击种子部件▥,弹出全局种子窗口。选择合适的近似全局尺寸等数值,并单击确定(若通过 Hypermesh 软件绘制网格,此步骤可省略)。

㉙ 在工具箱区单击为部件划分网格▥,单击是,等待网格自动划分完成。如果全局施划的网格不合适,可以在工具箱区单击为边布种▥,提示区弹出选择要布置局部

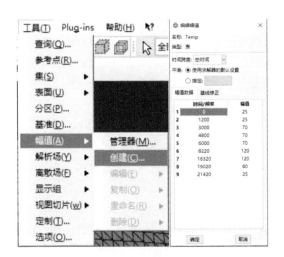

图 12-3　编辑温度载荷

种子的区域,选择要重新布种的边,单击完成。弹出局部种子窗口,可以根据需要进行种子数量的设置。设置完成后,仍要重新进行为部件划分网格,将两个部件 Test、Mould 全部划分网格。

㉚ 由环境栏的模块列表选择网格,对象选择为部件。在工具箱区单击指派单元类型 ,提示区显示选择要指定单元类型的区域,选择部件全部,单击完成。弹出单元类型窗口。族选择热传递,将两个部件 Test、Mould 全部指定单元类型。

㉛ 由环境栏的模块列表选择作业。单击工具箱区的创建作业 ,弹出创建作业窗口,修改名称为 Heattransfer,单击继续。修改内存页(根据个人计算机性能决定),用于预处理和分析的最大内存推荐为 60%~80%;修改并行页(根据个人计算机性能决定):勾选使用多个处理器,修改为 2~4,勾选使用 GPU 加速;修改精度页(根据个人计算机性能决定):节点变量输出精度为完全,单击确定。

㉜ 在工具箱区单击作业管理器 ,弹出作业管理器窗口。先单击写入输入文件,再进行数据检查,单击进入监控查看是否有错误或警告信息。若数据检查无误,可单击提交作业,开始仿真。

㉝ 在模型树中,右击创建,弹出编辑模型属性窗口,将名称修改为 Staticgeneral,单击确定完成创建。在菜单栏的模型菜单下单击复制对象。弹出复制对象窗口,来自模型选择 Heattransfer,勾选部件→实例→材料→截面→相互作用属性,到模型选择 Staticgeneral,单击确定。

㉞ 在环境栏的模块列表中选择分析步,单击工具箱中的创建分析步 ,弹出创建分析步的窗口,将名称改为 Staticgeneral,并选择程序类型"静力,通用"。单击确定,弹出编辑分析步窗口。修改基本信息页:时间长度为 16 320,自动稳定选择为指定耗散能分数;修改增量页:最大增量步数为 10 000,增量步初始为 1,最小为 1×10^{-6},最大为 16 320;修改其他:方程求解器——矩阵存储选择为非对称,转换严重不连续的迭代选

择为开。

㉟ 依据上述创建相互作用的操作,在新模型中重复一次。

㊱ 在环境栏的模块列表中选择载荷,在菜单栏的工具菜单中选择幅值,单击创建,弹出创建幅值窗口,修改名称为 Pres,选择类型为表,单击确定。

㊲ 在左侧模型树中,选择 Staticgeneral→装配→实例,将 Mould-1 在鼠标右键的菜单中隐藏。单击工具箱区中的创建载荷,弹出创建载荷窗口。修改名称为 Pres,分析步为 staticgeneral,类别为力学,类型为压强,单击继续。提示区弹出选择要施加载荷的区域,选择 Test 部件的上表面,单击完成。弹出编辑载荷窗口,大小为 1,幅值选择 Pres。解除 Mould-1 的隐藏。

㊳ 单击工具箱区中的创建边界条件,弹出创建边界条件窗口,依次创建如下边界条件:fix_1、fix_2、fix_3、fix_4。修改名称 fix_1、fix_2、fix_3、fix_4,分析步为 Initial,类别为力学,类型为对称/反对称/完全固定,单击继续。提示区弹出选择要施加边界条件的区域,分别选择模具和叶片的上下端面。弹出编辑边界条件窗口,选择完全固定($U1=U2=U3=UR1=UR2=UR3=0$),单击确定,如图 12-4 所示。

图 12-4 创建边界固定条件

㊴ 单击工具箱区中的创建预定义场,弹出创建预定义场窗口,修改名称为 node-Temp,类型为温度,单击继续。提示区弹出为场选择区域或单击完成使用算得的温度值,选择整个模型,单击完成。弹出编辑预定义场窗口,修改分布为来自结果或输出的数据库文件,文件名选择 heattransfer.odb,开始分析步为 1,开始增量为 0,结束分析步为 1,末尾增量为 0。

㊵ 由环境栏的模块列表选择网格,对象选择为部件。在工具箱区单击指派单元类型,提示区显示选择要指定单元类型的区域,选择部件全部,单击完成。弹出单元类型窗口,选择三维应力,几何阶次为二次。将两个部件的 Test、Mould 全部指定单元类型。

㊶ 由环境栏的模块列表选择作业。单击工具箱区的创建作业,弹出创建作业窗口,修改名称为 Staticgeneral,单击继续。弹出编辑作业窗口,修改描述为 Staticgeneral。

㊷ 在工具箱区单击作业管理器 ▦，弹出作业管理器窗口。选中 Staticgeneral 作业，单击结果，会跳转到可视化模块下相应模型的仿真结果。由环境栏的模块列表选择可视化，单击工作箱区的绘制未变形图 ▤，绘制变形图 ▦，在变形图上绘制云图 ▥ 等，查看结果，单击允许多绘图状态 ▨，可以同时查看多个图，如图 12 - 5 所示。

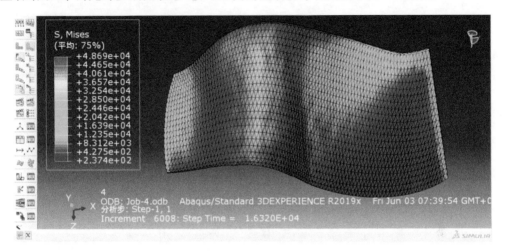

图 12 - 5　仿真结果

第四篇　数字化测量实验

第 13 章

电子经纬仪技术原理及应用实验

13.1　背景介绍

13.1.1　概　述

国家提出的"中国制造 2025"发展战略,对制造业的质量提出了高要求。创新始终是推动制造业持续健康发展的关键核心因素,也是制造业高端化转型的重要动力。除了改变材料以提高材料性能和优化零件加工方法外,提高制造质量还需要增强测量零件性能的能力。随着数字化、智能化、自动化测量技术和测量设备的发展,越来越多的数字化测量系统已作为产品测试的重要组成部分融入高端设备制造生产线,成为大型设备制造业质量保证的重要手段和不可或缺的组成部分。

电子经纬仪是集光、机、电、算于一体的自动化、高精度光学仪器,是许多数字测量设备中的常规测量仪器之一。电子经纬仪可用于公路、桥梁、水利等工程测量。本章将介绍电子经纬仪技术的发展背景、技术原理以及仪器使用。最后,通过几个简单的仪器操作实验,让同学们进一步了解电子经纬仪的技术原理和测量过程。

13.1.2　电子经纬仪技术的发展背景

经纬仪是伴随着航海导航而出现的。在 15、16 世纪,英国、法国等因为航海或战争需要绘制各种地图。然而,最早用于绘制地图的方法是三角剖分,即根据两点的观测结果计算出距离中第三点的位置。但由于当时缺乏合适的测量仪器,角度测量手段有限,地图精度不高。经纬仪的出现不仅提高了角度观测的精度,而且简化了测量计算过程,为测绘提供了更精确的数据手段。

1730 年,英国机械师西森研制出了世界上第一台经纬仪,之后经过改进定型,正式用于英国大地测量。1904 年,德国率先制造并生产了玻璃表盘经纬仪。随着微电子技术和计算机技术的飞速发展,传统的测量技术和仪器受到了极大的冲击,测量仪器发生了革命性的变化。电子经纬仪就是其中之一。国外对电子经纬仪的研究可以追溯到20世纪60年代末70年代初。美国 K&E 公司研制出世界上第一台数字经纬仪。但是,由于当时技术条件的限制,与传统光学经纬仪相比,电子经纬仪的性能并没有太大的提高,不仅没有计算能力,而且体积巨大,成本高,价格高。但电子经纬仪的出现和推广,与其他电子产品一样,具有强大的生命力。

20世纪八九十年代,随着微电子技术和计算机技术的成熟,元器件的集成度有了很大的提高。从整机的角度来看,电子经纬仪的体积和重量与光学经纬仪已经没有太大的差别。电子经纬仪的功耗和成本都有所降低,同时性能得到了极大的增强。由于电子经纬仪采用了电子细分或光电细分技术和码板技术,减小了电子表盘的尺寸,既简化了经纬仪的生产工艺,又提高了经纬仪的测量精度。电子经纬仪可自动进行所需的测量和计算,按一次键即可清晰显示数据。机器内的传感器系统可自动校正和补偿各轴系的误差,提高测量精度。同时还配备了测距联合接口和联合功能,以及数据输出接口,可与红外测距仪相结合,组成组合式电子转速表。一次观测即可得到所需的距离角、折减结果等测量值。此外,测量值可以通过数据输出接口自动记录在电子手册中,不仅简化了操作,还减少了读取误差和记录误差,从而实现了从现场测量到室内数据处理过程的自动化,减少了体力劳动,缩短了测量时间,受到了用户的欢迎。

我国电子经纬仪的发展还处于起步阶段。许多单位和科研机构研制生产了经纬仪,虽然采用了先进的技术,研制的各种电子经纬仪的精度有了很大的提高,但由于技术条件等各种原因的限制,我国总体上与西方国家仍有较大差距。

13.1.3　电子经纬仪技术的应用背景

航空工业是国防建设的战略性产业,航空制造业是航空工业的核心产业,竞争越来越激烈。时至今日,全世界对飞机的运载能力要求越来越高。同时,这也对缩短飞机的生产周期提出了挑战。为了满足要求,设计师和技术人员不断研发更先进的设计和制造方法,并使用更先进的机器或工具来提高飞机的产品制造质量,缩短生产周期。随着我国飞机的设计和制造不断向数字化方向转变,产品质量通过使用二维图和模拟量的方式进行测试,已经无法适应新一代飞机的技术发展。飞机的快速自动化装配对飞机零件的数控加工、精密成型和数字化测量技术的需求日益迫切。可以说,测量技术已经成为飞机快速发展的瓶颈,严重制约了飞机装配技术的进步。

20世纪40年代,就有国家将类似于经纬仪测量的方法用于航空航天生产中的三维坐标测量。到了六七十年代,虽然经纬仪测量这项技术可以满足一些简单工作的要求,但其精度低及测量周期长,所以并不利于这项技术的发展。70年代末,随着第一台电子经纬仪的出现,人们首次看到了一种结构简单、自动化程度高的测量设备,特别是,在电子经纬仪上使用光栅码盘使得电子经纬仪可以实现对大型、难以接近或无法接近目标的测量。因为它可以与计算机连接以实现实时数据采集,可以同时使用单轴补偿、双轴补偿和三轴补偿措施来补偿电子经纬仪的轴误差,这可以大大降低对水准测量精度的要求。这意味着当补偿器的补偿精度足够时,即使电子经纬仪在补偿器的补偿范围内倾斜,仍然可以获得正确的角度观测结果。该方法可显著提高测角精度,为经纬仪组合测量系统在工业测量中的应用奠定了基础。

13.1.4　电子经纬仪的组成介绍

如图 13-1 所示,电子经纬仪由望远镜、照准部、光栅盘或光学码盘、测微器系统、轴系、水准器、基座及脚螺旋、光学对点器、读数面板部件组成。

电子经纬仪型号众多,其共同特点如下:

① 具有全站仪操作功能。

② 功耗低,工作电流小。

③ 采用激光对准,清晰,方便观察。

④ 电路板小,采用信号自动平衡数字电路,实现电气调节的自动化。

⑤ 有 60°、400° 和 6 000° 三种角度。特别是,军队可以使用秘密定位系统。

图 13-1　电子经纬仪

⑥ 具有自动校正功能,可校正仪器分度误差、准直轴误差和水平轴误差,提高仪器精度。

⑦ 光栅数量相对较少(水平板上的光栅数量仅为 6 480 个),因此降低了仪器结构的技术要求,从而提高了仪器的稳定性和抗振动能力。

⑧ 仪器的水平轴和垂直轴采用相同的合金钢密球式轴系,具有轴系精度高,温度冲击小,低温转动灵活,抗振性能好,不易卡死,使用寿命长等特点。

电子经纬仪系统通常由两个或多个电子经纬仪组成。以两台电子经纬仪组合为例,用两根电缆将 T1 和 T2 经纬仪的数据传输插座与 T-LINK 多通道数据采集器对应的两个输入插座连接起来。T-LINK 与计算机通过 RS232 连接,在两台经纬仪和计算机之间传输数据和指令,并为两台经纬仪提供 12 V 直流电源。如图 13-2 所示,可根据实际测量场景和被测物体的情况灵活选择 2～8 个经纬仪组合。

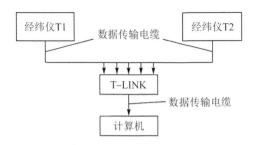

图 13-2　电子经纬仪测量系统基本组成示意图

13.1.5 电子经纬仪测量基本原理

电子经纬仪坐标测量系统由多个电子经纬仪组成。获取空间点坐标的基本方法是前向相交原理。操作者使用至少两个电子经纬仪对准前方同一点进行测量。任何两个相互可见并调整到水平的电子经纬仪都可以通过一系列校准过程建立和定义如图 13-3 所示的测量坐标系。

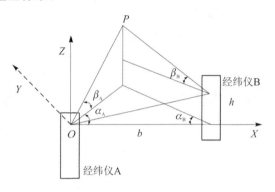

图 13-3 电子经纬仪坐标测量基本原理

当两台电子经纬仪同时瞄准同一个测量点后,就可以观测到一组水平角和竖直角,图 13-3 中所示点 P 的坐标可表示如下:

$$\begin{cases} X = b\ \dfrac{\sin\alpha_B \cos\alpha_A}{\sin(\alpha_A + \alpha_B)} \\[2mm] Y = b\ \dfrac{\sin\alpha_B \sin\alpha_A}{\sin(\alpha_A + \alpha_B)} \\[2mm] Z = b\ \dfrac{\sin\alpha_B \tan\beta_A}{\sin(\alpha_A + \alpha_B)} \end{cases} \tag{13-1}$$

在标定过程中,已知长度为 L 的基准尺,基线长 b 就可以由此求出。使用两台经纬仪同时对准基准尺两端,通过前方交会可以分别得到两组角度值 $(\alpha_{A1}, \beta_{A1}, \alpha_{B1}, \beta_{B1})$ 和 $(\alpha_{A2}, \beta_{A2}, \alpha_{B2}, \beta_{B2})$,则基线长 b 可表示如下:

$$b = \dfrac{L}{\sqrt{k_1^2 + k_2^2 + k_3^2}} \tag{13-2}$$

式中,

$$\begin{cases} k_1 = \dfrac{\sin\alpha_{B2} \cos\alpha_{A2}}{\sin(\alpha_{A2} + \alpha_{B2})} - \dfrac{\sin\alpha_{B1} \cos\alpha_{A1}}{\sin(\alpha_{A1} + \alpha_{B1})} \\[2mm] k_2 = \dfrac{\sin\alpha_{B2} \sin\alpha_{A2}}{\sin(\alpha_{A2} + \alpha_{B2})} - \dfrac{\sin\alpha_{B1} \sin\alpha_{A1}}{\sin(\alpha_{A1} + \alpha_{B1})} \\[2mm] k_3 = \dfrac{\sin\alpha_{B2} \tan\alpha_{A2}}{\sin(\alpha_{A2} + \alpha_{B2})} - \dfrac{\sin\alpha_{B1} \tan\alpha_{A1}}{\sin(\alpha_{A1} + \alpha_{B1})} \end{cases} \tag{13-3}$$

需要注意的是,当使用两台经纬仪进行前方交会测量空间点坐标时,可能会存在冗余信息,所以为了提高测量精度,需要充分利用两台仪器所得到的观测角度值,对改进公式(13-1)可以得到

$$\begin{cases} X = b\ \dfrac{\sin\alpha_B \cos\alpha_A}{\sin(\alpha_A + \alpha_B)} \\[2mm] Y = b\ \dfrac{\sin\alpha_B \sin\alpha_A}{\sin(\alpha_A + \alpha_B)} \\[2mm] Z = \dfrac{1}{2}\left[b\ \dfrac{\sin\alpha_B \tan\beta_A + \sin\alpha_A \tan\beta_B}{\sin(\alpha_A + \alpha_B)} + h \right] \end{cases} \qquad (13-4)$$

式中:h 是两电子经纬仪的高度差,即

$$h = \frac{b}{2}(\tan\beta_{A0} + \cot\beta_{B0}) \qquad (13-5)$$

β_{A0} 是电子经纬仪 A 的互瞄竖直角,β_{B0} 是电子经纬仪 B 的互瞄竖直角。

类似于线、面、圆等几何要素,可以通过测量点进行构建,再通过几何要素之间的空间运算,就可以求出测量所需的几何尺寸及部件间的相对位置关系等。

13.1.6　电子经纬仪测量的基本过程

① 测量前,须根据被测物体的特点,选择经纬仪可以放置的最佳位置,然后进行水准测量。在调平过程中,精度一般控制在 0.000 3 mm 以内,气泡调平需要控制在一个网格(2")内。

② 经纬仪坐标系的建立对整个测量过程尤为重要。经纬仪坐标系的建立将直接影响后续的测量精度。

③ 通过坐标转换建立物体坐标系。经纬仪坐标系下的坐标值通过测量被测物体上至少三个相当精确且分布合理的参考点(大型物体可能需要更多参考点)转换为待测实际点的坐标值。

④ 在线测量时,在建立物体坐标系后,可以开始所有后续测量,测量完成后,测量数据将存储在计算机中。

⑤ 数据处理,在经纬仪专用软件或外部设备中进一步处理测试数据。

13.2　电子经纬仪测量实验

13.2.1　实验基本情况

(1) 面向人群

电子经纬仪测量实验旨在通过对仪器的实际操作让读者熟悉电子经纬仪的基本使用方法。其面向人群为飞行器设计与制造相关专业的在校大学生,或者是开设飞机数字化测量实验课程的高校教师,以及对飞机数字化测量感兴趣的爱好者。

(2) 建议学时

电子经纬仪测量实验建议总学时 8 学时。其中,电子经纬仪基本操作实验建议 2 学时,电子经纬仪的水平角观测实验建议 3 学时,电子经纬仪的竖直角观测实验建议 3 学时。

(3) 实验条件

久测 DT - 400 系列电子经纬仪一台。

(4) 实验目的

电子经纬仪测量实验的目的是让同学们掌握以下内容:

① 熟悉电子经纬仪的安置,包括对中和整平基本的操作。还要学习电子经纬仪的一些初始化设置,以及电子经纬仪的度盘读数方法与电子经纬仪的保护措施。

② 使用电子经纬仪进行水平角观测,学习具体的操作步骤,以及两种测试方法,为以后的飞机数字化装配做准备,提前熟悉仪器使用。

③ 使用电子经纬仪进行竖直角观测,学习具体的操作步骤,以及两种测试方法,为以后的飞机数字化装配做准备,提前熟悉仪器使用。

13.2.2 电子经纬仪基本操作实验

按照操作要求完成对电子经纬仪的使用,牢记仪器使用中的一些规范,切勿违反规范进行操作,要对仪器进行保护。

(1) 电子经纬仪的安置

1) 架设电子经纬仪:将经纬仪安置在架头上,将架头调至大致水平,然后旋紧连接螺旋。

2) 对中:使仪器的中心和测站点在同一铅垂线上。可以移动脚架、旋转脚螺旋使对中标志准确对准测站点的位置。

3) 整平:对于水平角的定义,即两条方向线上的夹角在水平面上的投影,前提是仪器的水平度盘必须保持水平。

① 粗调平:调整伸缩腿脚架,观察圆水准气泡是否居中,调至其居中。

② 观察和精准对中:检查对中标志是否偏离地面点,如果偏离,就旋松仪器三角架上的连接螺旋,水平移动仪器基座使对中标志准确对准测站点的中心,然后拧紧连接螺旋。

③ 精调平:旋转调整脚螺旋,目的是让管水准气泡居中。

4) 照准目标:目镜对光,粗瞄准,物镜对光,精确瞄准。

5) 读数:度盘读数如图 13 - 4 所示,可以清楚地看到水平读盘的读数 $54°3'56''$,竖直读盘的读数为 $287°53'16''$。

(2) 电子经纬仪的初始设置

电子经纬仪拥有多种功能项目可以选择,目的是适应不同作业性质的需要。对此,在进行不同作业任务之前应对仪器的功能项目进行初始设置。

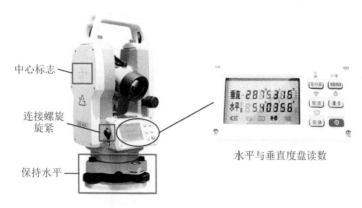

中心标志

连接螺旋
旋紧

保持水平

水平与垂直度盘读数

图 13 - 4　电子经纬仪安置及读数

1）设置项目

① 角度测量单位：360°、400 gon、6 400 mil（出厂设为 360°）。

② 竖直角 0 方向的位置：水平为 0°或天顶为 0°（仪器出厂设置天顶为 0°）。

③ 自动断电关机时间为：30 分钟或 10 分钟（出厂设为 30 分钟）。

④ 角度最小显示单位：1″或 5″（出厂设为 1″）。

⑤ 竖盘指标零点补偿选择：自动补偿或不补偿（出厂设为自动补偿）。

⑥ 水平角度数经过 0°、90°、180°、270°时蜂鸣或不蜂鸣（出厂设为蜂鸣）。

⑦ 选择与不同类型的测距仪连接（出厂设为与专访 ND3000 连接）。

2）设置方法

① 长按 CONS 键打开电源。蜂鸣三声后，松开 CONS 键，仪器进入初始设置模式。此时显示屏下方会显示 8 个数字，其中一个数字闪烁，表示初始设置的内容。

② 按 MEAS 或 TRK 键使闪烁的光标向左或向右移动到要改变的数字位。

③ 按▲或▼键改变数字，该数字所代表的设置内容在显示屏上以字符代码的形式予以提示。

④ 重复方法②和③操作，进行其他项目的设置直至全部完成。

⑤ 设置完成后按 CONS 键予以确认，仪器返回测量模式。

接通电源后，若显示屏显示 b，则提示仪器垂直轴不垂直。仪器精确调平后，b 会自动消失。仪器调平后，若显示"V 0 SET"，则打开电源。垂直刻度盘应复位到零。方法是在刻度盘的水平方向上下旋转望远镜 1～2 次。当望远镜通过水平视线时，垂直刻度盘指示器应复位为零。垂直角度值显示，仪器可以测量水平角度和垂直直角。

（3）电子经纬仪的度盘读数

度盘读数系统是电子经纬仪与光学经纬仪的主要区别。电子经纬仪是编码度盘自动读数，其读数原理是利用光学转换原理和微处理器，读数会显示于屏幕，然后观测数据就可以自动记录和传输。

1）度盘读数显示

显示屏同时显示水平刻度和垂直刻度。"Vz"为垂直刻度盘读数，"Hr"为水平刻度

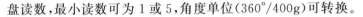
盘读数,最小读数可为 1 或 5,角度单位(360°/400g)可转换。

2)度盘读数设置

在一定方向瞄准目标后,可以将水平刻度盘读数设置为 0°0′0″,称为"零",或设置为角度值,称为"水平刻度盘方位"。垂直刻度盘读数可以设置为:垂直角度(V)、天顶(Z)或坡度(%是高度和水平距离的百分比)。

(4)使用电子经纬仪注意事项

① 在光线下测量时,物镜不得直接对准太阳。如果在阳光下工作,应安装滤光器。

② 当仪器不使用时,应将其放入盒子中并放置在干燥的地方。注意防振、防尘、防潮。

③ 仪器不得在高温和低温下储存和使用,也应避免突然的温度变化(使用过程中的温度变化除外)。

④ 如果仪器的工作场所与存放场所的温差过大,应将仪器留在箱内,待其适应环境温度后再使用。

⑤ 仪器长时间不使用时,取出仪器上的电池,单独存放。电池应该每月充电一次。

⑥ 仪器在三脚架上安装或拆卸时,应用一只手握住仪器,防止仪器掉落。

⑦ 仪器应装箱运输。运输过程中应注意避免挤压、碰撞和剧烈振动。长距离运输时,箱子周围最好铺上垫子。

⑧ 当需要清洗外露的光学元件时,请用吸波棉或镜片纸轻轻擦拭,切勿用其他物体擦拭。

⑨ 不要使用化学试剂擦拭塑料零件和有机玻璃的表面,而是使用浸水的软布。

13.2.3 电子经纬仪的水平角观测实验

按照相关操作规范完成电子经纬仪的水平角观测,掌握水平角测量前的初始化操作以及两种测量方法,掌握仪器操作步骤。

(1)水平角观测方法:测回法(两个方向的单角观测)

地面上有若干点 A、B、C、D、E 等,前进方向如图 13-5 箭头所示,则位于前进方向左边的角度称为左角,位于前进方向右边的角度称为右角。

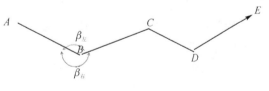

图 13-5　前进方向图

1)上半测回观测(见图 13-6)

* 将仪器置于测站 B 点,左转,瞄准目标 A 点,转动手轮使水平刻度盘初值为 0 或略大于 0,读出 aL,记录;

* 顺时针转动瞄准部分,瞄准目标点 C,读取 cL,记录;

* 计算上半测回角值:$\beta L = cL - aL$。

2)下半测回观测

* 纵转望远镜成盘右位置(竖盘在望远镜右侧,也称倒角),瞄准 C 目标,读数 cR,

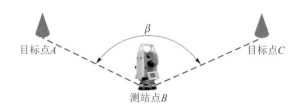

图 13 - 6　上半测回观测

记录;

- 逆时针方向转动瞄准部分,瞄准 A 目标,读数 aR,记录;
- 计算下半测回角值:$\beta R = cR - aR$;
- 校核:$\Delta \beta = \beta L - \beta R$,若 $|\Delta \beta| \leqslant \Delta \beta$,则取 $\beta = (\beta L + \beta R)/2$。

以上步骤是一次观测。如果需要观测 n 个测量集,则应在每个测量集之间改变刻度盘的起始位置;然后计算各观测角度值的差值,取各观测角度值的平均值作为最终结果。

(2)水平角观测方法:方向观测法

1)观测(见图 13 - 7)

- 将仪器放置在 0 点,选择一个明显的目标 A 作为起始方向(零方向),左转,瞄准 A 点,刻度盘读数略大于 $0°$,读取 aL,记录;

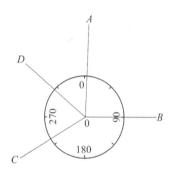

图 13 - 7　度盘安置

- 顺时针转动瞄准部分,依次瞄准 B、C、D、A 点,分别读取并记录 aL、bL、cL、dL、aL;
- 倒立镜位于圆盘右侧。逆时针方向瞄准目标 A、D、C、B、A,分别读取并记录 aR、dR、cR、bR、aR。

以上是一个观测结果。如果 n 向后测量,刻度盘的初始位置也应改变。

2)计算与校核

- 半测回归零差 $|\Delta| = |a_始 - a_终| < 18''$;
- 两位照准误差 $2c = L - (R \pm 180°)$,$2c$ 互差小于 $18''$;
- 左右盘平均值=同一方向盘左右盘读数平均值;
- 归零后方向值=左右方向盘平均读数减去零方向平均读数;
- 计算各观测在同一方向归零后的方向值的平均值,且各观测在同一方向上的相互差值小于 $24''$;
- 水平角度计算:取相邻两个方向之差。

13.2.4　电子经纬仪的竖直角观测实验

根据相关操作规程,用电子经纬仪完成竖直角的观测,掌握竖直角测量前的仪器设置、仪器垂直板的结构、竖直角的测量原理、竖直角计算公式的判定规则、垂直板指数差,以及测量期间的仪器操作步骤。

(1) 竖直角测量原理

竖直角定义:同一竖直面内,一点至目标点的方向线与水平线间的夹角,称为该方向线的竖直角。

① 角值范围:0°~±90°。

② 视线在水平线之上称仰角,取"＋"。

③ 视线在水平线之下称俯角,取"－"。

(2) 竖盘构造

① 结构:垂直度盘,垂直盘指示器,指示器水平管,指示器水平管道微作用螺旋。

② 应满足以下条件:当视线水平时,垂直圆盘指示器水平管气泡居中,垂直圆盘显示器应处于正确位置(90°整数倍)。

③ 关系:垂直盘随望远镜仪器旋转;指示器和垂直圆盘液位管连接在一起,不随望远镜旋转;调节垂直盘水平管微螺钉,垂直盘指示器可以进行小的旋转。

(3) 竖直角计算公式的判断法则

① 大致安放望远镜于水平位置,确定起始读数(常数)。

② 抬高物镜,若读数增加,则 α＝读数－常数;若读数减小,则 α＝常数－读数。若盘左为第一种情况,则盘右为第二种情况,反之亦然。

(4) 竖盘指标差

望远镜的视线是水平的。当硬盘垂直指示灯液位管气泡居中时,硬盘垂直指示灯与正确位置 x 角度值发生偏差,称为硬盘垂直指示灯差值。当偏离方向与竖板上的标识方向一致时,标记为"＋",反之标记为"－"。

如图 13－8 所示,由于 x 的影响,使读数中包含指标差的影响,故图 13－8 中左图和右图的正确计算公式分别为

$$\alpha = 90° - (L - x) = 90° - L + x = \alpha_L + x \qquad (13-6)$$

$$\alpha = (R - x) - 270° = R - 270° - x = \alpha_R - x \qquad (13-7)$$

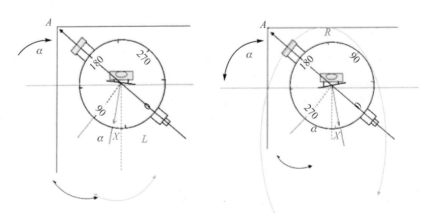

图 13－8　竖盘指标差

$$\begin{cases} \alpha = \dfrac{1}{2}(\alpha_L + \alpha_R) \\ x = \dfrac{1}{2}(L + R - 360°) = \dfrac{1}{2}(\alpha_R - \alpha_L) \end{cases}$$
(13 – 8)

所以盘左、盘右观测取平均值可以消除竖盘指标差的影响。

具体操作步骤如下：

① 测站上安置仪器,量取仪高。

② 瞄准盘左侧的目标,转动垂直盘水准管的微螺丝对准垂直盘指示水准管的气泡居中,读取垂直盘读数 L。

③ 倒转镜子,对准圆盘右侧的目标,使气泡居中,读出 R。

④ 计算垂直直角:取面板左右两侧的平均值,如果观察 n 次,重复第②～④步,取平均值。

⑤ 校核:光经测回差＜25″,电经测回差 ＜10″。

第 **14** 章
近景摄影测量技术原理及应用实验

14.1　背景介绍

14.1.1　概　述

以模板、样板、标准样件、外形卡板等为代表的传统模拟量检测手段在功能、准确度和效率上已无法满足现代飞机装配测量的需求。随着计算机技术、信息技术和自动化技术的蓬勃发展,数字化、自动化、柔性化已成为当前国内外飞机装配环节发展的主流趋势。飞机装配质量检测环节主要包括飞机产品焦点测量、外形曲面检测、全机水平测量以及其他关键特性检测等,利用数字化测量设备可达到快速评价装配质量,准确反映装配误差,分析误差影响因素,提升装配精度的目的。现代近景摄影测量是近年来迅速发展成熟的一门新兴学科,已被广泛应用到飞机装配过程中。

近景摄影测量系统采用计算机视觉技术,使用数字图像信息计算目标点空间坐标,在 50 m 内测量精度可达 $(5\pm5)\mu\mathrm{m/m}$。近景摄影测量主要用于静态物体的高精度三维坐标测量。在使用摄影测量系统对待测物体进行测量时,只需手持相机从多个方位多个角度对待测物体拍摄若干张照片,即可完成所有测量过程。之后将所得的数字照片导入到专业的图像处理软件,通过图像灰度值处理、自动定位、自动匹配、平差计算一系列过程,即可得到待测点空间坐标信息。本章将结合近景摄影测量的历史,介绍近景摄影测量技术在飞机制造中广泛应用的时代背景,近景摄影测量的原理。最后,通过一个简单的测量实验,让同学们掌握近景摄影测量的简要流程。

14.1.2　近景摄影测量技术在飞机制造中广泛应用

近景摄影测量技术可以对较大尺寸的零部件外形进行测量。波音公司利用 V-STARS 测量系统对波音 B777 起落架舱门结构外形进行测量,如图 14-1(a)所示,波音公司通过 V-STARS 相机拍摄投点器投射过的起落架舱门的二维图像,通过图像处理软件对二维图像进行处理并计算待测点的空间三维坐标,完成测量任务。

近景摄影测量技术可以对具有复杂装配结构的管路进行测量。GE 公司利用 V-STARS 测量系统对其生产的发动机内部管线进行测量,如图 14-1(b)所示。发动机管路装配关系复杂,并且在圆形管路上不方便安装如靶球座、iGPS 测量棒等装置,使用近景摄影测量贴点的方式,可以很容易测量出每根管路的位置及姿态。

(a) 波音B777的起落架舱门进行测量

(b) 对发动机管路进行测量

(c) 对某型号飞机头部部位进行测量

(d) 对F18-EF外翼板进行测量

图 14-1　使用 V-STARS 近景摄影测量系统进行测量

近景摄影测量技术也可以对试验、试飞前后的机身关键特征点或表面进行测量,以检测试验前后关键特征的变化情况。图 14-1(c)为庞巴迪公司利用 V-STARS 近景摄影测量系统对某型号飞机头部部位试飞之后的变化情况进行测量。图 14-1(d)为利用 V-STARS 近景摄影测量系统对 F18-EF 外翼板进行测量并识别的标志点。

此外,在航空产业中近景摄影测量系统还常被用于航空产品零部件的逆向工程。主要是通过近景摄影测量系统获得航空产品零部件的数字化数据,并通过计算机辅助算法对航空产品零部件进行样品模型重现,并利用得到的产品模型进行优化设计,以提高产品性能。近景摄影测量技术的引入,提高了逆向工程建模的精度,降低了测量工作的难度与强度,减少了数据量。目前在国内,潜艇、火箭及 C-17 运输机等军工产品已经应用近景摄影测量设备完成逆向工程。

14.1.3 近景摄影测量系统的组成及工作流程

近景摄影测量系统(见图 14 - 2)主要由校正过镜头的相机、标志点和计算机三部分组成。

近景摄影测量的工作流程(见图 14 - 3),首先是将标志点粘贴于物体的待测点处,使用校正过镜头的相机对待测物体从不同方向拍摄若干幅照片,生成二维数字图像;然后计算机通过图像识别技术,判断图像中标志点的位置,并基于共线方程和空间交会等数学模型求得标志点的坐标和相机位姿信息。

图 14 - 2 近景摄影测量系统

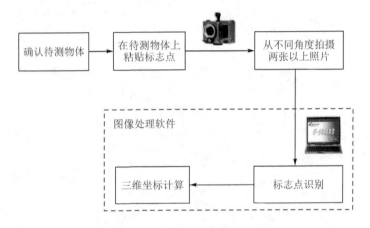

图 14 - 3 近景摄影测量工作流程

14.1.4 近景摄影系统的特点与不足

近景摄影测量系统的特点如下:

① 功能强大,容易操作,精度高,智能化且易于携带和移动。

② 测量精度高。近景摄影测量单相机测量系统中,在配置较高的情况下,相对测量精度可以达到$(5-5)\mu m/m$。

③ 测量效率高。系统可以在短时间内获得上万个待测数据点的信息。

④ 稳定性好。在测量环境较为恶劣的情况下,如振动、高低温、高低压、有毒有害等环境,依然可以实现高精度测量。

⑤ 可以无接触测量。在测量时,利用 PRO - SPORT 投点器进行布点,可以实现无接触测量,对被测物体没有损坏。

近景摄影测量系统也有许多不足:

① 自动化程度低。近景摄影测量系统在单机脱机测量时,因其需要事先在待测物

体上粘贴标志点和编码点,待测物体越大,粘贴点的数量就越多,人工工作量就越大,降低了测量的效率。同时,拍照过程需要人工进行,自动化程度低。

② 无法测量空间狭小的物体。近景摄影测量系统通常需要相机与待测物体间保持 1 米以上的距离,以保证测量结果可以达到最佳精度。这对于空间较为狭小的待测点,因其没有足够的测量空间而无法进行测量。

14.2　近景摄影测量原理

14.2.1　标志点识别技术

对待测物体拍摄照片获得二维数字图像后,利用图像处理软件从图像中准确识别并提取到标志点中心,这是计算待测物体空间坐标位置的前提。专业的测量相机所拍摄出的数字图像一般是黑白的,标志点通常采用反光性能较强的玻璃微珠或微棱镜型回光反射材料制作,这使得标志点在闪光灯的照射下,在二维数字图像中具有如下特点:

① 标志点一般呈圆形。当相机相对目标为垂直拍摄时标志点图像为圆形,当相机相对目标为倾斜拍摄时标志点图像为椭圆形。

② 标志点反光性强,与背景图像亮度对比十分明显。

③ 图像中所有标志点处图像灰度值分布规律大致相同,适合用同一种识别算法处理多个图像中的多个标志点。

基于以上特点,图像处理软件根据图像中各像素点的灰度值以及图像灰度值分布规律来识别并提取标志点中心。

在近景摄影测量过程中,精确识别并提取二维数字图像中的标志点是十分重要的环节,是计算各测量点相对位置关系的前提。如图 14-4 所示,由相机镜头成像的原理可知,当焦距 f、物距 u_0 和图像距离 ν_0 满足如下关系时:

$$\frac{1}{f}=\frac{1}{u_0}+\frac{1}{\nu_0} \qquad (14-1)$$

点光源的像点是一个清晰且明亮的光点;当式(14-1)不成立时,点光源的成像是一个圆斑。这种现象称为图像散焦退化,成像形成的圆斑称为弥散圆。由于存在图像

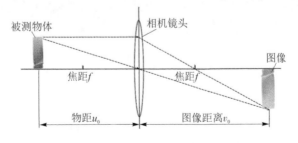

图 14-4　相机镜头成像原理示意图

散焦现象,相机拍摄标志点所形成的图像中,标志点没有清晰的边界。因此,除了在拍摄时尽可能调整到合适的焦距,拍摄尽可能清晰的图像外,还需要基于标志点边缘检测算法根据图像灰度值来寻找标志点边缘,从而确定标志点整个边缘轮廓。目前国内外已有比较成熟的标志点边缘检测算法,在照相测量系统中常用的有 Canny 算子边缘检测法、形态学法等。其中 Canny 算子边缘检测法受图像噪声的影响较小,计算精度高,适合提取圆形标志点;形态学法计算量较小,但容易受图像噪声的影响,在精度要求不高的系统中较为常用。

在识别出标志点边缘轮廓之后,利用标志点中心定位算法,根据标志点边缘所包含的所有像素灰度值来对标志点中心进行定位,就可以计算出像平面坐标系内标志点中心的坐标。针对标志点中心的定位算法,在国际上已有很多学者提出相关算法,例如椭圆拟合法、高斯分布拟合法、灰度加权质心法、最小二乘模版匹配法等。其中,椭圆拟合法是利用跟踪出的标志点边缘信息拟合成椭圆方程,通过拟合出的椭圆圆心确认标志点中心。利用椭圆拟合法时,需要标志点的图像足够大(一般为数十个像素),才能保证拟合精度;其他算法是基于在标志点轮廓范围内的所有像素点的灰度值和位置来确定中心坐标的,这就要求图像的成像质量较高,尤其是当标志点成像较小时,图像噪声容易对中心点的计算造成影响,而灰度加权质心法因其能够对圆形、椭圆形等中心对称的标志点进行高精度的定位,因此在照相测量系统中应用较为广泛。

以上两步都可借助 V-STARS 软件完成,经过标志点边缘检测算法和标志点中心定位算法处理过的图像如图 14-5 所示,从图中可以看出,绿色的标注即为软件已经识别出标志点中心。

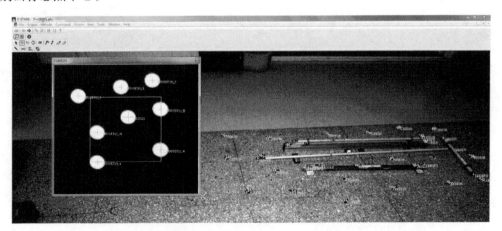

图 14-5 标志点边缘检测算法和标志点中心定位算法识别出的标志点中心

14.2.2 图像自动匹配技术

根据近景摄影测量的一般过程,在测量时需要利用相机对待测物体从不同位置、不同角度拍摄若干张照片。如图 14-6 所示,灰色区域为整个测量场,白色区域为每张照片所测量的部分,图像处理软件根据编码点的信息来确定每张照片所处在整个测量区域中的位置。

编码标志点是一种由人工设计、使用彼此独立且具有唯一信息、利用回光反射材料制造而成的标志点。同时,在设计阶段,人工地为每个标志点进行编号,就形成了编码标志点。

编码标志点的设计一般需遵循如下原则:

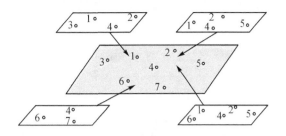

图 14-6　利用编码点进行照片匹配原理示意图

① 具有性能鲁棒性,即在平移、旋转、缩放等条件下编码标志点代表的信息不会发生变化。在实际测量过程中,需要使用相机从不同位置、不同角度对待测物体进行拍摄,同一编码标志点在不同照片中可能同时存在平移、旋转、缩放的情况,但所表达的信息不能变。

② 易于识别且识别精度高。因为近景摄影测量系统是自动化测量且系统精度高,这样便要求编码标志点在不同背景光照的情况下被识别的时间更短,且识别精度高。因此,编码标志点通常使用具有较高对比度的图形。

③ 数量多。在使用标志点测量大型被测物体时,为保证测量空间包含被测物体,需要使用大量的编码标志点。但每个编码标志点只代表唯一的信息,因此在设计编码标志点时,一套编码标志点的总量应尽可能多,一般具有几百至几千个。

目前,同心圆环型与点分布型编码形式,是近景摄影测量系统中常用的两种编码标志点。同心圆环型编码标志点的四周编码带是由同心环组成的,编码标志点的中心圆点作为定位点。根据二进制的原理,将编码带 n 等分(记为 n 位编码),白色和黑色分别代表 1 和 0,将这些 1 和 0 按照某一时针顺序排列形成二进制编码。由于圆环在成像过程中具有旋转不变的特点,因此在形成的二进制编码中,每个数字 1 和 0 都可以作为起始位置,即同一个编码标志点可以写成 n 个不同的二进制编码。根据设计原理,将 n 个不同二进制数中的最小值作为该编码点表示的唯一值。

点分布型编码标志点由数个圆形点组成,这些圆形点根据设计原则按照一定规则进行排列。这些圆形点中一般有 3~4 个点作为模版点,用以确定编码标志点平面坐标系;另外的点用于表示编码点信息,数量约为 20 个。在这些数值编码点中,按照设计原则,选择互不相邻的若干点进行编码,编码总量可达数百个。

相比于同心圆环型编码标志点,点分布型编码标志点的设计与识别都更为复杂,但其具有识别精度高、包含数量大、稳定性强等特点,因此被广泛应用于现代近景摄影测量系统中。

近景摄影测量图像处理软件在识别出编码标志点后,利用相关图形匹配算法对测量过程中所有图像进行自动匹配。图形匹配算法的一般过程是将所有照片每三张分成一组,经过初始匹配、精确匹配两个步骤来确定同一编码标志点。

14.2.3 待测点坐标计算方法

(1) 坐标系转换算法

近景摄影测量系统的测量原理主要是通过相机在不同位置、不同方位对待测物体拍摄若干张相片,由于每张相片都包含全部或部分待测点,便产生了冗余的测量值,根据空间交会原理,利用共线方程,解算出待测点的三维坐标值、相机的姿态和位置等信息。

在计算过程中,通常建立若干坐标系,例如像平面坐标系、像空间坐标系、待测点空间坐标系等,需要对不同坐标系之间进行转换。根据数学原理可知,空间中任意两个坐标系都可以通过旋转、平移之后进行转换。

坐标变换矩阵通常用欧拉角表示,点绕 x 轴逆时针旋转 α 角的旋转矩阵为

$$\boldsymbol{R}_x(\alpha) = \begin{bmatrix} 1 & 0 & 0 \\ 0 & \cos\alpha & \sin\alpha \\ 0 & -\sin\alpha & \cos\alpha \end{bmatrix} \tag{14-2}$$

点绕 y 轴逆时针旋转 β 角的旋转矩阵为

$$\boldsymbol{R}_y(\beta) = \begin{bmatrix} \cos\beta & 0 & -\sin\beta \\ 0 & 1 & 0 \\ \sin\beta & 0 & \cos\beta \end{bmatrix} \tag{14-3}$$

点绕 z 轴逆时针旋转 γ 角的旋转矩阵为

$$\boldsymbol{R}_z(\gamma) = \begin{bmatrix} \cos\gamma & -\sin\gamma & 0 \\ -\sin\gamma & \cos\gamma & 0 \\ 0 & 0 & 1 \end{bmatrix} \tag{14-4}$$

则旋转矩阵 $\boldsymbol{R}$ 可表示为

$$\boldsymbol{R} = \boldsymbol{R}_y(\beta)\boldsymbol{R}_x(\alpha)\boldsymbol{R}_z(\gamma) \tag{14-5}$$

即

$$\boldsymbol{R} = \begin{bmatrix} \cos\beta\cos\gamma - \sin\beta\sin\gamma & \cos\beta\sin\gamma + \sin\beta\sin\alpha\sin\gamma & -\sin\beta\cos\alpha \\ -\cos\alpha\sin\gamma & \cos\alpha\cos\gamma & \sin\alpha \\ \sin\beta\cos\gamma + \cos\beta\sin\alpha\sin\gamma & \sin\beta\sin\gamma - \cos\beta\sin\alpha\cos\gamma & \cos\beta\cos\alpha \end{bmatrix}$$

$$\tag{14-6}$$

因为 $\boldsymbol{R}_x \cdot \boldsymbol{R}_x^{\mathrm{T}} = E$,所以 $\boldsymbol{R}_x$ 是正交矩阵;同理,$\boldsymbol{R}_y$ 与 $\boldsymbol{R}_z$ 也都是正交矩阵。由于 $\boldsymbol{R} = \boldsymbol{R}_y(\beta)\boldsymbol{R}_x(\alpha)\boldsymbol{R}_z(\gamma)$,因此 $\boldsymbol{R}$ 也是正交矩阵。

(2) 基于共线方程的待测点计算方法

在近景摄影测量系统中,共线方程是用来计算待测点坐标的重要公式之一,通常利用共线方程将物点、镜头中心、像点这三个处于同一条直线上的点表达出来。利用物理小孔成像知识解释其关系为,物点发出的光线,经过相机镜头,在相机内部的像平面中形成像点,其本质是中心透视投影过程(见图 14-7)。

如图 14-7 所示,在相机空间坐标系 $S-xyz$ 中,设物点 P 所对应的像点为 P',则根据投影原理可知

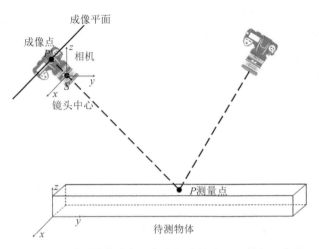

图 14 - 7　被测物体坐标系与相机空间坐标系关系示意图

$$\overrightarrow{SP} = \frac{1}{\lambda} M \cdot \overrightarrow{SP'} \tag{14-7}$$

$\overrightarrow{SP'}$ 与 $\overrightarrow{SP}$ 共线且方向相反,于是

$$\overrightarrow{SP'} = -k\overrightarrow{SP} \quad (k \text{ 为比例系数}) \tag{14-8}$$

根据数学向量基本原理,对于物点 P 有

$$\overrightarrow{OP} = \overrightarrow{OS} + \overrightarrow{SP} \tag{14-9}$$

将上述三式整理可得

$$\overrightarrow{OP} = \overrightarrow{OS} - \rho M \overrightarrow{SP} \quad \left(\rho = \frac{k}{\lambda}\right) \tag{14-10}$$

将外方位角元素组成的 9 个方向余弦代入上式,可以得到矩阵

$$\begin{bmatrix} X \\ Y \\ Z \end{bmatrix} = \begin{bmatrix} X_S \\ Y_S \\ Z_S \end{bmatrix} - \rho \begin{bmatrix} a_1 & a_2 & a_3 \\ b_1 & b_2 & b_3 \\ c_1 & c_2 & c_3 \end{bmatrix} \begin{bmatrix} x \\ y \\ -f \end{bmatrix} \tag{14-11}$$

将上式进行逆变换

$$\begin{bmatrix} x \\ y \\ -f \end{bmatrix} = -\frac{1}{\rho} \begin{bmatrix} a_1 & a_2 & a_3 \\ b_1 & b_2 & b_3 \\ c_1 & c_2 & c_3 \end{bmatrix} \begin{bmatrix} X - X_S \\ Y - Y_S \\ Z - Y_S \end{bmatrix} \tag{14-12}$$

整理得

$$\begin{cases} x = -f \dfrac{a_1(X - X_S) + b_1(Y - Y_S) + c_1(Z - Z_S)}{a_3(X - X_S) + b_3(Y - Y_S) + c_3(Z - Z_S)} \\[3mm] y = -f \dfrac{a_2(X - X_S) + b_2(Y - Y_S) + c_2(Z - Z_S)}{a_3(X - X_S) + b_3(Y - Y_S) + c_3(Z - Z_S)} \end{cases} \tag{14-13}$$

式(14-13)即为共线方程。式中,x,y 为像点在像平面内的坐标;f 为焦距;X_S、Y_S、Z_S 为相机的姿态与位置所对应的相机坐标系坐标,X、Y、Z 为所求的待测点坐标;a_i、b_i、$c_i (i=1,2,3)$ 为图像外方位角元素组成的 9 个方向余弦。

但是,在实际测量过程中,主点的像平面坐标存在微小的误差;同时由于相机镜头畸变的原因,各个像点在像平面上也存在一定的偏差,这些误差共同记为(x_0,y_0),因此实际的像点共线方程为

$$\begin{cases} x-x_0=-f\,\dfrac{a_1(X-X_S)+b_1(Y-Y_S)+c_1(Z-Z_S)}{a_3(X-X_S)+b_3(Y-Y_S)+c_3(Z-Z_S)}=-f\,\dfrac{\bar{X}}{\bar{Z}} \\[3mm] y-y_0=-f\,\dfrac{a_2(X-X_S)+b_2(Y-Y_S)+c_2(Z-Z_S)}{a_3(X-X_S)+b_3(Y-Y_S)+c_3(Z-Z_S)}=-f\,\dfrac{\bar{Y}}{\bar{Z}} \end{cases}$$

$$(14-14)$$

对于上式中相机坐标系与外方位元素的求解,通常使用空间后方交会算法来计算。空间后方交会是解析单张照片的一种方法,它是利用照片中不在一条直线上的三个以上的控制点,根据共线方程,运用最小二乘间接平差,反求照片外方位元素(相机姿态与位置)的方法。具体过程如下:

设外方位元素的初始近似值分别为X_S^0、Y_S^0、Z_S^0、φ^0、ω^0、κ^0,将式(14-14)进行泰勒展开得到

$$\begin{cases} x=x^0+\dfrac{\partial x}{\partial X_S}\Delta X_S+\dfrac{\partial x}{\partial Y_S}\Delta Y_S+\dfrac{\partial x}{\partial Z_S}\Delta Z_S+\dfrac{\partial x}{\partial \varphi}\Delta\varphi+\dfrac{\partial x}{\partial \omega}\Delta\omega+\dfrac{\partial x}{\partial \kappa}\Delta\kappa \\[3mm] y=y^0+\dfrac{\partial y}{\partial X_S}\Delta X_S+\dfrac{\partial y}{\partial Y_S}\Delta Y_S+\dfrac{\partial y}{\partial Z_S}\Delta Z_S+\dfrac{\partial y}{\partial \varphi}\Delta\varphi+\dfrac{\partial y}{\partial \omega}\Delta\omega+\dfrac{\partial y}{\partial \kappa}\Delta\kappa \end{cases} \quad (14-15)$$

式中,x^0、y^0分别是把X_S^0、Y_S^0、Z_S^0、φ^0、ω^0、κ^0代入共线方程得到的x、y。

此时,把像平面坐标系内的控制点的像点看作测量值,取外方元素作为参数,根据线性形式的共线方程可以列出误差方程:

$$\begin{cases} v_x=\dfrac{\partial x}{\partial X_S}\Delta X_S+\dfrac{\partial x}{\partial Y_S}\Delta Y_S+\dfrac{\partial x}{\partial Z_S}\Delta Z_S+\dfrac{\partial x}{\partial \varphi}\Delta\varphi+\dfrac{\partial x}{\partial \omega}\Delta\omega+\dfrac{\partial x}{\partial \kappa}\Delta\kappa-(x-x^0) \\[3mm] v_y=\dfrac{\partial x}{\partial X_S}\Delta X_S+\dfrac{\partial x}{\partial Y_S}\Delta Y_S+\dfrac{\partial x}{\partial Z_S}\Delta Z_S+\dfrac{\partial x}{\partial \varphi}\Delta\varphi+\dfrac{\partial x}{\partial \omega}\Delta\omega+\dfrac{\partial x}{\partial \kappa}\Delta\kappa-(y-y^0) \end{cases}$$

$$(14-16)$$

式中,v_x、v_y是修正后像平面的坐标;ΔX_S、ΔY_S、ΔZ_S、$\Delta\varphi$、$\Delta\omega$、$\Delta\kappa$是修改后的参数。式(14-16)是利用一个控制点的信息列出的,当有n个控制点时,可以列出$2n$个方程;当$n\geqslant 3$时,可以解出所有未知数。由此,根据后方交会算法计算出的外方元素,即可通过共线方程计算出待测点的坐标。至此,即可得到近景摄影测量的最终结果。

14.3 近景摄影测量实验

14.3.1 实验基本情况

(1) 面向人群

近景摄影测量实验旨在通过实验让读者加深对近景摄影测量原理的理解,了解近

景摄影测量的实验设备,熟悉近景摄影测量软件 V - STARS 的基本使用方法和飞机数字化测量的基本流程。其面向人群为飞行器设计与制造相关专业在校大学生,或者开设飞机数字化设计实验课程的高校教师,以及对飞机数字化设计感兴趣的爱好者。

(2)建议学时

近景摄影测量实验建议总学时 4 学时,其中近景摄影测量的基本原理讲解 2 学时,近景摄影测量实验建议 2 学时。

(3)实验目的

近景摄影测量实验的目的是让同学们掌握以下内容:

① 熟悉近景摄影测量的设备和其使用方式;

② 掌握近景摄影测量的基本流程,掌握近景摄影测量软件 V - STARS 的使用;

③ 加深对近景摄影测量基本原理的理解。

14.3.2　实验设备介绍

实验需要:摄影测量相机、基准尺、标志点、编码点,安装近景摄影测量软件 V - STARS 的计算机一台。

设备箱:装有相机和基准尺。

近景摄影测量相机:近景摄影测量系统中采用的相机大多是普通数码相机,通常为了使测量出的结果精度更高,会将普通数码相机经过一定的专业处理,包括固定相机焦距、修正相机镜头畸变等。如前所述,一般情况下经过专业处理的相机可以测量更大的范围、测量结果精度更高,然而价格相对也较高。实验中所使用的相机如图 14 - 8 所示,开关置于 ON 即可拍照。(检查电量,记得充电)

标志点:由于待测物体通常是表面光洁且由金属制造,自身色调差别微小,同时在实际测量环境中,还会受到杂光光源的影响,导致待测点无法在图像中突显。因此,需要在待测点上粘贴由回光反射材料制作的标志点。标志点的使用,

图 14 - 8　近景摄影测量相机

使得图像处理软件可更快速、更精确地找出待测点,减少了人工选点的工作量,提高了测量的自动化程度。实验中所使用的标志点如图 14 - 9(a)所示,圆形标志点均匀贴于被测量件表面。

编码点:编码点的主要功能是作为不同照片之间的公共点,将多张照片进行拼接。编码点是经过特殊设计的,由回光反射材料制作而成,并带有相关识别算法。实验所用编码点如图 14 - 9(b)所示,作为编码参考点辅助测量(用后回收)。

基准尺:在近景摄影测量系统中,基准尺主要用于解算图像中待测点的坐标值。在

计算过程中,基准尺提供了图像中两个已知点的绝对距离,图像处理软件将根据这个值来解算其他待测点的坐标。需要根据被测件大小选择合适的基准尺,黄色基准杆可以相互连接,两端通过连接器连接两个标志点块。实验中所使用的基准尺箱和基准尺如图 14-9(c),(d)所示。

(a) 贴有圆形标志点的待测模型

(b) 方形编码点

(c) 基准尺箱

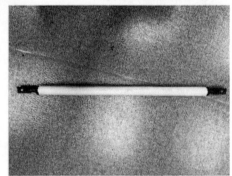

(d) 组合后的基准尺

图 14-9 实验设备

14.3.3 测量件准备与数据采集

先将目标固定好,并在目标上粘贴普通圆形标志点,在叶片周围布设编码标志点及基准尺(编码点的数量及位置没有太明确的要求,根据实际情况随机应变,一般来说能确定每张照片至少能拍到 3～4 个编码点就可以)。

确定基准尺长度

根据各组合部件上的编码对照标定长度对照表记下长度数值,将各部分的数值相加得到整个基准尺的标定长度。按长度对照表将所有部分相加得到基准尺的标定长度为 600.0135 mm。

将编码标志点在叶片周围布置,确保在拍摄时每张照片都出现一定数量的编码标志点。实验环境布设及近景摄影测量相机实拍图如下图,因近景摄影测量的相机经过特殊处理,故照片色调偏暗,唯有反光性强的标志点在照片中能明显显示(相机开机直接拍摄就可以,不用调节相机的任何参数)。

围绕叶片四周拍摄一定数量的照片(照片数量亦没有太明确的要求,根据测量场大小确定,一般 30~50 张已经足够)。利用读卡器,将照片导入 V‑STARS 近景摄影测量系统配套软件中。

14.3.4　近景摄影测量实验数据处理

利用读卡器,将照片导入 V‑STARS 近景摄影测量系统配套软件中。插入蓝色加密 U 盘,之后双击桌面 V‑STARS 软件运行(软件运行需要蓝色加密狗)。

通过 File→New 新建项目之后(需要命名,文件目录不能有中文),选择相机配置文件,如图 14‑10 所示。

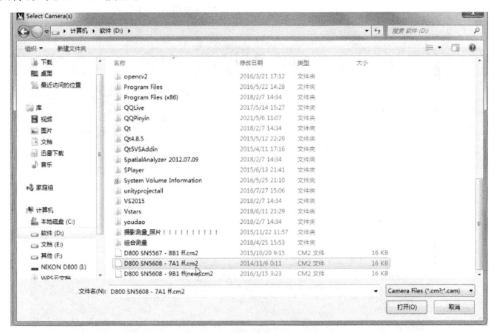

图 14‑10　选择相机配置文件

在项目中右击,选择 pictures→set image path(该步之前需要把照片都放到一个独立文件夹中,且路径名不能有中文),照片导入完成后的效果如图 14‑11 所示。

选择 Project→AutoMeasure,再在 Measure Project 窗口中单击 Begin,并在弹出的对话框中单击 Continue。下一个对话框继续单击 Continue 进行照片的匹配,可以看到拍到的照片已经变成绿框,说明已经算完。这一步算完之后还会出现一个相同的对话框,仍然单击 Continue 即可,如图 14‑12 所示。

计算完成,出现的对话框展示了误差等信息,没问题的话单击 Accept 即可。弹出通知,单击确定即可。该通知是告诉我们需要在软件中设置基准尺。

之后就可以在最新的 Bundle2 中查看测量到的结果,如图 14‑13 所示。

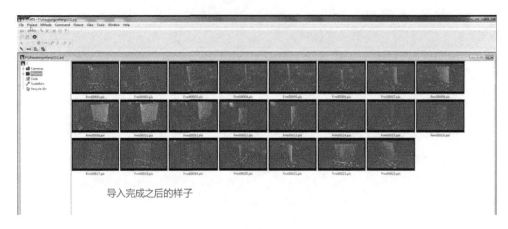

图 14 - 11　照片导入完成后的效果

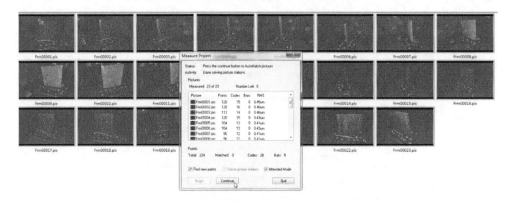

图 14 - 12　单击 Continue 进行照片匹配

图 14 - 13　查看结果

展开 Pictures，单击照片，可以看到每张照片中的目标点（TARGET）/编码点（CODE）识别情况。其中识别出的编码后面的数字是和贴的编码点的编号是一样的（如 CODE89），如图 14-14 所示。

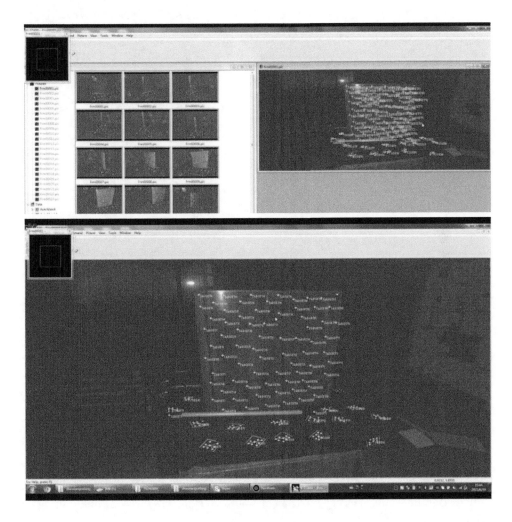

图 14-14　识别结果

在软件中设定基准尺的大致流程是：先对基准尺两端的点进行改名（改成 LA-BEL1、LABEL2 等），然后新建基准尺（New scale bar），以两个改了名的点作为新基准尺，之后输入准确长度。

首先改名，用 Global remane cursor，之后光标变成笔的形状，注意屏幕左下角的 Current label，意思就是单击或框选了一个点之后，这个点的名字就会变成 LABEL1。选点时建议用框选。LABEL1 命名完了之后会自动跳到 LABEL2，依次类推。一般只需要基准尺左右两个点（在数据点中找到基准尺的两个端点）。命名完后单击该按钮恢复光标。之后 Bundle2-point 里就能看到已经命名完的两个 LABEL 点。

右击,选择 Scalebars→New,新建基准尺,单击 NewScaleBar 可以看到所新建的基准尺的两端点的默认名字就是 LABEL1 和 LABEL2,所以如果刚才命名好了的话,直接输入 Distance 数据即可(基准尺数据来自 14.3.3 小节"确定基准尺长度"中所得到的数据)。如果在重命名标志点时命名成其他,则需要修改名字,该示例中为 LABEL2 和 LABEL3,如图 14 - 15 所示。

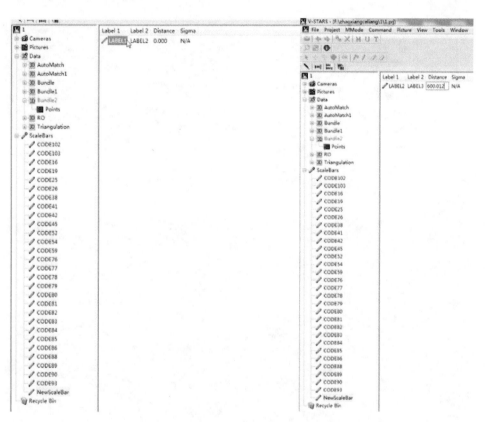

图 14 - 15 新建基准尺的两端点的默认名字就是 LABEL2 和 LABEL3

单击 Bundle - run 再进行一次计算(因为建立了新基准尺),之后再单击 Start 和 Accept 即可。

计算完之后,出现了新的 Bundle3。为了检验,可以在 Bundle3 - points 中选择重命名的两个 LABEL 点,右击,选择 Distance 查看距离数值是不是刚才输入的基准尺长度数值。

第 15 章

激光跟踪仪测量技术原理及应用实验

15.1 背景介绍

15.1.1 概 述

激光跟踪测量系统是一种结合了激光干涉测距技术、光电探测技术、计算机控制技术、现代数值计算论技术、精密制造技术的球坐标测量系统,是现代精密工业制造和工程测量的重要技术手段。相比于其他测量技术,激光跟踪测距技术具有精度高、效率高、范围广、自动化程度高、使用便捷等诸多优势。自20世纪90年代以来,激光跟踪仪测量技术在航空航天、机械制造与安装、设备检测等领域都得到了广泛的应用。本章将结合飞机制造与装配的发展历史,介绍激光跟踪仪测量技术的发展历史、基本原理、误差分析和实际应用。最后,通过实际操作激光跟踪仪测量模型样件,让同学们掌握激光跟踪仪的实际使用方法。

15.1.2 激光跟踪仪测量技术在飞机装配中的应用

飞机是一种使用自身动力产生大于自身重量的升力,使其能够实现在空中飞行的特殊机械。由于其自身需要在空中飞行的运动特点,造成其与普通机械产品相比具有多种不同特性。对于飞机来说,既需要确保自身结构安全可靠、质量过关,又需要降低结构质量,并符合空气动力学原理。这就决定了飞机结构具有以下特点:构造复杂,零件多;外形复杂,尺寸大;精度要求高,工艺刚度小。

而这些特点也对飞机的装配工艺提出了更高的要求。飞机结构装配工艺主要有以下特点:需要采用保证互换协调的方法;生产准备工作量大;制造批量小,手工劳动量大;对装配质量、产品寿命要求高;零件加工方法多,装配劳动量占比大等。

飞机在装配工艺方面具有特殊性,因此在飞机制造过程中还需要针对不同机型的零件、组合件、部件制造专用的工艺装备。这些专用的工艺装备可以对工件进行加工成形、装备安装、测量检查以及在工艺装备之间进行协调移形。这种工件又被称为飞机装配工装。随着飞机制造工业的快速发展，飞机的种类和数量都快速增加，需要飞机装配的效率更高，成本更低，传统的刚性工装已经难以满足飞机制造的需求，飞机装配逐渐向数字化和柔性化的方向发展。

数字化测量是飞机柔性装配的关键环节，而激光跟踪仪则是数字化测量系统中一种常用的测量设备。使用激光跟踪仪可以对被测物体的三维点云信息进行高精度的测量，并且数据获取灵活。使用3台或者3台以上的激光跟踪仪搭建数字化测量网络，可以对被测物体的空间三维坐标进行精确的测定。因此激光跟踪仪既可以实现对零件尺寸和形状的测量，也可以对零件进行定位。利用激光跟踪仪可以实现对飞机零部件装配过程的在线测量，并且能够根据测量信息对零部件的位置进行实时调整，以保证装配过程中零部件位置的准确性，进而提高飞机装配的整体质量。

而在实际应用过程中，由于单台设备的视野有限，因此激光跟踪仪通常成组使用。因此对多站点云进行配准的技术也逐渐发展起来，包括由 Besl 等人提出的迭代最近点算法，利用靶标或者标志点配准办法等。利用该技术不仅能够实现对单个零部件的测量和定位，还能够对整个场景进行数字模型重建和分割，进一步优化整个装配流程。

15.1.3　激光跟踪仪测量系统概述

（1）激光跟踪仪测量技术的发展历程

如何获取空间中点的精确三维坐标，始终是精密工业和工程测量领域亟待解决的关键科学问题之一。针对这一问题，科研人员先后开发出了瓦带尺、光波测距、微波测距等先进精密测量测距技术，以实现对空间点位置坐标的精密测量。

激光测量技术最早出现于20世纪60年代，伴随着激光红外测距技术的发展，激光跟踪测量系统的体积尺寸大幅缩小，测量距离与测量精度不断提高。测量距离达到了千米级，测量精度则达到了毫米级。激光跟踪仪根据测量原理不同，又可以分为脉冲法测距仪和相位法测距仪两种类型。

脉冲法测距是通过测定发射中心发射信号到反射中心接收信号之间所耗费的时间t，并将时间与脉冲信号在空气中的传播速度相乘，即可获得从发射中心到反射中心两点之间的距离。该测量方法的优势是激光脉冲的能量相对集中，即便没有合作反射目标也可以实现距离测量，并且量程很远，如激光测月（38.4万千米）便是通过此类方法实现的。但是此方法测距的精度较低，随着细分脉冲技术的出现，测量精度有所提高。

正弦信号在传播过程中，在不同位置上存在不同的相位差，相位法测距是通过测量该相位差来计算距离的。通过提高测相频率，增加测距频率等技术，可以大幅提高测距的分辨率和测距精度，并且也可以保持在几千米到十几千米。

激光干涉测距技术使得激光测距系统的精度得到了大幅度的提升。该技术的光源多使用高亮度的稳频氦氖激光，此类激光光源具有良好的空间相干性和时间相干性，可以用于距离测量。

在激光干涉测距技术的快速发展和广泛应用的基础上，结合精密角度测量技术的激光跟踪仪出现了。世界上第一台激光跟踪仪 SMART310 是航天器生产公司 BAE 和瑞士徕卡公司合作，于 1990 年开发出的产品，该产品需要配合在 DOS 系统下开发的专用测量软件使用。此后徕卡公司对激光跟踪仪进行了升级换代，先后推出了 LT500/LTD500、AT901 系列、AT401/402 系列等一系列激光跟踪仪产品。这些激光跟踪仪测量速度更快，使用也更加方便，而徕卡开发的高精度绝对测距（Absolute Distance Meter，ADM）技术解决了断光后测头需要重新定位的问题。

除徕卡公司外，还有很多公司推出了自己的激光跟踪仪产品，例如美国的法如公司推出了 X 系列和 LT＋X 系列产品。该系列产品测量精度高，校准速度快，并且结构坚固稳定，可以在户外等复杂环境中完成测量任务。同为美国的自动精密工程公司（Automatic Precision Industry，API）先后推出了 Traker 系列和 Radian 系列激光跟踪仪产品，具有轻巧便携的特点。

激光跟踪仪技术在出现之后不断发展。美国和日本均于 20 世纪 90 年代便开展了基于多站激光跟踪仪测量系统的研究，丰富了激光跟踪仪的应用场景，提高了激光跟踪仪的实际应用价值。

德国的 ETALON 公司于 2010 年推出了激光跟踪干涉仪测量系统，该系统由激光跟踪干涉仪、环境传感器、电缆线、软件等组成，大幅提高了空间距离的测量精度，配合该公司开发的软件系统，可以实现对三坐标测量机、机床和加工中心进行标准检测。

我国在 1996 年引进了徕卡的 LTD500 激光测距仪系统，在飞机装配过程中进行测量工作。此后在航空航天、机械加工制造、大型设备精密安装、计量检定等领域，激光跟踪仪的应用也愈发广泛且深入。国产的激光跟踪仪也在研制之中，1997 年天津大学设计了平面目标的跟踪和测量系统，并建立了四路激光跟踪干涉三维测量系统。1999 年清华大学设计了三站激光跟踪测量系统。近些年来，我国还提出了基于飞秒激光的激光跟踪仪，利用宽度为几飞秒到几十飞秒的超短光脉冲实现精密距离测量。此外，在理论算法上，我国进行了大量的研究。目前，激光跟踪仪系统及相关技术无论是在世界上还是在我国都有着广阔的发展前景。

（2）激光跟踪仪测量系统的组成

激光跟踪仪测量系统主要由主机、附件和软件三部分组成。

1）激光跟踪仪主机的组成

激光跟踪仪主机主要包括角度测量模块、距离测量模块、跟踪控制模块、反射器、脚架、数据处理终端。

其中角度测量模块主要包括水平编码度盘、垂直编码度盘、驱动马达和读数系统等。距离测量模块包括 IFM 测距模块和 ADM 测距模块两个部分。跟踪控制模块包括位置探测器、驱动马达、电路控制系统和反馈光路等部分。

激光跟踪仪的反射器一般为球形反射器，直径通常有 3.81 cm 和 1.27 cm 两种，内部嵌入一个空心的角锥棱镜，其测量容许误差一般不超过 ±(0.010～0.025) mm。从功能上分类，可以分为猫眼反射器（CER）、角隅反射器（CCR）和工具球反射器（TBR）

等。此外部分激光跟踪仪还会配备专用测量的特殊反射靶,如镜面反射器等。

2) 激光跟踪仪的附件

激光跟踪仪都配备了相关的现场校准工具,通常校准工具有因瓦基准尺、IFM 基距校准尺、球杆校准器三种。

激光跟踪仪也会配备其他辅助测量工具来拓展激光跟踪仪的功能,进而扩大激光跟踪仪的应用范围。常见的辅助测量工具如下:

① 高精度图像传感器,可以帮助激光跟踪仪测量空间目标的姿态。

② 智能测头,其基本原理是利用激光跟踪仪获取测头的位置坐标,通过坐标系转换得到测头末端的三维坐标值,可以用于空间姿态测量、隐藏点测量等。

③ 三维点云扫描测头,利用激光跟踪仪的三维坐标测量值和图像传感器的三维姿态测量值,配合二维工业激光扫描仪,实时获取被测物体的三维点云数据。

④ 主动式标靶,根据姿态的变化实时主动调整靶球的测量面,可以解决被测物体姿态变化较大时的跟踪测量问题。

此外激光跟踪仪测量系统还配备电子水平仪、气象传感器、测量工装等附件,提高激光跟踪仪的实用性和易用性。

15.1.4 激光跟踪仪软件介绍

测量软件是激光跟踪仪的重要组成部分之一,是链接激光跟踪仪与柔性工装系统的桥梁,是实现和拓展测量功能的主要途径。瑞士的徕卡公司、美国的 New River Kinematics 公司等均开发了自己的工业测量软件。

(1) Axyz 工业测量系统软件

Axyz 工业测量系统是瑞士徕卡公司开发的综合性多模块工业测量系统软件,采用数据库来组织和管理各类测量和非测量数据,并直接对数据库进行操作。

该系统由核心模块(CDM)和各种应用模块(如全站仪测量模块、多台经纬仪测量模块、激光跟踪测量模块等)组成。其激光跟踪测量模块基于极坐标测量原理,通过测量角度和距离来获得空间点的三维坐标,能够实现与激光跟踪仪的通信和控制,并可以实时获得高精度的测量结果。

(2) SA 工业测量系统软件

SA(Spatial Analyzer)工业测量系统是美国 New River Kinematics 公司开发的工业测量系统(目前该系统已被海克斯康收购)。该系统将测量软件和测量硬件集成在同一个系统中,可以使用一个软件对多个数据采集硬件进行统一管理,学习成本更低,操作更加灵活便捷。该系统具有兼容仪器类型多,图形功能丰富,数据解算功能强大的特点。

该软件可以直接对比 CAD 模型进行生产和安装,并且支持多种 CAD 格式文件。既可以对制造好的零件进行测量和定位,也可以对没有数字模型的零件进行测量,模拟得到其数字模型。

（3）PolyWorks 工业测量系统软件

PolyWorks 工业测量系统是加拿大 InnovMetric 公司开发的一款综合性、多模块化的工业测量系统软件平台。该软件适合处理工业测量领域内各种高密度点云数据，在 3D 扫描、逆向工程、设计检测、数字化制造和医学领域有着广泛的应用。

PolyWorks 检测模块是激光跟踪仪进行联机测量和应用的主要平台，该模块不仅可以实现单激光跟踪仪的联机测量，还可以实现多台激光跟踪仪、全站仪、扫描仪之间的通信与控制，进而对大尺寸复杂工件进行检测和分析。

（4）MetroIn 工业测量系统软件

MetroIn 是由我国自主开发的一款工业测量系统软件，采用"六自由度测站三维网平差"定向理论，适用范围广，在航空航天、汽车工业、造船业、核工业等领域都有着广泛的应用。

该系统的激光跟踪仪联机测量模块 MetroIn‑LTM 可以实现激光跟踪仪的联机控制和测量，兼容徕卡公司的 LTD500/800、AT901/930/960 等型号，以及 API 公司的 Tracker 系列激光跟踪仪，具有联机控制、静态测量、动态测量、坐标系实时转换等功能。

15.2　激光跟踪仪测量技术应用实验

15.2.1　实验基本情况

（1）面向人群

激光跟踪仪测量技术应用实验旨在介绍激光跟踪仪的基本工作原理，了解激光跟踪仪测量技术在飞机柔性装配中的应用，认识激光跟踪仪控制软件的用户界面。其面向人群为飞行器设计与制造相关专业的在校大学生，或者开设飞机智能制造装配实验课程的高校教师，以及对飞机数字化柔性装配技术感兴趣的爱好者。

（2）建议学时

激光跟踪仪测量技术应用实验建议总学时 3 学时。其中，激光跟踪仪测量系统的基本工作原理建议 1 学时，激光跟踪仪测量技术在飞机装配中的应用建议 1 学时，激光跟踪仪控制软件的用户界面建议 1 学时。

（3）实验条件

安装 Spatial Analyzer 的计算机一台，激光跟踪仪系统一套，飞机装配样件。

（4）实验目的

激光跟踪仪测量技术应用实验的目的是让同学们掌握以下内容：

① 认识激光跟踪仪，了解不同类型激光跟踪仪测量距离和角度，以及实现目标跟踪的工作原理；

② 结合激光跟踪仪在飞机柔性工装中的应用，了解飞机数字化柔性工装；

③ 了解激光跟踪仪软件系统，认识其用户界面和基础功能，并了解激光跟踪仪的

实际工作过程；

④ 使用激光跟踪仪完成对飞机装配样件的测量。

15.2.2 激光跟踪仪的原理介绍

(1) 干涉法测距原理

干涉法测距(interferometer,IFM)利用了激光辐射优良的空间相干性、时间相干性以及极高的亮度，是早期激光跟踪仪普遍依据的测距原理。该类激光跟踪仪通常使用具有干涉功能的测量磁通，采用稳频氦氖激光作为测量光源。根据测量频率的不同，可以分为单频激光干涉测距和双频激光干涉测距两种方法，激光跟踪仪通常使用单频激光干涉测距方法。

IFM 系统由氦氖激光发射器、分光镜、固定反射镜、移动棱镜、干涉条纹检测计数器组成，如图 15-1 所示。从激光发射器发出的激光束经过分光镜后分成两道光束，一道经过固定反射镜后回到分光镜，另一道则经过移动棱镜反射后回到分光镜，两束光重新在分光镜汇合后发生干涉现象。由于干涉的结果取决于两束光的光程差，其中一条光的光程固定不变，另一条则随着移动透镜位置的变化而变化，因此可以直接测量出移动透镜的移动距离。

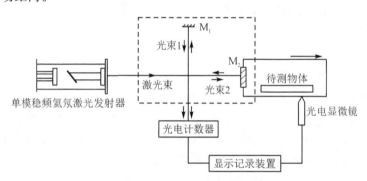

图 15-1 激光测距仪原理示意图

激光跟踪仪的跟踪原理也可以利用此系统实现，使用分光镜将部分光线反射至光电位置探测器，当目标反射器的空间位置坐标发生变化时，入射光和出射光在空间中产生偏移，光电位置探测器测得该偏移量，并将其转化为误差信号。对误差信号进行放大处理，以此控制伺服系统转动跟踪平面镜，直到光电位置探测器检测到的入射光线和反射光线重合，误差归零，此时入射光线与反射器中心重合，实现激光发射器对反射器在空间中运动的实时追踪。

氦氖激光发射器的激光束波长为 633~795 nm，因此测量反射器的微小移动都会导致干涉条纹发生变化，跟踪仪的最高测距分辨率可以达到 0.158 μm。但是随着测量距离的增加，干涉光斑逐渐增大，导致测量精度下降。

激光干涉测距只能测量出反射镜移动的相对距离，并且在每个测距过程中，激光束都不能被打断(断光)，即反射镜和激光跟踪仪主机之间不能存在遮挡。为了得到仪器中心到被测量点的实际距离,需要为反射器设置一个基准距离位置(鸟巢),该位置到仪器中心的距离值在出厂时已经通过精密测量得到,在实际应用中作为已知值。在每次测量时,都需要现将反射器放置在鸟巢位置,初始化后才能够进行测量。如果在测量过程中发生断光,则需要重新对反射器进行初始化后,方可继续进行测量,这给实际的测量工作带来了诸多不便。

此外,单频激光干涉测距受环境影响较大,恶劣的测量环境(如空气湍流)常常会导致激光发射器或者干涉信号强度发生变化,进而导致测量误差,甚至测量错误。并且由于该系统是直流测量系统,也存在电平零漂的问题。

(2) 绝对测距模式原理

绝对测距模式(Absolute Distance Meter,ADM)是徕卡公司发明的一种激光跟踪仪测量方法,可以解决在测量时断光后反射器需要回到基准位置重新初始化的问题。

ADM 测距有脉冲法测距和相位法测距两种模式,其中相位法 ADM 测距在激光跟踪仪中有着比较广泛的应用。相位法测距是由测定仪器发出连续正弦信号,通过测量信号在被测距离上往返传播产生的相位差,实现对被测距离的测量。

设激光跟踪仪发射的正弦测距信号在被测距离 D 上往返传播后,其相位变化为

$$\Delta \Phi = \omega t_{2D} \tag{15-1}$$

式中:ω 为角频率,t_{2D} 为往返传播所用的时间。由此可以计算得到激光跟踪仪中心到反射棱镜中心的距离 D 为

$$D = \frac{1}{2} \cdot v \cdot t_{2D} = \frac{c}{4\pi f n} \cdot \Delta \Phi \tag{15-2}$$

对相位差 $\Delta \Phi$ 取微分,则有

$$\mathrm{d}D = \frac{c}{4\pi f n} \cdot \mathrm{d}\Phi \tag{15-3}$$

可见,在测相分辨率一定的情况下,提高测距光线的频率,能够提高测距的分辨率,但是频率的提高也会导致测程的减小。在实际应用中,测距信号是由一组测尺频率组成的,精测测尺频率用于确保测量的精度,粗测测尺频率用于满足仪器对测程的需求。

此外,测距精度与信号的频率及带宽相关。信号频率越高,频率带宽越小,测量的精度也就越高。例如徕卡 LTD 系列激光跟踪仪,其 ADM 测距的激光频率为900 MHz,激光带宽为 150 MHz,测量精度达到了 ±50 μm。

除了可以避免断光后重新初始化的问题以外,AMD 测距技术受环境影响也较小,可以满足多种环境的测量工作。但是 AMD 测距技术获取目标位置的速度较慢,一般每秒只能测量 6 个点,导致其不能对运动物体进行快速实时跟踪测量,所以一般采用静态测量。

徕卡公司还将 ADM 和 IFM 测距技术相结合,开发了 AIFM 精密测距技术。该技术除了优化了 ADM 的测量信号参数外,还将频率提升到 2.4 GHz,带宽增加到300 MHz,让 ADM 测量的精度达到了 IFM 的精度,并将 IFM 和 ADM 技术相融合。在正常情况下使用 IFM 技术测距,如果激光束断开,反射器可以在激光束光线的任意

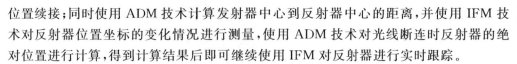

位置续接;同时使用 ADM 技术计算发射器中心到反射器中心的距离,并使用 IFM 技术对反射器位置坐标的变化情况进行测量,使用 ADM 技术对光线断连时反射器的绝对位置进行计算,得到计算结果后即可继续使用 IFM 对反射器进行实时跟踪。

(3) 激光跟踪仪测角原理

激光跟踪仪通常使用光栅度盘测量角度。光栅是用玻璃、树脂或者金属制成的具有密集等宽等距线条的光学元件。光栅有两个基本参数,一个是线条密度,即单位毫米长度范围内的条纹数量;另一个是光栅距,即相邻线条之间的距离。玻璃光栅用于透射式光栅测量系统,金属光栅用于反射式光栅测量系统。如果将两张参数相同的光栅沿线条方向小角度叠加,就会出现明暗相间的条纹,即莫尔条纹。莫尔条纹是激光跟踪仪光栅测量角度技术的基础。

光栅度盘测角装置由光源、照明系统、主光栅、指示光栅、接收光学系统以及光电探测器等部分组成。发光管发出的光经过照明系统后变成均匀平行光,照亮光栅度盘和指示光栅。当反射头发生角度变化时,导致光栅度盘和指示光栅之间发生相对运动,进而产生明暗变化的莫尔条纹信号,经过接收系统处理后将其转化为电信号,实现脉冲计数角度测量。

该测量方法测定的是光栅转动的增量,因此光栅度盘的刻画误差、角度读数电路噪声误差等都会产生累积影响。每次跟踪仪关机后,测量信息均会丢失,因此每次测量前需要将反射器放置到初始位置,进行角度的初始化。

(4) 激光跟踪仪的跟踪控制原理

跟踪控制是激光跟踪仪实现目标跟踪与动态测量的关键技术,目前激光跟踪仪的跟踪控制共有两种方法。

1) PSD 跟踪控制原理

绝大部分 IFM 测距的激光跟踪仪都使用 PSD 跟踪技术来实现对反射器的追踪。其原理在激光跟踪器的原理部分已经进行了介绍。激光跟踪仪想要实现对反射器的快速追踪,除了需要 PSD 部件外,还需要高精度的伺服驱动器以及定位系统,三者共同协作才能实现激光跟踪仪的跟踪功能。

PSD 跟踪控制能够实现较好的跟踪效果,其横向跟踪速度能够达到 4 m/s,径向跟踪速度能够达到 6 m/s。

2) ATR 跟踪控制原理

ATR 跟踪控制技术,即自动目标识别技术(Automatic Target Reorganization, ATR)。其原理是在激光跟踪仪内安装红外光源和电荷耦合器件阵列,红外光源发出的信号沿激光跟踪仪的测距轴发射到反射器上,再返回到激光跟踪仪,被电荷耦合器件阵列接收。以电荷耦合器件阵列的中心作为参考点,利用接收到的反射光位置计算反射器的水平角度和垂直角度偏差,根据偏差驱动伺服控制器控制激光跟踪仪运动,直到反射光线回到参考位置,实现对激光跟踪仪的跟踪控制。

相比于 PSD 跟踪技术,ATR 跟踪技术的效果稍差,其横向与纵向跟踪速度均在 3 m/s 左右。

15.2.3　利用激光跟踪仪测量实验场地中的指定点

(1) 测量对象

利用激光跟踪仪对实验场地中的指定点进行测量,实验场地如图 15-2 所示。

(2) 实验步骤

① 首先安装激光跟踪仪(如图 15-3 所示),将激光跟踪仪的三脚架移动到指定的站位上,确保所在平面洁净,并处于水平;随后将三脚架固定,确保移动滑轮处于悬空状态。

② 在加长套筒上安装快速锁紧装置,调整三脚架三个支撑脚的高低,确保激光跟踪仪的跟踪头水平。

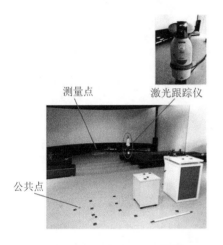

图 15-2　激光跟踪仪及其测量场地

图 15-3　Leica AT901 激光跟踪仪

③ 将跟踪仪的控制器放置到合适位置,控制器如图 15-4 所示,不能与激光跟踪仪相距超过 10 m,需要注意在摆放时不能遮挡控制器的冷却风扇。

图 15-4　激光跟踪仪控制器

④ 取出电机电缆和传感器电缆,并将线缆理顺,避免线缆出现交叉。

⑤ 按照控制器上的指示标记,一次插入传感器电缆,将传感器与控制器相连。同时按照激光跟踪仪本体上的标记,插入传感器电缆,将其与激光跟踪仪本体相连。

⑥ 使用 RJ‑45 网线将控制器和计算机相连,确保连接无误。

⑦ 连接控制器的电源,打开控制器,待系统自检完成后,打开系统伺服系统开关。

⑧ 打开 Tracker Calib 软件,与激光跟踪仪连接,将激光跟踪仪的靶镜放置到 3 m 以外的地方,固定靶镜位置,进行前后视检查,界面如图 15‑5 所示。

⑨ 将靶镜放到 5 m 以外的位置,单击软件中的单点快速体积补偿进行体积补偿,调整数据使其小于 0.001,完成激光跟踪仪的校准工作,界面如图 15‑6 所示。

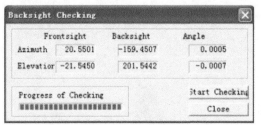

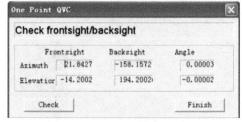

图 15‑5　前后视检查界面　　　　　　　　图 15‑6　体积补偿检查界面

⑩ 打开 Spatial Analyzer 软件,选择对应的激光跟踪仪型号,如图 15‑7 所示。待软件和激光跟踪仪连接之后,将反射器放置在 Home Point 上进行初始化。

图 15‑7　Spatial Analyzer 软件选择激光跟踪仪界面

⑪ 在软件中新建文件夹，建立采集组，采用固定点测量。

⑫ 将激光跟踪仪的靶球放置到测量环境中已经标记的待测量点上，注意在移动过程中不要遮挡靶球和跟踪仪之间的光路，否则需要将靶球归位，待激光跟踪仪自动完成重新校准后，再次重新测量。

⑬ 单击软件中的测量按钮，获得测量数据，如图 15-8 所示。

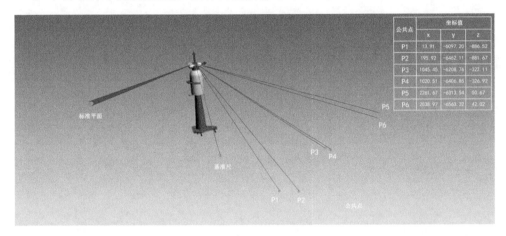

图 15-8　激光跟踪仪对测量空间中的基准点和待测量点的测量结果

第 16 章

iGPS 测量技术原理及应用实验

16.1 背景介绍

16.1.1 概 述

随着"工业4.0"的蓬勃发展,航空制造业逐渐步入自动化、数字化时代。许多传统的飞机生产制造模式已无法满足高精度、高质量的飞机生产要求。飞机水准仪测量是飞机装配制造的关键环节,直接反映了飞机的整体装配质量。国产飞机的水平测量延续了20世纪80年代以来使用的方法,传统的光学测量是主要的测量方法。在测量过程中,用水平仪和经纬仪测量机翼和机身的参考点,然后计算这些点在机身坐标轴上的偏差。测量结果反映了测量点之间的相对值。主要测量内容为角度和距离(或高差)。测量公差采用前航空工业部30年前颁布的 HB/Z103—86。规定的误差通常在几毫米到几十毫米之间,已经不能满足现代设计对整体尺寸的高精度要求。

16.1.2 iGPS 技术的应用背景

在飞机制造过程中,装配占总工作的40%~50%,装配质量直接影响飞机的最终性能。飞机部件的对接是装配的重要组成部分。对接的效率会影响到整架飞机的装配效率,对接的质量会直接影响到整架飞机的性能。数字测量技术是提高飞机部件对接效率和质量的有效途径。

iGPS(室内GPS)可同时测量多个点,具有良好的可扩展性,可提供飞机部件的实时、全局测量信息。这是解决飞机自动装配领域数字化测量与定位问题的一种新方法。目前,国外航空制造企业已将iGPS作为飞机自动装配平台上的测量方法之一,显著提高了飞机装配效率。在B787装配平台上,波音公司使用iGPS作为总装线的测量手段;空客欧洲公司将iGPS应用于灵活的装配工具定位和组件对接。哈飞、成飞、陕西航空等国内飞机制造商相继推出了iGPS测量系统,但目前的研究主要集中在iGPS的性能测试和辅助测量上,尚未形成较为系统的应用方案。特别是在飞机部件的对接中,iGPS 的应用研究才刚刚开始。

美国波音飞机制造公司于 1998 年开始研究 iGPS 测量技术。该系统已应用于从 B747 到 F/A18 的飞机装配线,解决了大尺寸零件的测量问题,尤其适用于大尺寸零件的装配、检验和校直。在该测量系统中,四个红外发射机安装在光学底座上或固定在测量区域的每个角落。激光辐射属于 I 类(对人眼无害)。发射器的有效距离为 49 m,接收器是一个由光电探测器组成的 38 mm 球体。用户可以使用掌上电脑或笔记本电脑收集数据。该系统测量了直径为 6.1 m 的 B747 的机身截面,发动机加载在机翼上时机翼末端的偏转,以及机翼弦的轮廓。测量长度为 30.5 m,要求测量精度为 0.127 mm,飞机装配精度为 0.25 mm。目前,当测量范围大于 3 m 时,iGPS 测量系统的精度为 ±0.09 mm。

iGPS 测量系统的发射机由两个旋转激光器组成。每个接收器计算相对于发射器的垂直和水平角度,并根据这些数据确定其位置。对于传统的经纬仪和激光跟踪仪,用户一次只能测量一个目标。它是一个串行测量工具。iGPS 测量系统可同时测量 25 个目标。每个接收器读取自己的垂直和水平角度,因此它是一个快速的平行测量工具。操作者可以根据数据调整工件位置,获得工件实际位置与目标位置之间的距离。该模型不需要复杂的工具,可以减少人为干预。减小了测量误差,大大提高了装配质量。

16.1.3　iGPS 技术的发展背景

20 世纪 70 年代,美国陆军、海军和空军联合开发了全球定位系统 GPS,主要为陆军、海军和空军提供实时、全天候和全球导航服务,用于情报收集、核爆炸监测和应急通信等军事用途。经过几十年的发展,GPS 系统不仅被用于军事用途,而且逐渐渗透到人们的日常生活中,被视为全球定位系统。GPS 系统的优势不仅在于其先进的技术,更在于其系统理念。

90 年代,Arcsecond 受 GPS 测量原理启发,率先研制出高精度、高可靠性、高效率的室内 GPS (iGPS)系统,主要用于解决室内大空间的测量定位问题。iGPS 为大尺寸物体的精确测量提供了一种新的方法,解决了飞机形状、大型船体等大尺寸物体的精确测量问题。与 GPS 一样,iGPS 利用三角测量原理建立三维坐标系来实现定位。不同之处在于,iGPS 使用红外激光而不是卫星(微波)信号。iGPS 利用室内激光发射机(基站)连续发射带有位置信息的单向红外激光。接收机在接收到信号后,可以获得发射机与接收机之间的两个角度值(类似于经纬仪的水平角和垂直角)。在知道基站的位置和方位信息后,只要有两个以上的基站,就可以通过角度交点法计算出接收机的三维坐标。

iGPS 测量系统具有以下优点:

① 多用户测量。iGPS 测量字段是共享资源字段。位于测量现场的接收器独立工作,互不影响。就像 GPS 系统一样,可以增加传感器和接收器的数量以增加用户数量。

② 测量范围宽。在 iGPS 测量网络中,通过增加发射站,可以在不损失测量精度的情况下扩大测量范围,其工作范围为 2～300 m。

③ 抗干扰性好。测量过程允许光损失而不影响测量精度。

④ 无需转移工位测量。可以通过增加发射机或重建发射机来测量系统中的所有测量点,从而减少或消除中转站误差。

⑤ 可视化程度高。无论是在测量现场还是在中央控制中心,操作员都可以通过掌上电脑或计算机屏幕实时查看测量点的三维坐标。

⑥ 多次校准。只要校准站位置不变,测量场可以无限期使用。

基于以上优势,近年来,国内外业界对 iGPS 测量系统进行了深入研究。研究人员指出,iGPS 可用于隧道掘进机等隧道设备的导航和飞机机身结构应力状态下的变形测量;德国亚琛工业大学和尼康公司的 Robert Schmitt 通过对不确定性的研究指出,iGPS 系统除了可以用于机器人的控制和校准外,还可以广泛应用于航空、航天、造船、汽车等大型、高精度的定位和测量设备制造领域。

16.1.4　iGPS 系统的组成

(1) 硬件组成

1) 3Di 星座群

3Di 星座由多个红外激光发射器(也称为主机)组成,如图 16－1 (a)所示。这部分的结构和功能类似于 GPS 系统中的卫星。每个发射器发射红外激光信号(激光级别为 2),包括两个扇形光束和一个选定光束。两个或多个发射器组成一个星座。随着发射器数量的增加,空间定位精度可以进一步提高。

测量时,发射器应稳定固定在测量空间内。激光发射器的安装形式分为固定型和移动型。移动型:使用便携式三脚架将发射器连接到顶部;固定型:将发射器固定在轻钢支架上,或用直角底座将发射器固定在墙上或天花板上。

目前,单台发射器的信号覆盖范围为 2～55 m。随着变送器数量的增加,测量范围可以扩大。角度测量精度优于 ±1.0″,水平和垂直测量范围分别为 ±180° 和 ±20°,信号传输频率为 40～55 Hz,不同发射器的旋转频率差小于 0.1 Hz,预热时间为 15 min。

2) 基准尺

与经纬仪系统类似,iGPS 测量系统也提供了一个标尺,如图 16－1 (b)所示。信号接收器稳定地安装在天平的两端。两个信号接收器之间的距离在测量之前由激光干涉仪精确校准。iGPS 标准尺有 1 m 和 2 m 两种。基准尺主要有以下三个方面:

- 引入并建立系统的长度基准;
- 在系统构建时用作光束调整的定向点;
- 校准测量系统的精度。

3) 接收器

接收器数量可根据需要配置。接收器的功能类似于 GPS 接收器,接收来自星座的红外激光信号,以进行空间定位。接收者的数量没有限制。接收器可以设计成多种风

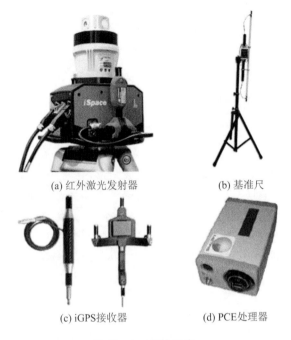

(a) 红外激光发射器　　　(b) 基准尺

(c) iGPS接收器　　　(d) PCE处理器

图 16 - 1　硬件组成

格,包括 t 形、球形、圆柱形、手持等,如图 16 - 1(c)所示。此外,还可根据用户要求进行更改和定制。目前,它可以扩展到 3 m。

例如圆柱形接收器是水平方向 360°、垂直方向±60°的全向接收器。手持测量探头由两个接收器组成,提供 5 个自由度的测量,使用可更换的硬探头测量其末端的隐藏点。

4) 坐标解算处理器

位置计算引擎(PCE)是 iGPS 测量系统的主要组件,如图 16 - 1 (d)所示。它使用 TCP/IP 协议从放大器接收数字信号,并将其转换为角度数据信息。然后,根据角度信息,获得空间的三维坐标值,并将三维坐标值传输到计算机。处理器具有以下配置:单头模式,实时处理接收器接收的多达 6 个发射器的信号;双头模式,实时处理 2 个接收器接收的多达 6 个发射器的信号,即处理手持式测量探头的信号;多头模式,可对 4 个接收器接收的多达 6 个发射器的信号进行非实时处理。

5) 附　件

iGPS 测量系统的附件主要包括:

• 放大器:将模拟信号转换为数字信号,然后将其发送到有线 PCE 处理器;

• 信号传输设备:将接收到的信号从发射器传输到处理器;

• 三脚架:一种特殊的铝合金吊舱,主要用于固定星座发射器及其辅助设备、基准尺及其辅助装置;

• 电源装置:主要包括发射器电源装置、PCE 电源装置等。

（2）软件组成

定位网络软件（PNS）将处理器发送的各种角度信息（方位点、参考比例尺、测量点）处理成坐标信息。PNS 与 SA、Metrolog II、Build IT 和 Rhino 等第三方软件无缝连接。通过第三方软件对坐标信息进行进一步处理，得到用户所关心的形状和位置误差信息。

16.1.5　iGPS 测量原理

角度测量原理

红外激光发射器发射两束扇形光束，如图 16-2（a）所示。两个扇形光束在水平面上形成角度，标称值为 90°，与旋转轴分别形成角度，标称值为 30°。当变送器旋转时，有两束扇形光束扫过测量范围，如图 16-2（b）所示。每个发射器都有不同的转速，因此可以识别不同的发射器。第三束是选定的脉冲，这是每个旋转的开始标记（检查回来），其实质是方位角基准线。频闪脉冲的发射/接收范围基于发射器的"前端"。俯仰角的测量范围在方位角±145°范围内为±30°。发射器的测量距离由扇形光束的垂直传播、所选脉冲的水平传播以及扇形光束与所选脉冲的测量距离决定。

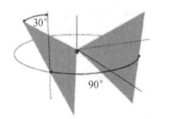
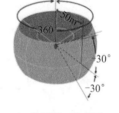

(a) 发射器的两束扇形光束　　　(b) 发射器工作范围

图 16-2　角度测量原理

在测量过程中，采用频闪脉冲作为定时零位。将发射器发送的第一扇波束到接收器的时间记为 t_{L1}，将第二扇波束到接收机的时间记为 t_{L2}。若发射器旋转角速度为 ω，则水平角 A_z、垂直角 E_1 分别为

$$A_z = \frac{(t_{L1} + t_{L2})\omega - \theta}{2} \tag{16-1}$$

$$E_1 = \arctan\left(\frac{2\sin\dfrac{(t_{L1} + t_{L2})\omega - \theta}{4}}{\tan\varphi}\right) \tag{16-2}$$

根据上述分析，方位角由发射器的转速、所选脉冲与接收器接收到的两个扇形波束之间的时间差以及两个扇形波束在方位角平面上的投影角度决定。俯仰角由发射器的转速、两个扇形波束之间的时间差以及扇形波束与旋转轴之间的角度决定。如果发射器可以调平，则方位角是水平的，俯仰角是垂直的。

对于单个发射器，如果接收器获得其水平和垂直角度，则发射器起电子经纬仪的作用。然后使用两个或多个发射器组成一个测量系统。利用系统标定后的角度观测值确

定各发射器之间的相对位置关系,便可以获得空间点的三维坐标值。

16.1.6　iGPS 的星座平差

虽然接收器可以测量每个发射器的水平和垂直角度值,但与经纬仪系统相比,iGPS 星座的发射器不能互相看。因此,在实际测量中,iGPS 系统采用的方位角测量方法为:

(1) 光束法平差(Bundling)

在由四个变送器组成的测量空间中,测量尺依次放置在不同的位置。参考尺两端的接收器依次接收各发射器的信号,相当于经纬仪依次瞄准各个方向点,以测量水平角和垂直直角。根据波束调节原理,实现了系统的定向。新一代 iGPS 系统还可以通过在空间中任意移动手持接收器实现定位解决方案。

光束调整和定向的过程相对简单快速,不需要其他测量设备。但是,它受温度等环境因素的影响很大。因此,如果进行一天的测量,一般需要观察两次。

(2) 固定参考点平差(Monuments)

在该方法中,在空间测量范围内设置多个具有固定参考点的接收器。这些固定参考点之间的位置关系通常由激光雷达或激光跟踪仪等高精度测量设备获得。一般来说,这种方法受环境因素影响较小,固定参考点调整精度比光束调整精度高。

(3) 混合定向法(Hybrid Method)

该方法结合了光束调节和固定基准点调节两种方法(见图 16 - 3)。该系统首先利用光束调整建立坐标系,然后依次测量固定参考点,并直接将测量坐标转换为固定参考点坐标系。混合定位方法结合了两种方法的优点,但总体而言,其精度略低于固定参考点法。

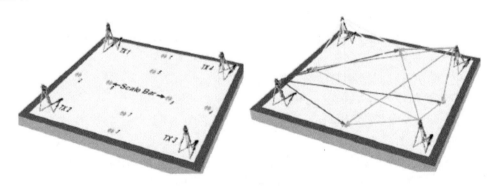

图 16 - 3　iGPS 系统布设规划图

系统完成定向后,即可得到各个发射器在测量坐标系中的位置和姿态。

16.1.7　iGPS 的测量精度

iGPS 的空间定位基于角前交叉原理。然而,整个系统的误差主要来自四个方面:与发射器相关的误差、与接收器相关的误差、环境误差和台站误差。

(1) 与发射器相关的误差

两个扇形波束与旋转轴的夹角、两个扇形波束形状的锥形误差、两个扇形波束在发射器旋转头平面上的夹角不符合标称值所引起的误差。这五种误差都是系统误差,可以通过相关的校准程序进行校正。

(2) 接收器相关误差

例如,圆柱形接收器的表面不是光滑连续的,而是由多个平面光接收器组成的。因此,需要对每个接收器的实际直径和平面光电接收器的偏差值进行校准。如果直径设置为 1 cm,则误差的标准不确定度为 0.03 mm。

(3) 环境误差

在户外使用时,太阳中的红外光会造成干扰。距离越远,误差越大。因此,该系统通常在室内使用。温度和气压都会影响光学系统,因此应尽量避免严重的温度梯度。通过四向观测和增加气象传感器提高精度,可以降低温度和压力变化的影响,但不能完全消除。

(4) 台站误差

系统建立过程中的误差可以参考经纬仪测量系统的相关部分。不确定度由两部分组成:0.030 mm 的固定误差和 0.8″的比例误差。

16.2 iGPS 操作实验

16.2.1 实验基本情况

(1) 面向人群

iGPS 操作实验旨在通过对仪器实际操作让读者熟悉 iGPS 的基本使用方法以及测量软件 Surveyor 的使用,其面向人群为飞行器设计与制造相关专业在校大学生,或者开设飞机数字化测量实验课程的高校教师,以及对飞机数字化测量感兴趣的爱好者。

(2) 建议学时

iGPS 操作实验建议总学时 3 学时。

(3) 实验条件

iGPS 设备一台,安装 Surveyor 软件的计算机一台。

(4) 实验目的

iGPS 操作实验的目的是让同学们掌握以下内容:熟悉 iGPS 设备的使用;使用 iGPS 进行水平测量实验;掌握测量结束后对实验结果的处理过程。

16.2.2 iGPS 的水平测量实验

飞机数字水平测量是利用数字精密测量仪器,选择飞机表面的若干特征点作为标记进行测量并获得测量数据,以便进行飞机水平测量、大型零件和飞机形状结构的变化测量。当飞行器处于任何姿态时,使用精密测量仪对准特征点进行测量,均可获得空间三维坐标数据。采用自动调平技术建立飞机水平测量的参考坐标系,通过数据处理得到飞机水平测量结果。根据实验内容中的操作步骤完成 iGPS 设备的使用,完成 iGPS 水准仪的测量过程,并对测量结果进行分析。

主要步骤如下:

① 测量参考点以获得参考点在当前坐标系中的三维坐标,包括 iGPS 发射机布局、iGPS 网络校准等。

② 测量水平特征点,使用 iGPS 和激光雷达测量水平特征(可达和不可达部分);还可以选择两个系统同时工作以提高效率。

③ 建立水平测量坐标系:根据飞机调平要求,可以得到当前坐标系与水平测量坐标系之间的转换关系,并对水平点进行相应的坐标转换。

④ 测量结果的数据处理和输出:根据测量结果的要求对测量的水平数据进行数学运算,并根据需要输出水平测量数据表、矢量图、数据文件和测量报告等测量结果。

该水平测量方法流程如图 16 - 4 所示。

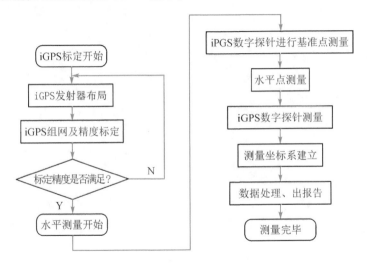

图 16 - 4　水平测量方法流程图

(1) 测量过程

1) 建立数字化测量网络

iGPS 测量系统自由组网,建立自己的网络坐标系 1;激光雷达通过中转站 2 的数据融合建立了自己的设备坐标系。基于水平测量系统的硬件集成技术,统一了 iGPS 和激光雷达的坐标系,建立了飞机系统校准的数字测量网络坐标系。固定接收器中心点、无线接收器中心点和测量坐标系均匀分布在测量场中,如图 16 - 5 所示。

2) 飞机数字调平

图 16 - 6 显示了飞机参考点的位置,包括飞机后对称参考点、机身左右俯仰参考点、飞机机翼滚转参考点。

图 16 - 7 显示了飞机参考点的测量位置。iGPS 设备用于空间联网后,iProbe 组件用于连续测量飞行器参考点的空间坐标,并建立参考坐标系。

图 16 - 5　数字化测量场坐标系及接收器中心点分布示意图

图 16 - 6　飞机基准点示意图

图 16 - 7　飞机坐标系建立示意图

3）水平点测量

iGPS 测量系统和 LIDAR 测量系统结合用于水平点测量。为了说明测量过程，分别设计了两种水平点测量方案。iGPS 数字探头测量如图 16-8 所示。

图 16-8　基于 iGPS 飞机水平测量示意图

（2）Surveyor 软件操作

Surveyor 软件用于 iGPS 测量数据收集和测量设备配置。在 Surveyor 内部，可以配置基本 iGPS 测量系统参数、发射器参数、DTK 参数和 iProbe 参数。测量员可以建立测量目标（帧）并获得该帧的测量状态和坐标信息。测量员还可以监测变送器的运行状态并校准系统。此外，Surveyor 还提供了二次开发界面。通过调用勘测员提供的动态链接库，用户可以获得勘测员捕获和处理的勘测信息，并开发特定的面向项目的应用程序。

1）飞机水平测量坐标系建立

（a）iGPS 测量坐标系的建立

配置 iGPS Surveyor 软件。首先，通过输入每个激光器的相应配置文件，将所有激光器添加到 Surveyor（见图 16-9）。

然后，在 Surveyor 中配置 PCE 类型。PCE 是一种定位器，用于计算传感器的位置，并通过无线或有线传输将位置信息发送回工作站（见图 6-10）。

（b）标定系统

系统将提示操作员开始收集数据。操作员收集数据有两种方式：一是利用布置在测量现场的固定传感器采集数据，从而对系统进行校准，计算并获得系统中所有激光发射器的相对位置关系；二是操作人员可以随意移动标准杆，在测量场周围走动，准确计

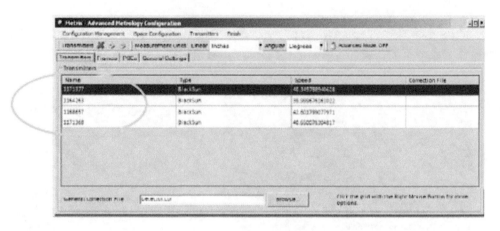

图 16 - 9　发射器配置

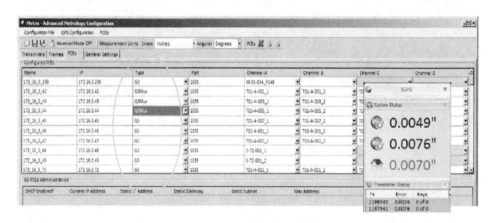

图 16 - 10　PCE 配置

算变送器的相对位置,如图 16 - 11 所示。

　　同时,测量师的健康监控功能,使操作人员在测量过程中实时监控每个激光发射器和系统的状态,确保系统在整个测量期间处于最佳状态。

　　建立 iGPS 坐标系,将激光发射器加入 SA,将带有校准信息的测量文件导入 SA,引导激光发射器定位,建立软硬件连接,如图 16 - 12 所示。

　　建立坐标系的原点,并在第一个激光发射器上建立原点。通过使用先前校准的每个激光发射器的位置关系来建立坐标系,如图 16 - 13 所示。

* 分别通过 iGPS 快速测量所有飞机水平点。
* 将当前测量坐标系转换为飞机水平测量坐标系。

2) 水平点测量和数据处理

　　iProbe 用于测量飞机的水平点,测量点显示在 SA 软件中。同时,可以导入被测飞行器的数学模型进行数值模拟,将被测点的三维坐标值与这些点的理论坐标值进行比较,自动生成比较结果并以不同颜色显示。

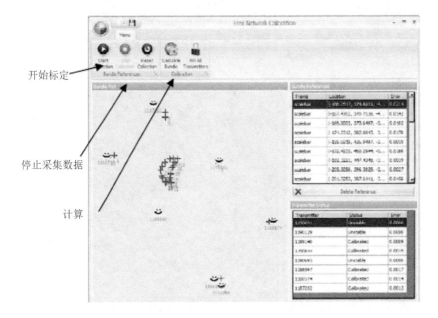

开始标定

停止采集数据

计算

图 16 - 11　绑定界面

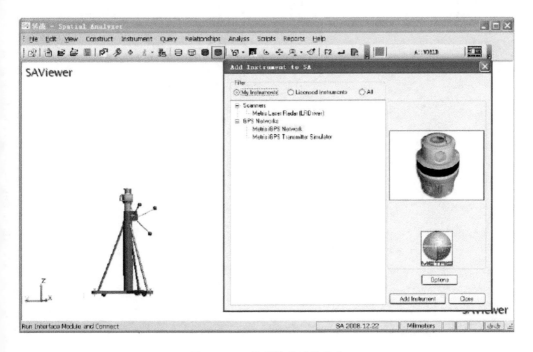

图 16 - 12　软硬件关系的确定

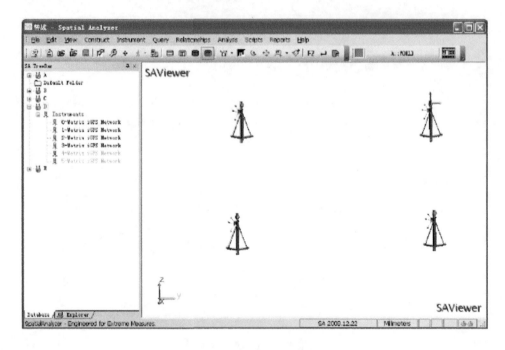

图 16 - 13　测量坐标系的建立

第 **17** 章
蓝光扫描仪测量原理及应用实验

17.1　背景介绍

17.1.1　概　述

　　以三维建模和仿真为核心技术的数字制造技术已广泛应用,推动着制造技术从体验制造向科学制造转变。基于三维扫描技术的逆向工程是一种先进的数字设计技术。逆向设计数据的早期来源是机械测量,这是低效和不准确的。目前,三维扫描技术用于数据采集,可以大大提高逆向设计数据的准确性。蓝光三维扫描仪是一种具有蓝色光源的结构光扫描仪,具有较强的抗干扰能力。目前,蓝光扫描仪已在制造和监测领域得到了广泛应用,同时也已经是航空制造领域重要的数字化测量手段。本章中,将从三维扫描技术发展历史、蓝光扫描仪介绍、点云测量原理、点云配准算法等几个方面介绍蓝光扫描仪测量技术,并结合一个蓝光三维扫描测量实验,加深同学们对蓝光扫描仪测量技术的理解。

17.1.2　三维扫描技术发展历史

　　20 世纪 50 年代末,一家意大利公司发明并制造了第一批三维测量设备。1965 年,罗伯特发表了一篇题为《三维物体的机器感知》的论文,指出可以通过计算机显示技术获得物体的三维空间坐标信息,从而拉开了三维扫描和计算机相结合的新技术发展的序幕。80 年代中期,出现了一种由扫描头、控制电路和机械部件组成的光电一体化产品。该产品采用逐行扫描方式获取数字信号,并以点阵形式保存,然后使用文件编辑软件将其编辑为标准格式文本并存储在磁盘上,这就是三维扫描仪的原型。此后,越来越多的公司开始开发三维扫描成像技术和设备。

　　第一代三维扫描技术是以三坐标测量仪、点激光测量仪和关节臂扫描仪为代表的点测量技术。该技术通过每个测量点反映物体的表面特征。其具有精度高的优点,但速度慢。随后,以激光三维桌面扫描仪、激光三维手持扫描仪和激光关节臂扫描仪等为代表的线测量技术被广泛应用。它通过有效的激光线照射物体表面,然后通过传感器获得表面数据信息。目前,发展最快、应用最广泛的表面扫描技术是结构光三维扫描仪、光栅扫描仪和三维摄影测量系统。光栅扫描技术,可以通过光栅位移,然后通过传感器采集表面数据信息。

蓝光三维扫描仪,是近年出现的一种选用蓝色光源的结构光扫描仪,也常被称为蓝光摄影式三维扫描仪。由于使用蓝光作为单一色彩的光源,其抗干扰能力远强于白光扫描仪,能够耐受周围杂乱的环境光,能在环境杂乱的条件下正常使用。在本章实验中,使用蓝光扫描仪进行飞机工件的测量。

17.1.3　蓝光扫描仪介绍

蓝光扫描仪属于三维扫描仪范畴。目前市面上三维扫描仪的种类和品牌很多,三维扫描仪测量原理的不同一般是因为采用的光源和三维技术不同所以有差异化。三维扫描仪主要用于对物体空间外形和结构进行扫描,以获得物体表面的空间坐标,侦测并分析现实世界中物体或环境的形状(几何构造)与外观数据(如颜色、纹理等性质)。拍照式三维扫描仪因其扫描原理类似于照相机拍摄照片而得名,是为满足工业设计行业应用需求而研发的产品。其扫描速度快,精度高,可按需求自由调整测量范围,从小型零件扫描到车身整体测量均能完美胜任,具备极高的性能价格比。如图 17-1 所示,主机包括由两个或两个以上工业照相机组成的三维扫描仪,用于在试验物体表面上信息采集阶段,同时投射一组勘测线的装置的降压器,以及同时投射相机,结合计算机视觉、光电传感器、图像处理、控制程序等,三维物体表面上的数据可以在短时间内获得。

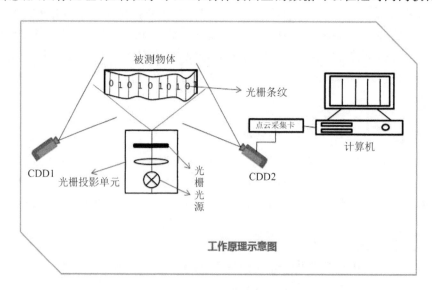

图 17-1　拍照式三维扫描仪的测量原理

本章实验中所使用的蓝光扫描仪属于拍照式三维扫描仪。蓝光三维扫描仪,是一种相对于传统白光三维扫描仪而言选用蓝色光源的一种结构光扫描仪,也常被称为蓝光摄影式三维扫描仪。与白光拍照式三维扫描仪不同的是,蓝光作为单一色彩的光源,其波长处于 380~450 nm 之间,而其间 380~410 nm 的蓝光又被称为高能蓝光。因为蓝光具有波长短,能量高的物理性质,因此,3D 扫描仪一类的光源可以使用蓝光,其具有许多优点。包含这一优势的模型的效用是:具有比白光更强的抗力干扰器的模型,因此,通常可以在混乱环境中使用蓝光进行扫描。因为相机的传感器容易遭到外界不可见光的干扰,而蓝光拍照式三维扫描仪自身装备的滤光片能够很好地处理这一问题,恰恰弥补了白光扫描仪的缺陷。使用蓝光扫描仪进行测量如图 17-2 所示。

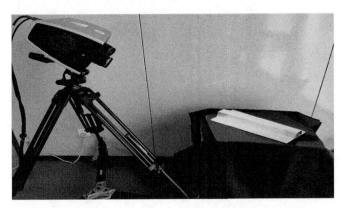

图 17-2　使用蓝光扫描仪进行测量

17.1.4　点云测量原理

随着 LiDAR、Kinect、蓝光扫描仪等高精度传感器的快速发展,点云已成为表征三维世界的主要数据格式。2D 相机例如通常使用的面阵相机、线扫相机采集出来的图像,我们称之为平面图像。而蓝光扫描仪可以根据发射光线和接收反射光线的时间差计算出被测物体表面每个点(像素)的深度信息(到相机的距离),结合每个像素在平面上的位置,就可以得到被测对象的点云(深度图)。深度图是特殊信息表达形式,在空间中反映三维数据。与平面图像相比,图像深度可以将自然背景与辅助信息从第三维分离出来。此外,2D 信息往往随着投影法而改变,但 3D 对不同的测量方法更统一。与图片不同,三维图像表达的是特定形式的信息。其表现形式包括:深度图(以灰度表达物体与相机的距离),几何模型(由 CAD 软件建立),点云模型(所有逆向工程设备都将物体采样成点云)。可见,点云数据是最为常见也是最基础的三维模型。点云模型往往由测量直接得到,每个点对应一个测量点,未经过其他处理手段,故包含了最大的信息量。然而,这些信息隐藏在点云中,需要以其他提取手段将其提取出来,提取点云中信息的过程则为三维图像处理。

通常我们直接通过蓝光扫描仪测得的点云是在相机坐标系下的点的数据集。点包含了三维坐标 X,Y,Z 信息。由于蓝光扫描仪只使用一定波长范围内的蓝光,因此无法获得物体的颜色信息,只能专注于物体表面的形状。由于蓝光扫描得到的点云间距很小,极为致密,从视觉上会感觉像一个面而非点的集合(见图 17-3)。同时,大量点的数据也给数据处理带来了较大的计算量。

点云配准的价值在于它在众多计算机视觉应用中独特而关键的作用。

(1) 三维重建

生成完整的三维场景是各种计算机视觉应用的基础和重要技术,包括自动驾驶中的高精度三维地图重建、机器人技术中的三维环境重建和实时监控地下采矿的三维重建。例如,点云配准可以为机器人应用中的路线规划和决策构建三维环境;在地下采矿空间进行大型三维场景重建,以准确监控采矿安全。

图 17-3　蓝光扫描得到的叶片点云

(2) 三维定位

在三维环境中定位移动智能设备的位置对于机器人技术尤为重要。例如,无人驾驶汽车估计其在地图上的位置(例如<10 cm)及其到道路边界线的距离。点云配准可以将当前的实时三维点云精确匹配到所属的三维环境中,提供高精度的定位服务。

(3) 姿态估计

将一个点云 A(3D 实时视图)与另一个点云 B(3D 环境)对齐,可以生成与点云 B 相对的点云 A 的姿态信息,这些姿态信息可用于机器人的决策。例如,可以获得机器人手臂的姿势信息,从而决定移动到哪里以准确地抓取对象。姿态估计应用表明,该配准方法还提供了一种了解环境中 agent 信息的方法。

由于点云配准在许多有价值的计算机视觉应用中扮演着重要的角色,因此迫切需要对点云配准进行全面的研究,以使这些应用受益。

17.1.5　点云配准算法

点云配准(Point Cloud Registration)指的是求得一个变换 T,对于源(source)点云和目标(target)点云,使得源点云在经过矩阵 T 的变换后与目标点云的重合程度尽可能高。点云配准在众多计算机视觉应用中具有独特而关键的作用,其生成完整的三维场景是各种计算机视觉应用的基础和重要技术,包括自动驾驶中的高精度三维地图重建、机器人技术中的三维环境重建和实时监控地下采矿的三维重建。此处 T 只考虑刚性变换的情况,即变换只包括旋转、平移。点云配准可以分为粗配准(Coarse Registration)和精配准(Fine Registration)两步。粗配准是指在两幅点云之间的变换完全未知的情况下进行较为粗糙的配准,目的是为精配准提供较好的变换初值(可以用 FPFH+SAC 来做);精配准则是给定一个初始变换,进一步优化得到更精确的变换(可以用 NDT 和 ICP 来做)。目前应用最广泛的点云精配准算法是迭代最近点算法(Iterative Closest Point,ICP)及各种变种 ICP 算法。本小节将重点介绍 ICP 算法。ICP 的目的是用来求解两个点云集合转换关系,也是目前最通用的方法。最基本的 ICP 是通过对应点去求解点云的对应关系,后期演变出点线 ICP、点面 ICP 等众多的方法。

给定两个点云集合：

$$X = \{x_1, x_2, \cdots, x_{N_x}\}$$
$$P = \{p_1, p_2, \cdots, p_{N_p}\} \qquad\qquad (17-1)$$

式中：P 为源点云；X 为目标点云；x_i 和 p_i 分别表示点云中各个点的位置（三维坐标），也可以理解为点在相机坐标系下的位置矢量；N_x 和 N_p 表示点云中点的数量。注意，两个点云中点的数量大概率是不同的，两个集合中的点也并非一一对应的。两个点云若是对物体两个不同位置、不同部分的测量结果，那其中的大部分点必然都不会是对应点，但两个测量的位置必须有一部分重合，这样才能根据该重合的部分找到两个点云的位置关系。如图 17-4 所示，对同一个物体扫描两次，由于扫描设备的缺陷，每次扫描都不能得到完整的点云，但两次扫描得到的点云有相当一部分是重合的，可以进行配准得到更加完整的点云。点云配准的算法就是根据两个点云重合的部分找到两个点云的变换矩阵。但当点云足够致密时，对源点云 X 中的每个点 x_i 可以在目标点云 P 中找到一个足够接近（两者之间距离小于阈值）的点 p_i，视为对应点。因此，ICP 算法的核心算法可以表示为：求解旋转矩阵 R 和平移向量 t。

图 17-4　点云配准

ICP 一般算法流程如下：

① 点云预处理：滤波（去除一定范围之外的点，去除地面）、清理数据（去除 nan 值）等；

② 匹配：应用上一步求解出的变换找最近点（之前最好先做好粗配准，ICP 对初值的要求比较高）；

③ 加权：调整一些对应点对的权重；

④ 剔除不合理的对应点对；

⑤ 计算 loss；

⑥ 最小化 loss；

⑦ 回到步骤2)进行迭代直到收敛。

整体上看,ICP 把点云配准问题拆分成了两个子问题:找最近点和找最优变换。完整的 ICP 算法推导本章中不再赘述,感兴趣的同学可以自行查阅资料了解。

在实际使用 ICP 算法时还有一些事项需要注意:ICP 比较依赖于变换初值,平移比较简单,直接用点云质心来估计;旋转初值的话可以手动调一个粗略值,或者沿每个轴的旋转进行采样、组合来尝试(不适合实时性应用);点太多的话可以先降采样;找到一些 Anchor 点对(比如先用特征点匹配),有助于加速收敛;对应用场景可引入一些合理假设,比如限制旋转、平移的范围,变换自由度数量等。

17.2 蓝光扫描仪测量实验

17.2.1 实验基本情况

(1) 面向人群

蓝光扫描仪测量实验旨在让读者熟悉使用蓝光扫描仪进行数字化测量的基本流程,更加全面地了解蓝光扫描仪在现代飞机制造中的应用,深入理解结构光三维扫描的基本原理以及点云配准的基本原理,熟悉三维扫描仪软件的操作和使用。其面向人群为飞行器设计与制造相关专业的在校大学生,或者是开设飞机数字化设计实验课程的高校教师,以及对飞机数字化设计感兴趣的爱好者。

(2) 建议学时

蓝光扫描仪测量实验建议学时为 4 学时。其中,蓝光扫描仪的简介、三维扫描的发展历史以及基本原理建议 2 学时。蓝光扫描仪测量实验流程建议 2 学时。

(3) 实验条件

蓝光扫描测量仪一台(见图 17-2)、显影剂、被测零件。

(4) 实验目的

蓝光扫描仪测量实验的目的是让同学们掌握以下内容:

① 了解三维扫描测量的发展历史和现状,了解蓝光扫描测量在现代飞机数字化制造中的应用;

② 了解三维扫描测量的原理,理解点云配准等算法的基本概念;

③ 认识三维扫描测量的设备和用具,掌握蓝光三维扫描测量的基本实验流程,熟悉三维扫描仪软件 COMETPlus 的操作,能够使用蓝光三维扫描测量仪。

17.2.2 蓝光扫描仪测量实验流程

安装并连接好蓝光三维扫描仪、显影剂、被测物。在被测物需要扫描的部位喷显影剂。

本实验中测量的是一个航空制造中的一个帽形长桁零件,零件的数字模型和照片如图 17-5 所示。

如果被测零件容易移动,可将其固定在一个支架上。被测物和支架不要发生相对

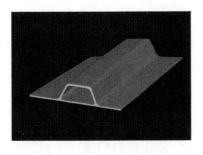

图 17 - 5　待测零件

移动，但支架可以移动、旋转，便于扫描被测物各处。

　　一般来说，如果是需要显影剂才能成像的物体，应该先喷显影剂，再进行蓝光三维扫描；同时，将被测零件放在对光吸收性较强的黑布上，避免环境的反光干扰对零件的测量。进行蓝光三维扫描如图 17 - 2 所示，虽然蓝光扫描仪本身具有较强的抗干扰性，但为了得到更好的检测结果，可以选择在黑暗环境中进行测量。

　　测量时，将两个镜头盖拿走（测完要盖回去），在软件中点击 Digitize 之后，扫描仪会发出两个红色聚焦点打在被测物上。调整被测物和扫描仪之间的距离，使被测部分的两个红色焦点基本重合。若操作得当，可以从测量软件中看到零件部分的扫描结果（见图 17 - 6(a)）。

　　测量期间，蓝光会不断闪烁，在得到足够的数据后，软件上会读条，进行数据处理。

　　按相同方法，从不同角度对零件进行扫描，获得零件不同角度的扫描结果（见图 17 - 6(b)）。再选择进行点云拼接（见图 17 - 6(c)），就可以得到点云拼接的结果了（见图 17 - 6(d)）。

(a) 对零件进行测量的部分结果　　　　　　(b) 零件不同部分的点云

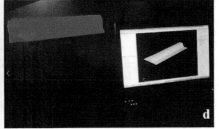

(c) 选择点云拼接　　　　　　　　　(d) 零件点云拼接结果

图 17 - 6　蓝光三维扫描

第 **18** 章

关节臂测量机技术原理及应用实验

18.1 背景介绍

18.1.1 概 述

装配质量的好坏将直接影响到飞机结构的尺寸和零件之间的相对位置关系。因此,在装配过程中,有两个环节需要注意:一是科学合理地进行装配,二是装配后准确检测产品尺寸和形状误差。目前,我国机械制造行业,由于总装部门的生产设备、设计能力和生产理念等诸多问题,使得产品总装环节难以顺利部署,因此,装配成为制造过程中的瓶颈,成为中国机械制造业进步的阻碍。但对于航空航天等具有战略意义的国防工业生产领域来说,大型飞机总装质量的检测是非常现实的科研、生产客观需要。三坐标测量机与计算机辅助设计(CAD)系统、计算机辅助制造(CAM)系统、CNC 加工系统相结合,形成了一个新的生产系统,起到了虚拟制造和逆向工程的作用。

18.1.2 关节臂测量技术介绍

三维测量技术是把任意形状的物体看成是一个空间点集,从而可以把全部几何量测量转化为对空间点进行三维坐标测量。近年来三维测量技术越来越成熟,并被用于复杂零件检测中,以弥补传统测量方式存在的不足,其正在逐渐替代尺寸检测而成为一种主流检测方法。目前三维测量的检测手段主要有激光跟踪测量系统、室内 GPS 测量系统、经纬仪系统、激光扫描系统和关节臂坐标测量机等,其中关节臂坐标测量机应用最多。

关节臂坐标测量机也称"柔性关节坐标测量臂"或"关节式坐标测量装置",它属于典型的非正交式数字式坐标测量机。本实用新型模仿人体手臂关节结构,由测量臂、旋转关节和摆动关节依次连接而成。跟传统三坐标测量机相比,关节臂式坐标测量机体积小、重量轻、携带方便、测量灵活、测量空间更大、环境适应性更强、造价更低,已广泛应用于航空航天、汽车制造、重型机械、轨道交通、产品检测、设备制造及零部件加工等众多行业。共臂坐标测量机是一种开链式联动机构，相邻的链接通过关节连接，每个关节都装有一个旋转编码器，用于测量关节的旋转角度。根据合路器不同部分的机械尺寸，可以计算出末端测头在基本坐标系中的三维坐标值。关节臂式坐标测量机具有精度高、使用绕支点回转测量等特点，所以测量起来非常灵活，重量轻，方便携带。另外，多自由度的测量空间使它在隐藏点的测量上变得非常方便。基于上述优点，关节臂式坐标测量机是汽车底盘检测时使用最普遍的三维坐标测量仪器之一。

经过 30 余年的发展，该产品已具备三坐标测量、在线检测、逆向工程、快速成型、扫描检测和弯管测量等功能。但是所谓"有得必有失"，为大大提升测量机便携性，提高测量效率与测量范围而加入更多关节与自由度，却也因此而导致误差项更大。一般情况下关节臂测量机与传统框架式三坐标测量机相比，其精度稍低，通常在 10 μm 级及以上，加之只能手动测量，因此在选择时应注意应用场合。在现代工业飞速发展以及复杂测量环境下对精密测量要求日益提高的今天，便携式关节臂坐标测量机所具有的优势日益被市场所接受并关注，如图 18 − 1(a)所示。当前关节臂坐标测量机的主要制造商都是国外企业，其中以 FARO、Rommer、CimCore 三巨头为主。目前国内尚无成熟产品问世，都是部分大学正在开展相关研究，只有合肥工业大学仪器学院研发团队研制了 1.2 m、1.8 m、2.4 m、3.0 m、3.6 m 等 5 种不同量程样机，其中 1.8 m 量程实例精度可达 0.05 mm。

关节臂测量机是非正交坐标测量机中的一种新类型，每只手臂的转动轴或垂直于手臂轴线或围绕手臂本身轴线旋转，通常以 3 条横线"—"表示肩部、肘部与腕部旋转自由度，为适应目前状况，通常关节数不超过 7 个手动测量机。关节臂主要工作原理是，当装置在太空中转动时，该装置从几个角度编码器同时获得角度数据，同时该装置臂长取某一数值，使计算机能够根据三角函数将测头的当前位置进行转换，使其转换成 XYZ 形式。

如图 18 − 1(b)所示，常见的关节臂坐标测量机主要结构包括数据采集与处理系统、滑环系统、平衡系统、光栅传感器、精密轴系以及测量软件等，其中包含 6 个旋转轴，即有 6 个自由度。

在实践中，关节臂测量机可以应用于航空发动机某些典型部位的检测。航空发动机作为飞机的"心脏"，对飞机性能起着至关重要的作用。航空发动机要求结构紧凑，效率高，可靠性好，所以它的设计、制造都是难度极高的。目前国际上只有英国和美国掌握着一流水平的航空发动机制造技术并拥有真正垄断的产业。航空发动机被称为工业之花，是人类工业王冠上的一颗明珠。

叶片是航空发动机的重要组成部分。其种类多、数量大、结构复杂、几何精度要求较高、加工难度大。其加工精度和生产水平是影响发动机性能、安全和寿命的重要因素。为了保证电机正常运行，对叶片的制造精度就有严格的要求，必须具有精确的尺寸、精确的形状和严格的表面完整性。同时，在高性能发动机不断发展的背景下，对各种形状、尺寸和表面质量的叶片的需求显著增加，这对叶片检测提出了更高的要求。因

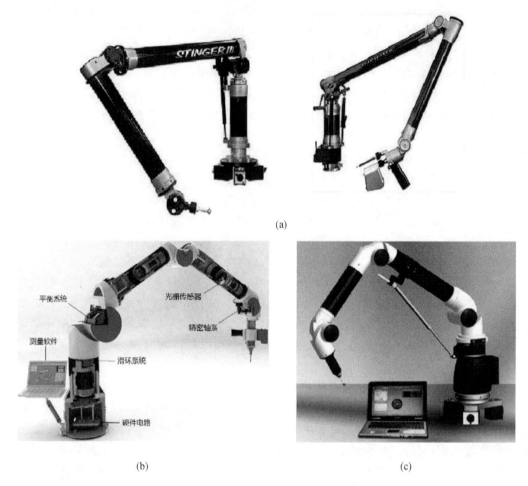

平衡系统　　　　　　　光栅传感器

测量软件　　　　　　　精密轴系

　　　　　滑环系统

　　　　　硬件电路

(a)

(b)　　　　　　　　　　　　(c)

图 18 - 1　关节臂测量机

此,叶片表面的高精度、快速检测对提高叶片加工质量、保证航空发动机的性能具有十分重要的作用。

　　随着机器人技术的进步,采用关节臂结构的接触式叶片型面测量技术得到迅速发展。与传统的三坐标测量方案相比,该方法结构紧凑,测量空间大,无死角,灵活性好,性价比更高,因此广泛应用于汽车制造、模具、重型机械等加工行业。接触式关节臂坐标测量机实物如图 18 - 1(c)所示。关节镜手臂坐标测量方法的研究热点包括:关节镜手臂运动理论模型研究、工作空间仿真、机械结构优化与精度分析等。

　　市面上有很多专业的关节臂测量机制造商。FARO 公司是目前全球最大的关节臂坐标测量机制造商,其市场份额占总量的 50% 以上。在保证测量精度的基础上,FARO 丰富了许多功能,使得测量机的功能更为强大。如图 18 - 2(a)所示为 FARO 公司生产的"铂金系列"产品。该系列产品的单点测量精度最高可达 0.005 mm,空间长度精度可达 0.018 mm;内置的温湿度传感器,保证了其在任何温湿度下都能实现高精度稳定测量;独有的 CAM2MEASURE 功能能够轻松地完成曲线曲面扫描(包含多种扫描模式,多组截面线扫描。与单组截面线扫描相比,扫描速度非常快捷)。此外该系列产品还有 SPC 统计分析功能,可以对大量测量数据进行统计分析,并给出图形分析报告,直观清晰。

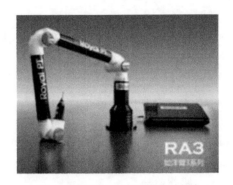

(a) FARO关节臂式坐标测量机　　　　　　(b) 九江庐扬精密科技有限公司产品

图 18 - 2　FARO 和 Royal 关节臂坐标测量机

最近几年,海克斯康收购了 Cimcore 和 ROMER 两家关节臂坐标测量机的开发企业,市场份额日益增加。其 ROMER 绝对关节臂,是目前为止最轻、最灵活的关节臂坐标测量机。ROMER 绝对关节臂在全球关节臂测量领域,率先使用绝对编码器,从而是全球第一台无需复位就可以进行测量的关节臂坐标测量机。

我国科研机构、大专院校也有五年以上的关节臂坐标测量机研究历史。哈尔滨工业大学、合肥工业大学、天津大学、爱德华西安公司、成都华中科技公司、华中科技大学等都研究过关节臂坐标测量机但基本上还处于测试阶段,没有商业产品诞生。国内最早开展关节臂坐标测量机研究的单位是哈尔滨工业大学。1998 年叶东等人研制成功六自由度坐标测量机,它的测量范围是 3.2 m,单点重复精度可达±0.3 mm。

合肥工业大学联合九江精密测试技术研究所、加拿大 Wholsen holdings 公司于 2004 年开始研制关节臂坐标测量机,组建了九江庐扬精密科技有限公司,专业研发、生产关节臂坐标测量机。该公司于 2007 年推出的商业化产品在测量精度、功能、外观上均达到国外同类产品的中等水平。如图 18 - 2(b)所示为该公司生产的 Royal 智能关节臂坐标测量机。

18.1.3　关节臂测量机基本操作概述

主要流程:物件的表面处理和着色;连接测量系统;关节臂的初始化;扫描采集数据;根据需要保存并输出数据。

(1) 物件的表面处理和着色

在获得数据之前,产品需要进行表面处理,并清理需要数据的所有表面,以便获得高分辨率和有用的信息。原则上,扫描系统 Scanworks 不需要模型的颜色,但如果扫描模型是塑料、金属和其他具有强烈反射的材料,CCD 不能正确地捕捉激光的反射,特别是在变化最大的地区,通常不容易检测数据。在扫描时,通过应用染料可以加强模型表面的反射,CCD 便可以正常运作。

(2) 连接测量系统

如图 18-3 所示,将表体安装在磁性底座或固定支架上,根据系统连接规范,通过不同的数据线连接机器设备、计算机和控制器。连接后检查所有数据线,启动控制器、主机电源开关,然后启动计算机和相关程序。启动数据盒开关预热 5 min 后,待激光头开关旁边的就绪指示灯亮起,即可启动激光头开关,进入初始化阶段。

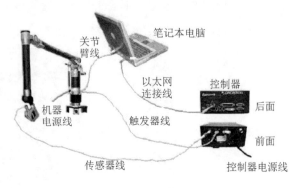

图 18-3　系统框架

(3) 关节臂的初始化

运行关节臂初始化程序,设备会完成整个系统的连接和初始化工作,从设备主机到检测每个关节的连接,检测 6 个关节的响应,保证数据的正常传输。如果是第一次使用关节臂规,则需要校准激光扫描头。

(4) 扫描采集数据

启动 Geomagic Studio 软件进行数据采集,按照"顺着特征线走,沿着法线方向扫"的原则,从各个角度和方位完成对数据的扫描。

(5) 保存并输出数据

点云数据可以保存的类型:

wrp 是 Geomagic Studio 自带的一种文件格式,此格式可以保存点云阶段、多边形阶段等各个阶段的数据文件;

iges 文件是一种三维软件几乎都能打开的通用格式;

wrl 是一种文本格式的文件,可以用文本编辑器打开编辑;

u3d 是 3D 通用图形的标准格式;

obj 一般是程序编译后的二进制文件,通过链接器和资源文件链接就成 exe 文件了;

dxf 是 AutoCAD 中的矢量文件格式,它以 ASCII 码方式存储文件,在具现图形的大小方面十分精确。

18.1.4　关节臂测量机软件使用方法

测量软件是关节臂测量机的重要组成部分之一,主要软件为 PC-DMIS。主要使用方法如下:

1) 启动,语言调整。

注意:更改语言后软件会重新启动一遍。

2) 新建测量程序,输入相应的零件名,根据需要填写修订号和序列号(可以不填);

选择正确的测量单位(英寸/毫米);(如果连接机器会显示:"测量机 1",如果显示"脱机",则应检查是否连接。)

3) 导入文件,快速获取理论数据进行编程测量,选择 JGES 格式,浏览至包含导入文件的文件夹,选择相应的文件,单击导入。

导入后出现如图 18-4 所示对话框,单击处理。

图 18-4　对话框

单击确定,出现线框格式,实体化后,出现 CAD 模型。

4) 调用编辑窗口,在编辑窗口中可以实现编辑文本、复制、粘贴、剪切等编辑操作。编辑窗口有命令模式、概要模式和 DIMS 模式三种显示模式可以选择。

可以在"视图"中选择这三种模式。

最常用的是概要模式。如果想具体了解测量元素的具体信息,可以选择子元素旁边的加号键,打开,就可以看到这个元素的具体信息。

5) 选择图形显示窗口→编辑窗口→报告窗口→快速启动窗口和状态窗口。

标称值是指实际工件的理论值,测定是指工件的实际测量值;

正、负公差是指根据具体的要求而设定的公差范围;

偏差是指测定值与标称值的差值;

超差是指偏差与公差的差值。

如图 18-5 所示,快速启动工具栏(查看→其他窗口→快速启动)帮助您快速构建一个简单的程序。它提供对话框或程序指南来帮助您设置测试探针,构建坐标系,测量特征,构建特征,确定已知特征的尺寸等。

选择:

编辑→图形显示窗口→视图设置,可对导入的数模进行实体化或布局。

编辑→图形显示窗口→屏幕颜色,可对图形显示窗口的背景、鼠标等进行相应的设置。

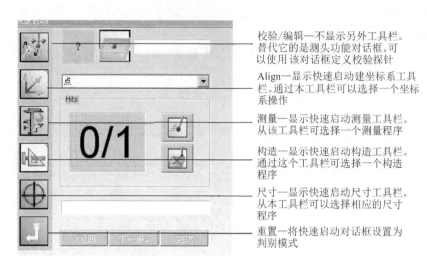

校验/编辑—不显示另外工具栏。替代它的是测头功能对话框。可以使用该对话框定义校验探针

Align—显示快速启动建坐标系工具栏。通过本工具栏可以选择一个坐标系操作

测量—显示快速启动测量工具栏。从该工具栏可选择一个测量程序

构造—显示快速启动构造工具栏。通过这个工具栏可选择一个构造程序

尺寸—显示快速启动尺寸工具栏。从本工具栏可以选择相应的尺寸程序

重置—将快速启动对话框设置为判别模式

图 18-5　快速启动

编辑→图形显示窗口→特征外观,可针对特征的显示、标识以及特征文本标识的背景颜色等进行相应的设置。

6) 选择操作→图形显示窗口:常用操作有:转换、缩放到适合、CAD 拟合零件。

如图 18-6 所示,选择操作→图形显示窗口→转换,可实现对所导入数模的坐标系的转移,将数模坐标系转移到相应的位置。

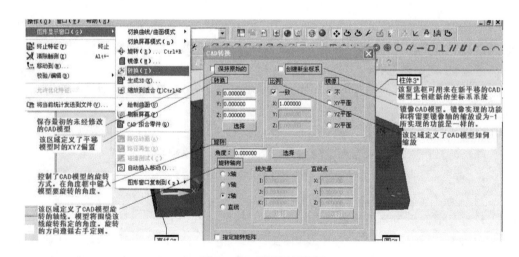

图 18-6　图形显示窗口

选择:

操作→图形显示窗口→缩放到适合,用于重绘零件图像,以使其完全适合"图形显示"窗口。每当图像太大或太小时,就需要使用此功能。

操作→图形显示窗口→CAD=工件,执行的是当有数模建立坐标系时,使 CAD=PART。

7) 定义程序、测头等路径。

18.2 关节臂测量机应用实验

18.2.1 实验基本情况

(1) 面向人群

关节臂测量机应用实验旨在介绍关节臂测量机的基本工作原理,认识关节臂测量机控制软件的用户界面。其面向人群为飞行器设计与制造相关专业的在校大学生,或者开设飞机智能制造装配实验课程的高校教师,以及对飞机数字化柔性装配感兴趣的爱好者。

(2) 建议学时

关节臂测量机应用实验建议总学时 5 学时。其中,关节臂安装及工件检测流程介绍建议 1 学时,法兰位置度评价实验建议 1 学时,同轴度评价实验建议 1 学时,3-2-1 法建立坐标系建议 2 学时。

(3) 实验条件

安装 PC-DMIS 的计算机一台,关节臂测量机一台。

(4) 实验目的

关节臂测量机应用实验的目的是让同学们掌握以下内容:

① 认识关节臂测量机,了解关节臂测量机基本使用方法及其应用场景;

② 结合关节臂测量机的实际应用,了解其软件的对应功能。

18.2.2 关节臂安装及工件检测流程介绍

(1) 关节臂主要组成部件

关节臂主机、磁力底座、电源线、数据线、侧头盒(15 mm 钢球测头、6 mm 红宝石测头、3 mm 红宝石测头)、防尘罩。

(2) 使用环境技术参数

- 测量设备操作时的温度(建议):10~40 ℃;
- 测量设备操作时的相对湿度:10%~95%;
- 电源要求:100~240 V c.a.50/60 Hz;
- 设备允许旋转角度:105 rad/s^2;
- 最大振幅:55~2 000 Hz;
- 最大移动速率:6 m/s。

(3) 安装流程

① 选择安装平台。因设备采用的是磁力底座固定方式,所以安装平台必须是带有一定厚度、宽度、重量的铸铁平台(厚度需 20 mm 以上,长宽在 300 mm×300 mm 以

上,重量在30 kg以上)。

② 安装平台清理。在设备安装前,请将平台上的铁屑或污垢等杂物清除干净,以免由于平台上存在杂物导致磁性底座磁力不足而侧翻磕碰设备。

③ 安装磁力底座。安装磁力底座,将三个开关置于" ON ",并确定是否已经固定好。

④ 安装机械臂主机。如图18-7所示,小心地将关节臂主机从运输箱中拿出来。右手抓紧携带把手,左手扶稳上关节,将主机靠近身体以保持稳定,以免振动磕碰影响仪器精度。

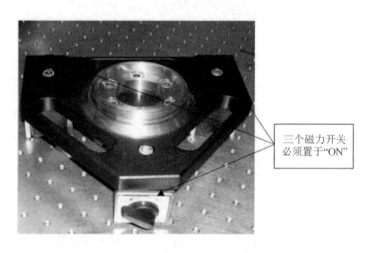

三个磁力开关必须置于"ON"

图 18-7　磁力底座安装示意

⑤ 锁紧固定螺栓。

⑥ 安装关节臂机器的测头。

⑦ 连接机器数据线、电源线。

(4) 工件检测流程

① 固定好机器。

② 连接电源。检查机器电源是否稳定与接地,确保机器电源稳定且处于接地状态。

③ 测量准备。图纸分析,找出测量基准,确定需要测量哪些元素,以及应用这些元素进行形状位置公差的评价的基准。

④ 固定工件。固定好工件,在机器的有效范围内确保工件一次测量完整(如果要做蛙跳请规划好)。

⑤ 打开电源。开启机器电源开关,对机器进行复位。

⑥ 建立零件坐标系。

⑦ 进行检测项目元素的测量。

⑧ 进行形状、位置公差评价。

⑨ 生成检测报告。

18.2.3　法兰的位置度评价实验

如图 18-8 所示,要测量的是 24 个小孔的位置度。

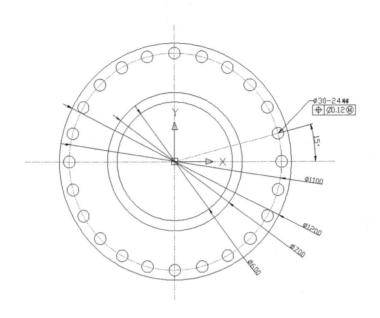

图 18-8　被测法兰环

因为所有法兰孔在整个坐标系中的位置是相等的,所以选择任意一个小圆与中心圆建立坐标系就可以了。但是建立坐标系,测量完所有的小圆之后,还需要再次拟合中心圆的圆心。由于在坐标系中用作轴的小圆误差首先被设置为零,因此其位置偏移也被带到其他圆上。此外,对于阵列的小圆圈必须有准确的理论值,这样才能评估位置的度数。

步骤如下:
① 测量直径为 600 的圆所在的投影平面。
② 测量直径为 600 的圆。
③ 测量直径为 30 的小圆。
④ 以一平面两圆建立坐标系。
⑤ 以圆 1 为标准小圆进行阵列粘贴。选中圆 1 这个程序段,复制(Ctrl+C),再在菜单中选择阵列设定参数后进行阵列粘贴。
⑥ 如图 18-9 所示,再以最佳拟合建一次坐标系。
⑦ 进行位置度评价。
构建基准平面 X 平面和 Y 平面,以这两个平面作为基准进行评价。

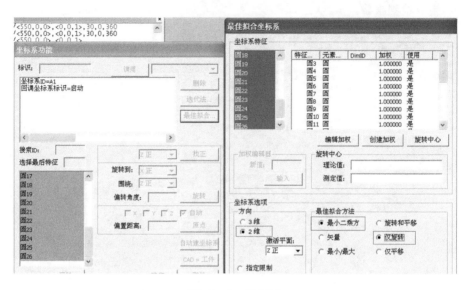

图 18 - 9　坐标系

18.2.4　3 - 2 - 1 法建立坐标系

1) 打开 PCDMIS 并新建程序名称。

2) 数模导入。

3) 分析坐标系,从图 18 - 10 中可以看出基准面定义坐标系的 Z 轴,圆 1 与 圆 2 连线定义坐标系的 Y 轴,圆 1 的圆心投影在基准面上的"点"作为"原点"。

4) 定义 Z 轴:先用测头打底平面(基准面),此平面为平面 1。

5) 建立坐标系(只建 Z 轴):选择插入→坐标系→新建(快捷键:Ctrl＋Alt＋A)。

6) 单击对话框中的平面 1,选择 Z 正,然后找正,最后单击"确定"按钮。

7) 定义 Y 轴:分别用测头测量圆 1 和圆 2。建立坐标系(只建 Y 轴),选择插入→坐标系→新建,在对话框中选择圆 1 和圆 2,注意选择顺序与数模 Y 轴的方向一致),单击旋转,确定 Y 轴方向。

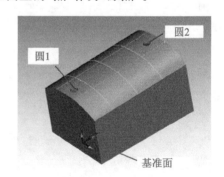

图 18 - 10　分析坐标系

8) 定义原点。如图 18 - 11 所示,从数模中可看出,圆 1 锁定坐标系原点的 X、Y 值,Z 值的原点由平面 1 锁定。

9) 坐标系的调整(因数模与被测零件存在着高度等余量,可通过测量整体的型面偏差看趋势进行坐标系调整)。

型面点的检测,先将查找 CAD 理论值和仅点模式功能打开。

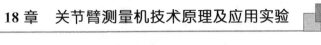

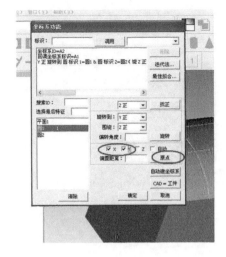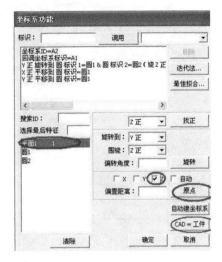

图 18 - 11　定义原点

10) Z 方向的调整：在模具上的最高型面上打点，若软件提示"在曲面上未找到刺穿点"，此时按 F5 键将对话框中的"标称值查找公差"的数值调大。

如图 18 - 12(a) 所示，在模具的最高型面上打点（从左到右均匀打一些点，看屏幕的最下端的状态窗口中的偏差值；从测量的值中可看出 Z 方向所需偏移的量约为 30 mm，此过程可多次调整，一直到其最佳的检测数据；也可用同样的方式进行 Y 轴及 X 轴的调整）。

11) 如图 18 - 12(b) 所示，进行型面上刻线的检测。检测前先将屏幕上的曲面模式切换成曲线模式，并将测头换成针尖测头进行检测。

12) 如图 18 - 12(c)、(d) 所示，进行尺寸评价。

13) 报告输出：

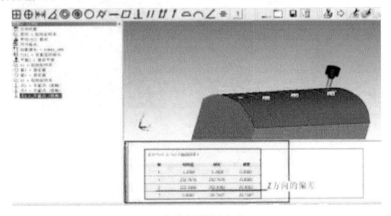

(a) 在最高型面上打点

图 18 - 12　操作示意

(b) 进行型面上刻线的检测

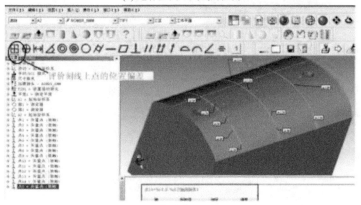

(c) 进行尺寸评价

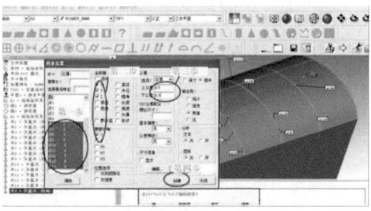

(d) 尺寸评价界面

图 18-12　操作示意(续)

　　① 报告中显示图片,先将图形窗口摆放到适当的位置,把此图抓屏到报告中(选择插入→报告命令→抓屏)。

　　② 切换成报告窗口(选择视图→报告窗口)。

　　③ 报告文件的输出设置(选择文件→打印→报告打印设置)。

第 **19** 章

组合测量技术原理及应用实验

19.1 背景介绍

19.1.1 概 述

一架飞机是由数于个零件组装而成的,这些零件的装配质量对整个飞机的品质至关重要。数字化技术在飞机装配过程中扮演着重要的角色,它能够提高装配效率、确保装配质量,是装配过程中不可或缺的技术。通过现代化的测量技术,从零部件的加工到飞机的装配,每一个环节都得到了数字化的支持,从而保证了飞机的高质量和高效率的制造。先进的数字化测量技术在飞机的数字化制造中扮演着重要的角色,对保证效率和质量起到了至关重要的作用。随着产业的升级和转型,数字化测量技术的地位将变得越来越重要。对于尺寸庞大、精度要求高的飞机或特殊机型飞行器来说,采用多数字化测量系统的组合方式不仅能够获得更准确的测量结果,还能够满足多种功能的要求,成为飞机数字化制造的关键支撑技术之一。目前,在航空制造领域,近景摄影测量和蓝光三维扫描已经成为重要的数字化测量手段。近景摄影测量测量范围大,计算处理简单快速,但精度较低;蓝光三维扫描可以对部件曲面实现高精度测量,但测量范围小,计算复杂。这两种测量方法已分别在第 14 章和第 17 章中详细介绍过,在本章中,将从组合测量技术广泛应用的时代背景、数字化组合测量技术理论发展、数字化组合测量技术应用、组合测量技术原理等几个方面出发,对近景摄影和蓝光三维扫描组合测量进行介绍,加深读者对组合测量技术的理解。

19.1.2 组合测量技术广泛应用的时代背景

自进入 21 世纪以来,特别是最近十年,我国的载人航天技术和大型高精密科研装置得到了巨大的发展。随着应用需求的不断提高,大型高精密装置的精确测量和装配定位技术将成为制约科学技术和国防军事水平提高的关键因素之一。大型空间站、空间在轨服务站、客机以及大型精密科学实验装置等,它们的结构尺寸都达到了几百米甚至1千米的规模。然而,在宏观核心部件的设计、制造和装配定位过程中,测量精度要求达到百微米至几十微米的水平,这给现代测量技术提出了新的挑战。目前,解决超大尺寸零件的制造和大型装置的装配过程中的测量问题,主要依赖于高精度和高效率的大尺寸便携式测量技术、仪器和系统,以提供性能质量的保证。

现代飞机数字化装配技术与传统的飞机装配技术相比,具有信息化、自动化、柔性化和数字化等特点,这些特点显著提高了飞机装配的质量和效率。目前,波音和空客代表了全球航空制造业的先进水平,其数字化装配技术体系已逐渐成熟。其中,波音B787、空客A350、空客A380、空客A400M以及F-22、F-35等新型军民用飞机广泛采用数字化测量系统、自动钻铆系统、数字化移动系统等进行自动化装配,以提高飞机装配的质量和效率。同时,数字化系统制造公司也在不断深入探索数字化装配技术和装备,以满足飞机制造公司的需求。在各种新机型的研制过程中,飞机数字化装配技术也在不断发展。例如,波音B747的机翼装配精度从以前的10.16 mm提升到0.25 mm;洛克希德马丁公司的X-35飞机采用先进的龙门钻铣系统,具备激光定位、电磁精密制孔等特点,使装配周期缩短了一半以上,工装数量由原来的350件减少到19件,成本降低了50%。因此,数字化测量技术提高了飞机装配过程中零部件的定位精度,一定程度上替代了传统的人工操作,提高了飞机装配的质量。

然而,在通常情况下,由于大型高精密装置的体积庞大,结构复杂,测量特征繁多,现场测量环境恶劣以及人员走动频繁等原因,采用单一测量仪器进行装配定位测量时会面临许多问题。这些问题包括转站次数增多,辅助测量人员增加,通视条件差,测量效率低,无法测量隐藏结构以及超出仪器测量范围等。因此,迫切需要寻找一种高效率、大范围、高精度的测量方法,以满足大型航天器和大型科研设备在装配定位时的测量需求。

多种测量仪器组合测量技术能够有效解决大型科研装置和大型航天器在装配定位过程中出现的测量技术难题。多种测量仪器组合测量技术是一种综合利用现有多种三维数字测量仪器各自优势的网络化测量系统。它具有大范围、易于携带、高精度、高效率和动态测量等优点,能够满足对大型复杂装置进行高精度装配定位的测量需求。

组合测量技术主要应用于解决几米至上百米范围内具有复杂结构的物体制造和装配过程中的精密几何测量问题。它通常在复杂的测量环境下工作,并在科研、国防工业和民用生产领域都有广泛的应用和需求。因此,进行大型复杂物体组合测量相关理论和方法的研究具有重要意义和广阔的应用前景。然而,目前的组合测量方法研究和应用仍停留在仪器设备简单集成的阶段。设备集成式测量方法并不能被视为真正的组合测量方法,因为其缺乏系统、有效的理论方法指导,并且测量范围和效率仍无法满足大型复杂物体的测量需求。因此,人们开始关注和研究仪器之间的组合测量方式,并在航空制造领域开始应用。

19.1.3　数字化组合测量技术理论的发展

　　组合测量技术最初在飞机装配流程中的应用是通过模拟量传递进行定性测量的。由于飞机的外形呈现出复杂的曲面形状,并且需要具备高硬度和良好的机体协调性水平,利用标准样本、模板等实体的模拟方式可以生动地展示出产品的尺寸和类型信息,有助于确保零部件的制造和生产步骤的准确性,为高质量的飞机制造奠定了坚实的基础。然而,这个过程需要大量的人力投入和巨额资金支持,并且飞机制造的精度仍有待进一步提高。随着社会的不断发展,人们对飞机精度的要求不断提高,传统的模拟量传递结构方式已经难以满足不断增长的需求。

　　其次,组合测量技术开始广泛应用于质量检验阶段。国际上的航空公司积极引入了准确度高、检测范围广、柔性水平适宜的先进数字化测量设备,并进行组合测量。这些设备包括三坐标测量设备、激光追踪设备、雷达导航设备等,实现了对关键特征点的检验,克服了传统运用模拟量进行检验的方法的缺点。在国内的航空业中,最广泛应用的是三坐标测量设备。借助其高准确性的测量结果,飞机制造可以达到更高的协调性水平,显著缩短了生产时间。它能够检验飞机表面的曲线弧度,分析相关数据并绘制数学模型,然后将该模型与实际外形进行拟合,以检验二者之间的偏差程度。此外,根据该数学模型,还可以生成自动化的操作指令,确保飞机各个部件的生产过程符合标准。

　　目前,数字化组合技术已经能够实现对飞机装配质量的控制和测量。国外的航空公司积极引入 3D 处理数据模型,并对各个零部件的制造过程实现了全程自动化测量。他们在装配流程中引入离线检测系统,以确保能够有效控制装配精度,并在故障发生时进行及时处理。通过数字化的反馈环节,实现了飞机制造和装配的高质量性。飞机的装配流程日益完善,工艺流程也越加规范,这推动了飞机质量的大幅提高,能够满足人们日益增长的出行需求。自 21 世纪以来,随着测量设备和计算机硬件的发展,组合测量技术开始商业化。

19.1.4　数字化组合测量技术的应用

　　飞机的装配流程非常复杂,包括工艺设计、零部件制造、零部件装配和整机装配等环节。在减小零部件之间距离和定位组装点时,可以应用高科技技术完成复杂模型的装配工作,如激光定位、自动化控制、计算机编程控制等。这些技术是完成飞机装配的重要支柱,也是装配系统的关键组成部分,可以实现更精准的测量数据和安装位置。其中,数字化自动钻铆技术在重型飞机的装配和机身对接过程中起着重要作用。它实现了结构和功能的一体化,显著提高了自动化程度。重型飞机部件的数字化自动装配系统广泛应用于实际中,减少了传统装配所需的生产工装和标准工装,有效降低了制作成本并缩短了制作时间。例如,数字照相测量技术能够快速识别功能,详细检查飞机上各个零件的组装精确度,为飞机质量提供了强有力的保障。

组合测量网络利用不同种类的测量仪器设备,根据被测对象的特征和仪器的特点,实现长距离和近距离测量的综合应用。它通过建立全局控制手段和区域终端测量,将全局测量和局部测量相结合,保证整体精度和局部精度的一致性。这种方法能够提高测量效率、控制测量成本并提高测量精度,因此受到越来越多研究机构的重视。组合测量网络已经在某些领域和研究机构得到了应用。例如,经视觉引导激光经纬仪坐标测量系统和双目视觉测量系统都是基于组合式测量技术的。美国 Nikon 公司的 iGPS 测量系统在采用四个以上基站时,可以达到 10 m 内 0.125 mm 的测量精度,在 40 m 测量空间内精度可达 0.25 mm,适用于大空间工业现场测量,尤其适用于超大空间的精密测量和定位。Metris 公司开发的 iSpace 系统包含了 iGPS 系统、便携式三维测量臂、激光跟踪仪等多种测量仪器,实现了不同技术优势设备的信息互补和优化配置,使被测特征的测量误差最小化。在国内,天津大学的 WMPS(Workshop Measurement Position System)在 10 m 的测量空间内实现了优于 0.2 mm 的测量精度。还有基于激光跟踪仪和坐标测量臂的工业测量系统以及结合室内 GPS 和结构光测量系统的组合式测量系统等研究也在进行中。

19.2 组合测量实验

19.2.1 实验基本情况

(1) 面向人群

组合测量实验旨在让读者进一步熟悉蓝光扫描仪和近景摄影测量系统的测量原理和操作过程,同时将两种测量设备进行组合使用,开展组合测量实验,了解在近景摄影测量系统辅助下,开展蓝光扫描仪点云快速配准的原理。本实验主要面向:飞行器设计与制造相关专业在校大学生,或者开设飞机数字化设计实验课程的高校教师,以及对飞机数字化设计感兴趣的爱好者。

(2) 建议学时

组合测量实验建议学时为 4 学时。其中,组合测量的简介、发展历史以及组合测量的基本原理建议 2 学时;组合测量实验建议 2 学时。

(3) 实验条件

近景摄影测量相机一台,蓝光扫描测量仪一台、显影剂、被测物。

(4) 实验目的

组合测量实验的目的是让同学们掌握以下内容:

① 了解组合测量的发展历史和发展现状以及组合测量在现代飞机数字化制造中的应用;

② 了解组合测量的原理;

③ 认识组合测量的设备和用具,掌握蓝光三维扫描测量的实验流程,熟悉软件 COMETPlus 的操作。

19.2.2　组合测量实验准备

安装并连接好近景摄影测量相机和蓝光三维扫描仪(见图 19-1),准备好显影剂、被测物。

图 19-1　近景摄影测量相机(左)和蓝光三维扫描仪(右)

测量步骤如下:

① 在被测物需要扫描的部位喷显影剂,本次实验测量一个飞机桨叶模型(见图 19-2)。

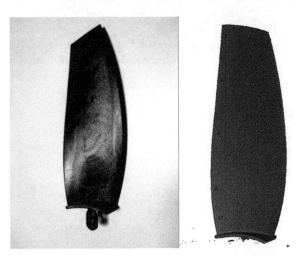

图 19-2　飞机桨叶模型(左)和粘贴标志点位置(右)

② 在被测对象上贴圆形标志点,标志点可以帮助软件进行更快速精准的点云匹配。一般来说,如果是需要显影剂才能成像的物体,应该是先喷显影剂,再贴圆形标志点进行照相测量。

③ 测量时,将蓝光扫描仪的两个镜头盖拿走(测完要盖回去),在软件中单击 Digitize 之后,扫描仪会发出两个红色聚焦点打在被测物上,调整被测物和扫描仪之间的距离,使得被测部分的两个红色焦点基本重合。

19.2.3 三维扫描仪软件 COMETPlus 操作

① 插入加密 U 盘，双击桌面 COMETPlus 软件运行（运行需要加密狗）。

② 将刚才照相测量得到的 Txt 格式的控制点数据导入扫描仪软件（File-Import reference points），并在图中红框处选择 Reference point 的对齐策略（Ref. Pts. 默认是自由拼接 Free），如图 19 - 3 所示，控制点是红色的。

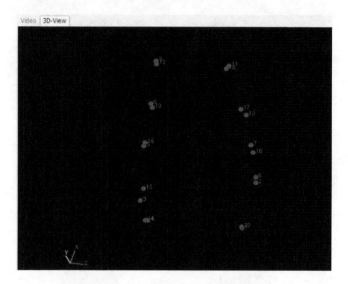

图 19 - 3　扫描仪软件中的控制点

③ 之后进行各部分扫描，单击 Digitize，如图 19 - 4 所示。

④ 在出现的对话框中单击右上角 Start Measurement 即可扫描对准的部分。右下角有一系列参数，用于调整亮度，在左边亮度过低或过高时可稍微调节一下，主要调 Sensor Image 和 Ambient Iight Image 两个就可以，如图 19 - 5 所示。

图 19 - 4　点击 Digitize

一般来说，如果粘贴的圆形标志点的位置未发生变化，扫描仪软件根据标志点位置以及红色的控制点位置自动进行点云定位。部分扫描及自动定位结果如图 19 - 6 所示。

⑤ 重复步骤④的操作，各块扫描完成之后，即可得到整体的点云。

因为粘贴编码点的缘故，编码点周围会有一圈黑色区域没有点云，如果此黑色区域面积相对目标面积而言比较小，则可以用软件的补洞模块处理。此处因为黑色区域面积相对叶片面积来说较大，所以选择了重新扫描编码点处的点云来补上黑色区域的点云，再对之前点云扫描效果不好的区域稍作补充式扫描，如图 19 - 7 所示（建议重新扫描维持缺失部分的表面曲率）。

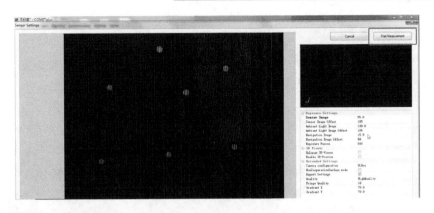

图 19 - 5　单击右上角 Start Measurement,调整 Sensor Image 和 Ambient Iight Image

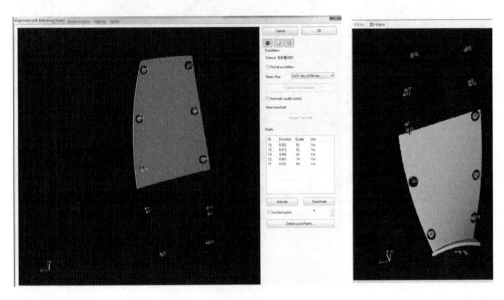

图 19 - 6　部分扫描及自动定位结果

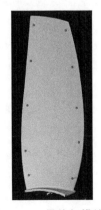

图 19 - 7　最终扫描结果

19.2.4 三维扫描——通常的 Free 拼接策略

① 硬件配置等同 19.2.1 小节实验。根据 Free 拼接的原理,软件根据两块扫描到的点云之间的重叠部分进行拼接,所以两块扫描到的点云要有足够多的重叠部分(每次移动物体或扫描时不要移动得太多以致没有重叠部分)。首先在这里单击 Free 按钮。

② 单击 Digitize – start Measurement,从右上角可以看到已经扫描到了一块,如图 19 – 8 所示。

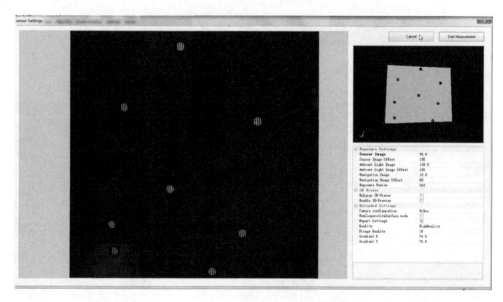

图 19 – 8 部分扫描结果

③ 扫第二块。第二块扫完之后,出现了图 19 – 9 所示的拼接界面。红框处出现了三种拼接策略:1 对点、N 对点、自动。1 对点的意思是在两块点云的重叠部位各点一个点(即一对点),软件根据点的位置去计算重叠区域。N 对点同理。自动则是软件自己去算重叠区域(在重叠部分比较多的时候是比较推荐用自动的)。该示例选择的是自动拼接策略。

④ 在选择自动拼接策略之后,可以看到左边框里出现了将新点云拼合到已有点云上的预览图,出现这个图说明软件已经算完重叠区域。之后单击右下角 Start Matching 即可,如图 19 – 10 所示。

⑤ 匹配计算完成后,可看到右下角红框处出现了标准差(Standard Deviation)这个数值和 Restart Matching 按钮。该值默认为 0.025 mm,如果计算结果小于 0.025 mm,基本上测量结果是可以接受的。如果误差较大,可以重新扫一次或者换拼接策略,或尝试多次 Restart Matching。没有问题的话,单击右上角 OK 确认即可。

⑥ 可以看到两个点云已经拼在一起,重复上述操作继续扫描即可,如图 19 – 11 所示。

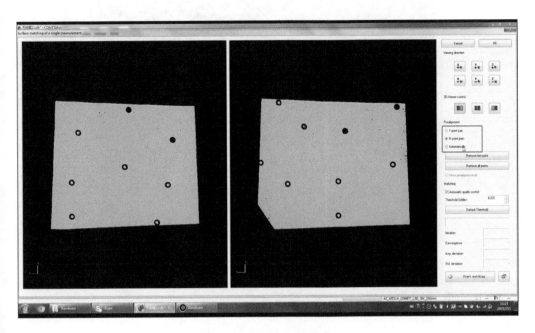

图 19-9　选择拼接策略

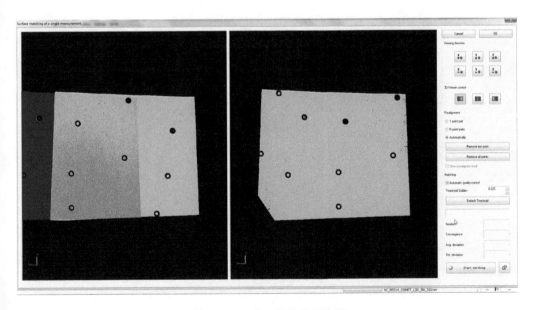

图 19-10　点云拼接的预览图

图 19 - 11　两个点云的拼接结果

第 **20** 章

基于 Geomagic 软件的数字化测量结果分析实验

20.1 背景介绍

20.1.1 概　述

在上一章，我们介绍了使用多种测量方式来进行工件数字化测量的方法，并且通过照相测量与三维扫描仪组合测量，来获取到被测工件表面的参数信息。本章我们将利用 Geomagic Design 软件，对上一章所获得的点云数据进行数据处理，消除测量过程中带来的噪点等影响后续建模精度的数据点，并进行被测工件的数字化几何重建；然后通过 Geomagic Control 软件对比重建后的几何零件与前期设计的零件尺寸，来评估设计尺寸与实际制造的工件尺寸的差异，从而确定制造过程是否符合设计预期，避免因制造过程的误差影响工件在整个产品中的性能，导致产品性能下降或出现重大缺陷的问题。本章将结合飞机制造的相关背景知识，介绍逆向建模技术的发展背景及相关原理，并通过 Geomagic 系列软件逆向建模实验，让同学们掌握数字化测量后处理与结果分析的相关知识。

20.1.2 数字化测量结果分析技术

本实验中，我们涉及的测量结果分析涉及处理预数据、分块和曲面重构、构建 CAD 模型和精度评估的三个方面。

(1) 数据预处理

数据预处理是将数字化测量结果进行整理和处理的关键步骤，它的质量会直接影响后期建模的质量。这个过程通常包括多视拼合、噪声处理和数据精简等工作。多视拼合的任务是将多次测量的数据融合到同一个坐标系中，也可以称为坐标归一或坐标统一。点位法、固定球法和平面法是当前多视拼合主要的三种方法。由于在实际测量过程中可能会受到人为和随机因素的影响,使得测量数据不连续或带有噪声。为了保证建模的质量,需要对测量点云进行平滑滤波以减少或消除噪声的影响,通常使用高斯、平均或中值滤波来完成平滑滤波。这些滤波方法能够有效消除稀疏点云的噪声,保证数据的质量。对于密集的点云,由于存在大量冗余数据,有时需要减少测量点的数量。不同类型的密集点云有不同的精简方法,例如散乱点云可以通过随机采样来精简,扫描线点云和多边形点云可以采用等间距缩减、倍率缩减、等量缩减和弦偏差等方法进行精简。这些方法能够有效减少冗余数据,提高建模的效率。

(2) 数据分块与曲面重构

产品表面通常由多个曲面片组成,无法用一张曲面完整描述。因此,在构建数字模型时,必须将测量数据按曲面片划分为多个数据子集,并分别构造曲面模型。这样可以更准确地描述产品表面的形状和特征。数据分块大体可分为基于边(Edge-based)、基于面(Face-based)和基于边、面的数据分块混合技术。曲面重构的目的是构建一个精确、光滑的曲面模型,使它能与周围的曲面无缝连接。曲面重构方法可以分为两类:基于矩形域曲面的方法和基于三角域曲面的方法。基于矩形域曲面的方法将曲面模型看作由若干个矩形小块组成,通过优化矩形块的大小和位置来达到重构的目的。基于三角域曲面的方法则是将曲面模型看作由若干个三角形组成,通过优化三角形的位置来达到重构的目的。

(3) CAD 模型构造与精度评价

CAD 模型构造的目的是通过获取边界信息来表示模型的位置和形状。这些信息包括模型的面、边、点,并且需要满足一致性和完整性。重构的曲面可能存在缺陷,如裂缝或缺少边界信息,这会导致产品模型的几何信息和拓扑信息不完整。因此,在构建模型时,需要使用一些高级计算功能,比如延伸、求交、裁剪、过渡和缝合等,来完善模型的面、边、点信息,以确保模型的完整性。CAD 模型检验和修正主要包括检查和改进模型的精度和曲面品质。这一过程包括检查模型的几何信息和拓扑信息,确保模型的完整性和一致性,并通过修正模型的参数和曲面信息来提高模型的品质和精度,这一过程对于确保模型的质量和准确性非常重要。精度是指模型与实物之间的差距,反映了逆向工程的准确度。评价精度的指标可以分为整体指标、局部指标、量化指标和非量化指标。距离指标是一种常用的精度评价指标,它通过计算模型点与实物点之间的距离来表示精度。精度评价是逆向工程的重要内容,因为模型的不准确会导致产品性能无法达到设计要求。目前,对于反求模型的精度评价还没有统一的标准。通常依靠能够量化的指标来衡量模型的精度,并通过最终产品的应用效果来进行检验。不过,由于各种因素的影响,这种评价方法的结果可能存在偏差。因此,还需要进一步研究和完善评价方法,提高精度评价的准确性和可靠性。在评价曲面品质时,可以通过多种方法来衡量曲面的内部品质和拼接连续性。这些方法包括控制顶点、曲率梳、斑马线、反射线、等照度线、高光线和高斯曲率等。通过这些方法,可以对曲面的精度进行量化评估,并以此来确定曲面的品质水平。

20.1.3　Geomagic Design X 与 Geomagic Control X 软件介绍

Geomagic Design X 的前身 Rapid form XOR 是韩国 INUS 公司产品中的知名逆向工程技术软件,具有强大的三维建模功能,在国内外已得到广泛的应用。目前已被 3 D System 公司收购,并更名为 Geomagic Design X 与 Geomagic Studio 等软件形成一个系列。Geomagic Design X 与 Geomagic Studio 各有所长,在企业及高校中的应用越来越普及,Geomagic Design X 软件结合了固体模型的自动及导向性功能,拥有十分精确的 3D 扫描表面贴合能力、网格编辑和点云处理能力,可以将 3D 模型数据制作成特征明显的高质量 CAD 数模。通过结合基于历史树的 CAD 数模和三维扫描数据处理技术,可以构建出可编辑、基于特征的 CAD 数模,并且可以与现有的 CAD 软件兼容。这样构建出来的数模能够更好地满足工程设计和制造的需求,并且可以提高设计的效率和精度。

Geomagic Design X 具有以下优点:

① 拓宽设计能力:Geomagic Design X 是一款用于构建可编辑、基于特征的 CAD 数模的软件,可以通过最简单的方式从 3D 扫描仪采集的数据中创建出数模,并且可以将数模集成到现有的工程设计流程中。这样,可以更加方便快捷地构建出精确的 CAD 数模,为工程设计和制造提供更大的便利。

② 加快产品上市时间:Geomagic Design X 可以缩短从研发到完成设计的时间,从而可以在产品设计过程中节省数天甚至数周的时间。对于扫描原型、现有的零件、工装零件及其相关部件,以及创建设计来说,Geomagic Design X 可以在短时间内实现手动测量并且创建 CAD 模型。

③ 改善 CAD 工作环境:可无缝地将三维扫描技术添加到日常设计流程中,提升了工作效率,并可直接将原始数据导出到 SolidWorks、Siemens NX、Autodesk、Inventor、PTC Creo 及 Pro/Engineer 中。

④ 实现不可能:Geomagic Design X 可以创建出非逆向工程无法完成的设计。例如,需要和人体完美拟合的定制产品,创建的组件必须整合现有产品、精度要求精确到几微米,创建无法测量的复杂几何形状。

⑤ 降低成本:可以重复使用现有的设计数据,因而无须手动更新旧图纸即可精确测量并且在 CAD 中重新建模,减少高成本的失误,提高了与其他部件拟合的精度。

⑥ 强大且灵活:Geomagic Design X 基于完整 CAD 核心而构建,所有的作业用一个程序完成,用户不必往返进出程序,并且依据错误修正功能可以自动处理扫描数据,所以能够更简单快捷地处理更多的数据。

⑦ 基于 CAD 软件的用户界面更容易理解、学习:使用过 CAD 的工作人员很容易开始 Geomagic Design X 的学习,Rapidform 的实体建模工具是基于 CAD 的建模工具,简洁的用户界面有利于软件的学习。

Geomagic Control 是一款专门用于计算机辅助检测的软件。它可以通过在 CAD

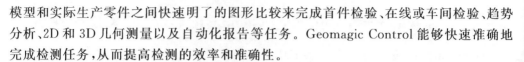

模型和实际生产零件之间快速明了的图形比较来完成首件检验、在线或车间检验、趋势分析、2D 和 3D 几何测量以及自动化报告等任务。Geomagic Control 能够快速准确地完成检测任务，从而提高检测的效率和准确性。

Geomagic Control 软件的主要优点：

① 显著节约了时间和资金：检验和校准速度大大提高，可以节省时间并且更快地完成产品开发。这种方法可以大大缩短产品上市的时间。

② 改进了流程控制：可以在内部进行质量控制，而不必受第三方软件的限制。这可以帮助公司更快地开发产品，并且掌握更大的控制权。

③ 提高了效率：Geomagic Control 是一种方便的工具，设计人员可以直接查看检测结果，而无需通过复杂的表格来分析。这样，操作者可以立刻看到检测结果，并且可以更快地对产品进行校准。

④ 改善了沟通：生成的报告可以方便各部门之间的沟通，这样就可以更快地完成产品的制造。这种方式可以提高效率，并且可以更好地控制产品的质量。

⑤ 提高了精确性：Geomagic Control 提供了更精细的检测功能，用户可以检查由更多点定义的面。与由 CMM 定义的面相比，这种方法可以提供更多的细节，从而更好地检查产品的质量。

⑥ 使统计流程控制（SPC）自动化：使用自动统计流程控制可以对多个样本进行分析，从而更好地了解制造流程中的偏差趋向。这样，就可以更快地验证产品的质量，并且可以及时发现问题并解决。

Geomagic Control 可以自动完成检测过程，包括对齐和生成检测报告。针对多个零件，可以重复使用第一个零件的检测过程，这样可以大大缩短检测时间，节省大量人力，提高效率。

Geomagic Control 可以缩短产品的开发周期，并且可以降低成本。它经过了德国标准计量机构 PTB 的认证，符合领先的汽车和航空航天制造商确定的严格质量标准，所以可以在各个行业得到广泛应用。这样可以帮助企业在市场竞争中获得更大的优势。

20.1.4 Geomagic Design X 与 Geomagic Control X 软件的基本操作流程

本实验的目的是检验制造零件的质量是否符合设计指标，故只针对检验零件成型质量的目标描述操作流程。如图 20-1 所示，模型对比分为三个主要阶段：数据采集、数据处理和模型对比。数据采集阶段可以使用多种数据采集设备，采集待测模型的三维外观数据，并将采集的数据存储为三维点云数据文件。数据处理阶段则是使用 Geomagic Design 软件对点云数据进行处理，包括去噪、特征提取、面片生成等操作，使点云数据最终转变为 CAD 模型。最后是模型对比阶段，使用 Geomagic Control 软件进行模型与设计的 CAD 模型之间的对比检验，计算实际模型与设计模型之间的尺寸差距，并查找实际模型是否存在制造缺陷等问题。

数据采集过程不是本章的重点介绍内容,接下来,将结合数据处理和模型对比的需要,简单介绍 Geomagic Design X 与 Geomagic Control X 软件的基本操作。

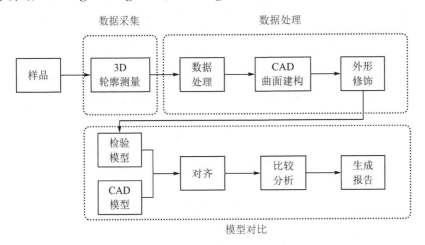

图 20 - 1 　数字化测量结果分析流程

(1) Geomagic Design X 软件的基本操作

1) 点云处理

点云数据可以用来代表物体的形状和细节。但是,在采集过程中可能会包含杂点和不需要的数据。使用 Geomagic Design X 软件可以消除这些杂点,并且可以采样和平滑点云数据,从而减小数据量并提高精度。最后,可以在处理后的点云数据上创建面片,以便进一步分析和使用。

2) 面片处理

面片处理是指通过一系列连接的点、边和面(通常是三角形)来构建三维数字化模型的技术。它用来表示物体表面的曲面和结构形态。面片三角化是指将三个点连接在一起并建立曲面的过程。面片三角化过程中可能会产生不正确的三角形,例如非流形三角形、多余三角形、交叉三角形和反转三角形等,应删除这些不正确的三角形以提高面片的质量。此外,初始的面片可能会出现孔洞和凸出等缺陷,因此需要对面片进行修复处理。根据局部面片的形状和曲率,使用单元面来填补缺失的孔洞,移除并修复面片中的凸出部分。

3) 创建实体模型

获得面片草图后,利用 Geomagic Design X 软件中的正向建模工具(如拉伸、回转、放样和扫描等)创建实体模型,利用自动面片草图按以上步骤创建该模型的其他部分并作相应的布尔运算,再依据之前的面片和领域给模型作出圆角,最终得到该机械零件的CAD 模型。

(2) Geomagic Control X 软件的基本操作

1) 对齐操作

经过处理后的点云数据在与 CAD 模型进行比较前,应将它们尽可能重合在一起,以便更好地发现偏差。为了实现这一点,需要将它们放在同一坐标系中,因此需要进行坐标变换。一旦这些数据处在同一坐标系下,就可以通过对比来查看每个部分的偏差。对此,Geomagic Control 提供了多种对齐方法,例如最佳拟合、基准/特征对齐和 RPS 对齐。在处理实际问题时,应根据情况选择一种最适合的对齐方式。通过这种方式,可以将点云数据与 CAD 模型放在同一坐标系中,进而通过对比发现偏差。相对而言,人为因素会对对齐结果产生较大影响,因为后续的检测都是基于对齐结果进行的。因此,选择一种最佳的对齐方式非常重要,这可以帮助提高检测的准确性和精度。对齐操作是非常重要的一步,因为它直接影响检测结果的质量。因此,对齐操作对操作者的要求比较高,只有精确地对齐才能检测出零件的真实情况。如果对齐不准确,那么检测的结果就会失真,甚至可能导致错误的检测结果。

2) 比较分析

比较分析是质量检测的核心,可以用来对零件的点云数据进行具体的检测操作。前面的工作都是为了比较分析做准备,目的是得到一个更能反映零件实际情况的结果。使用 Geomagic Control,可以实现零件的二维分析、三维分析以及误差评估操作。这些操作都是基于对齐后的点云数据进行的,目的是通过比较分析来检测零件的质量。具体包括:

二维分析:可以用来对模型的指定截面进行质量分析,通过这种方式,可以对尺寸进行标注或生成偏差图。二维分析主要是通过对模型截面进行分析,以便更好地了解模型的特征和尺寸情况。

三维分析:是通过进行 3D 比较来生成彩色的偏差图的分析方法。结果显示为 CAD 模型或点云上的偏差,可以对偏差进行编辑,设置偏差色谱,并进行通过/不通过分析。此外,还可以添加文本标注,在预定义的位置设置检测等操作。三维分析是更加全面的质量检测方法,可以通过对模型的整体情况进行分析,更好地了解模型的质量情况。

边界比较可以用来分析边界处的偏差情况,特别是在钣金件的回弹分析方面有很大的用途。边界比较通过比较模型的边界部分来检测偏差情况。通过这种方式,可以对模型的质量进行更准确的评估,并对可能存在的问题进行更精确的定位。

3) 生成报告

Geomagic Control 支持多种报告格式,包括 HTML、PDF、MS Word 和 Excel 等。这些报告可以自动生成,其中适用于 Web 的报告可以让各部门共享检测结果,改善部门间的沟通。使用 Geomagic Control 生成的报告可以更好地了解检测结果,并可用于进一步的分析和评估。

20.2　Geomagic 上机实验

20.2.1　实验基本情况

(1) 面向人群

数字化测量结果分析上机实验旨在通过几个实验让读者了解 Geomagic 软件的基

本使用方法和数字化测量结果分析的基本流程。其面向人群为飞行器设计与制造相关专业在校大学生,或者开设飞机数字化设计实验课程的高校教师,以及对飞机数字化设计感兴趣的爱好者。

(2) 建议学时

Geomagic Design X 上机实验建议总学时 4 学时。其中,Geomagic Design X 数据处理实验建议 2 学时,Geomagic Control X 模型对比实验建议 2 学时。

(3) 实验条件

安装 Geomagic Design X 和 Geomagic Control X 软件的计算机一台。

(4) 实验目的

Geomagic 上机实验的目的是让同学们掌握以下内容:

① 熟悉数字化测量结果分析基本流程;

② 掌握 Geomagic Design X 软件的基本使用方法,学会使用软件将导入的点云数据进行降噪处理、面片生成、CAD 模型构建等操作;

③ 掌握 Geomagic Control X 软件的基本使用方法,学会模型对齐、比较分析、生成报告等操作。

20.2.2　Geomagic Design X 数据处理上机实验

Geomagic Design X 数据处理上机实验操作步骤如下:

(1) 打开模型

启动 Geomagic Design X 软件,打开点云数据"双扭翼梁. TXT"后,选择导入选项将点云数据导入 Geomagic Design X 软件,如图 20-2 所示。在特征树中选择"模型"→"点云"可以显示该模型的点云数及尺寸参数。可以看到,导入的点云数量为 35530557,长、宽、高分别为 719 mm、238 mm 和 296 mm。

(2) 杂点消除

选择"点"→"杂点消除"命令,弹出"杂点消除"对话框,如图 20-3(a)所示。"目标"选择整个点云文件,勾选"过滤噪音点云"(本软件中以"噪音"表示"噪声"),根据点云数量设置每个杂点群集内的最大单元点数量,如在本例中,点云总数为 35530557,模型主体只有一个,设置的数值为 2000000,可以尽可能地将杂点去除。杂点消除后的结果如图 20-3(b)所示。

(3) 三角面片化

在得到一个完整的点云后,通过连接 3D 扫描数据中点的方式创建参照面,进而构建面片。目标可以是整个点云,也可以是点云中的一部分参照点。选择"点"→"三角面片化"命令,弹出"单元化"对话框,如图 20-4 所示。使用"构造面片"的方法,"几何形状捕捉精度"滑块滑至正中间,扫描仪精度 0.05 mm,单击 OK 按钮,经过三角面片化的点云结果如图 20-4 所示。

(4) 模型修补

在得到一个三角形面片后,由于扫描过程中存在遗漏、重复扫描等问题,面片中可

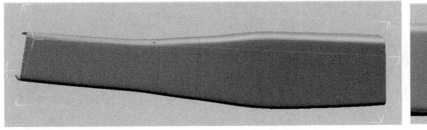

图 20 - 5　孔洞与缺陷

(a) 填孔对话框　　　　　　　　　　　　　(b) 修复孔洞缺陷

图 20 - 6　模型修补

20.2.3　Geomagic Control X 模型对比上机实验

Geomagic Control X 模型对比上机实验步骤如下：

(1) 文件导入

导入检测模型：运行 Geomagic Control 后选择菜单中"文件"→"打开"命令，找到连杆的点云数据"双扭翼梁. stl"，单击"打开"按钮，得到双扭翼梁的点云数据，如图 20 - 7(a)所示。导入数据后，需要检查导入的数据是否有噪声，若出现不必要的数据点，可以使用选择工具圈选要删除的数据点然后删除数据。

导入参考模型：选择菜单中"文件"→"导入"命令，找到双扭翼梁的 CAD 模型"Twisted Spar. CATPart"，单击"打开"按钮，选择左侧模型管理器中的输入数据→"CAD"模块，选择要对比的模型"Twisted Spar All-in-One-spar-Thickness. 14"，右击，选择"添加至结果"→"结果数据－1"，单击模型管理器中的结果数据－1，跳转至对比界面，如图 20 - 7(b)所示。其中蓝色模型为测试模型，灰色模型为参考模型。

(2) 对齐操作

由于模型没有明显的特征，因此首先使用初始对齐自动对齐测试数据和参考数据，

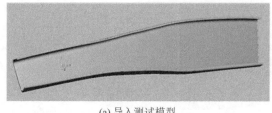
(a) 导入测试模型

(b) 导入参考模型

图 20 - 7　文件导入

选择"初始"→"初始对齐",勾选"利用特征识别"提高对齐精度,单击"确定"按钮,结果如图 20 - 8 所示。

图 20 - 8　初始对齐

再使用最佳拟合对齐提高对齐质量,选择"初始"→"最佳拟合对齐",弹出最佳拟合对齐对话框,采样率设置为 25%,最大的重复次数设置为 20,单击"确认"按钮,结果如图 20 - 9 所示。如果对齐质量仍不佳,可自行探索使用不同的对齐方式对齐模型。

图 20 - 9　最佳拟合对齐

(3) 比较分析

选择"比较"→"3D 比较"命令,跳出 3D 比较选择框,采样比率设置为 100%,投影方向选择"沿法线"。由于软件自动给出的设置不能很好地反映实际偏差情况,故需要重设"最大临界值""最大名义值""最小名义值""最小临界值"。在"最大临界值"文本框中输入 1,按"回车"键确认,在"最大名义值"文本框中输入 0.5,单击"确定"按钮。上述四个值分别为 1 mm、0.5 mm、-0.5 mm、-1 mm,更改后显示对比结果如图 20 - 10 所示。

(4) 输出报告

选择"比较"→"生成报告"命令,可以定制报告的格式以及更改报告的输出目录等。设置完成后单击"确定"按钮,软件自动生成检测报告,如图 20 - 11 所示。

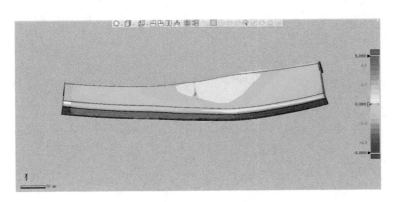

图 20 - 10　对比结果

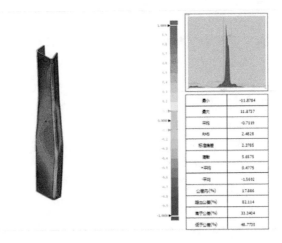

Product Name	[Product Name]	Department	[Department]	Date	May 05, 2022
Part Name	[Part Name]	Inspector	[Inspector]	Unit	mm

图 20 - 11　输出报告

参考文献

[1] 范玉青,梅中义,陶剑. 大型飞机数字化制造工程[M]. 北京:航空工业出版社,2011.

[2] 范玉青. 大型飞机总装配中的若干问题[J]. 航空制造技术,2013 (1).

[3] Lombard Matt. Mastering SolidWorks[M]. John Wiley & Sons,Inc,2018:10-29.

[4] 于勇,陶剑,范玉青. 大型飞机数字化设计制造技术应用综述[J]. 航空制造技术,2009 (11):56-60.

[5] 施法中,图形学,查看清,等. 计算机辅助几何设计与非均匀有理B样条[M]. 修订版.北京:高等教育出版社,2013.

[6] 迪特尔·施马尔斯蒂格. 增强现实:原理与实践[M]. 北京:机械工业出版社,2019.

[7] Defining rate-dependent yield with yield stress ratios in Defining plasticity,Section 12. 8. 2. Abaqus/CAE User's Manual.

[8] 李彩林,文友谊,窦作勇.复合材料成型工艺仿真技术[J].宇航材料工艺,2011,41(03):27-30.

[9] 杜善义,关志东.我国大型客机先进复合材料技术应对策略思考[J].复合材料学报,2008(01):1-10.

[10] 唐旭,张煜坤,陈勇.复合材料风扇叶片高周疲劳薄弱点位置预测[J].航空动力学报,2021,36(03):498-508.

[11] 隋少春,朱绪胜.飞机整机装配质量数字化测量技术[J].中国科学:技术科学,2020,50(11):1449-1460.

[12] Eulitz M,Reiss G. 3D reconstruction of SEM images by use of optical photogrammetry software[J]. Journal of Structural Biology,2015,2(191):190-196.

[13] 肖冬.现代飞机数字化制造技术之研究[J].科学技术创新,2020(15):183-184.

[14] 仝志民. 基于电子经纬仪的航天器天线装配精密测量技术研究[D].哈尔滨:哈尔滨工业大学,2009.

[15] 谢贺年,闵奥成,梁少东,等.数字化组合测量辅助飞机装配质量检测技术[J].信息记录材料,2021,22(10).